그림 4.3.1▶ 호프 다이아몬드는 세계에서 가장 큰 파란색 다이아몬드며 스미소니언 자연
사박물관에 전시되어 있다. 사진은 허락을 얻어 게재한 것이다.

그림 5.2.1 ▶ 1986년(동상의 100주년) 복원 사업이 시작되기 전의 자유의 여신상. 부식된 구리 표면이 분명하게 보인다. Masterton and Hurley, Chemistry: Princples and Reactions, 4th edition. Orlando: Harcourt, 2001에서 게재. Andy Levin/Photo Researchers, INC. 제공.

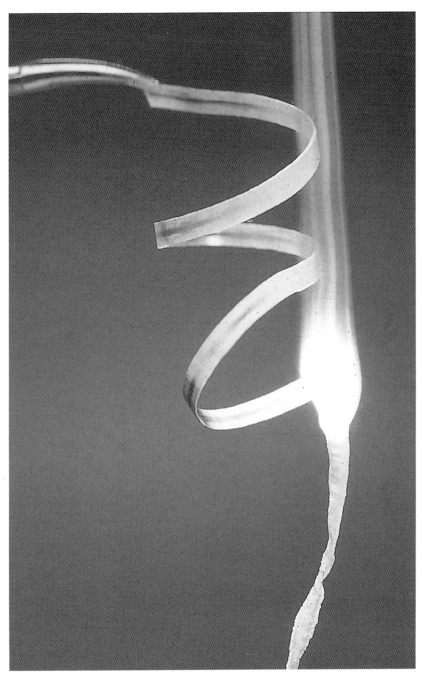

그림 5.5.1 ▶ 마그네슘 리본이 산소와 반응하면 흰색 산화마그네슘 코팅이 형성된다.
Chemistry:Princples and Reactions, 4th edition. Orlando: Harcourt, 2001에서 게
재. Charles D. Winters 제공.

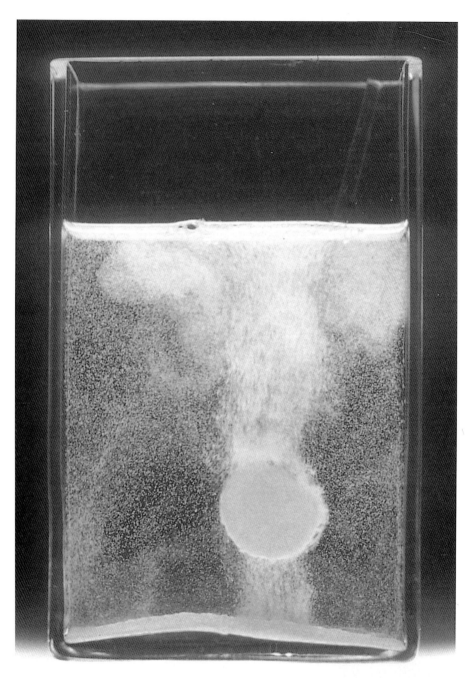

그림 9.1.1 ▶ 제산제가 물에 녹으면서 생기는 이산화탄소의 기포. Chemistry: Princples and Reactions, 4th edition. Orlando: Harcourt, 2001에서 게재. Charles D. Winters 제공.

그림 9.4.1 ▶ 서로 다른 산성도를 가지는 토양에서 자란 결과로 생긴 푸른색과 분홍색의 수국. Chemistry:Princples and Reactions, 4th edition. Orlando: Harcourt, 2001에서 게재. Charles D. Winters 제공.

CYALUME® FLEX-STICK® Longline Lures

그림 12.1.1 ▶ 다랑어와 황새치 같은 심해어류를 유인하기 위하여 수산업에서 사용하고 있는 화학 발광 미끼. Ominiglow Corporation 제공.

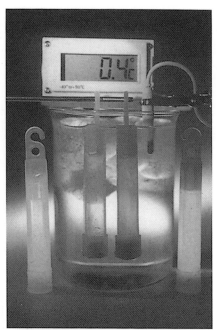

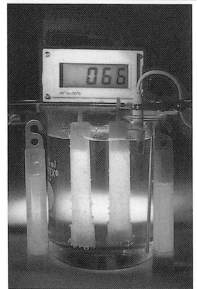

그림 12.1.2 ▶ 발광을 만들어 내는 화학 반응의 속도가 온도에 따라 변하는 것을 보여 주기 위하여 사이알룸 발광 막대를 저온(0.4°C, 위)과 고온(66°C, 아래)의 물에 담갔다. 고온에서 화학반응 속도가 증가하기 때문에 온도가 올라감에 따라서 발광 막대의 밝기는 증가한다.. Chemistry: Princples and Reactions, 4th edition. Orlando: Harcourt, 2001에서 게재. Charles D. Winters 제공.

그림 12.2.1 ▶ 아폴로 17호 우주선의 선장인 우주 비행사 서넌을 우주 비행사 슈미트가 촬영한 사진. 슈미트의 모습이 금빛 보안경에 반사되고 있다. NASA 제공.

그림 12.3.1 ▶ 전리층에서 형성된 희귀한 높은 고도의 붉은색 오로라. Jan Curtis 의 사진을 The Exploratorium이 제공.

그림 12.3.2 ▶ 캐나다 북부의 북극광. Chemistry:Princples and Reactions, 4th edition. Orlando: Harcourt, 2001에서 게재. George Lepp/Tony Stone Images 제공.

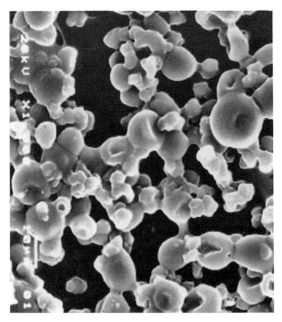

그림 14.2.1 ▶ 1000배로 확대한 주사현미경 사진으로, 압력에 민감한 긁어서 냄새 맡는 광고지의 입자 모양을 보여 준다. 보스턴 과학박물관 제공.

날마다 일어나는
화학 스캔들
104

날마다 일어나는
화학 스캔들
★ Chemistry Connections

104

Kerry K. Karukstis · Gerald R. Van Hecke 원저

고문주 옮김

ELSEVIER
ACADEMIC
PRESS

(주)북스힐

이 책은 미국 하비머드대학교 화학과의 캐룩스티스 교수와 반헤케 교수의 "화학적 연관성: 일상생활의 화학적 기초(Chemistry Connections: The chemical basis of everyday phenomena)" 제2판을 번역한 것이다.

오늘날 화학을 가르치는 사람들이 안고 있는 가장 큰 고민은 학생과 사회에 일상생활과 화학의 연관성 및 그 중요성을 어떤 방법으로 알리냐는 것이다. 이런 문제를 심도 있게 고민하는 것은 우리나라뿐만이 아니다. 실제로 우리는 아침에 눈을 뜨는 순간부터 다시 잠이 들 때까지 입고, 먹고, 소비하고, 경험하는 것에서 화학과 관련되지 않은 것을 찾아보기 어렵다. 그럼에도 불구하고 화학에 대한 관심이나 흥미는 그렇게 높지 않은 것이 사실이다. 우리 일상생활의 경험과 관찰의 기초가 되는 화학적 원리에 초점을 맞춰져 있다. 화학을 배우는 학생과 가르치는 교육자뿐만 아니라 주변 세계에 호기심을 가지는 일반인도, 이 책을 통해서 자신의 일상생활과 화학이 밀접하게 연관되어 있음을 깨달을 것이다.

이 책은 질문과 대답 형식으로 구성되어 있으며, 대답은 쉬운 설명과 전문적 설명의 두 단계로 되어 있다. 일반적이고 쉬운 설명에서는 현상의 화학적 요점을 강조하고, 전문적 설명에서는 화학적 원리를 사용하여 더 상세하게 설명하였다. 더 깊게 탐구하려는 독자를 위해서 인터넷 사이트와 일상생활에서 일어나는 화학적 현상을 심도 있게 다룬 참고자료도 수록하였다. 초판에서는 질문을 적용되는 현장에 따라서 분류하였지만, 재판에서는 중요한 원리나 설명에 따라서 배열하여 교육적으로 이용하기 쉽도록 배려하였다. 따라서 화학에 관심을 가지는 중·고등학생이나 대학생들의 화학 공부에 도움이 될 것이다. 책에 들어있는 화학 구조식은 생략하고 읽어도 내용을 이해하는 데에는 큰 문제가 되지 않지만, 화학 개념을 조금 더 쉽게 이해하는 데에는 도움이 될 것이다.

이 책을 옮기는 과정에서 용어는 '대한화학회'가 제정한 용어와 교과서에 사용되는 익숙한 용어를 따르고자 노력하였다. 끝으로 책을 만드는 데 힘써 주신 (주)도서출판 북스힐의 여러분에게 감사드린다.

2005년 9월

고 문 주

차 례

11

서 문

제 2 판

『화학과 관련된 것』에 대한 매우 호의적인 반응에 힘입어 확장된 제2판을 준비하게 되었다. 질문을 더 늘렸는데 특히 유기화학 분야의 응용을 강화하였다. 또한 원리와 주제에 따라서 질문들의 배열을 다시 조직하였다.

새로운 배열 방법, 사진, 그리고 각 장의 제목들은 화학 교과서에서 다루는 범위와 능률적으로 연결될 수 있을 것이다. 그러나 일반 독자를 위하여 화학의 폭넓은 범위와 의미, 그리고 생활과 원리 사이의 연관 관계를 보여 주는 것에 이 책의 목표를 두었다.

Kerry K. Karukstis

Gerald R. Van Hecke

규 약

많은 질문에 대한 답에는 공통 규약에 따라 그린 화학식이 들어 있다. 그런 규약에 익숙하지 않은 독자도 있겠지만 다음 예들을 살펴보면 그림을 좀 더 쉽게 이해할 수 있을 것이다. 직선은 화학결합을 나타낸다. 두 원자 사이의 직선의 수는 결합한 원자들 사이의 화학결합의 수다. 특별히 표시하지 않는 한 모든 직선은 두 탄소 원자 사이에 연결된 것이다. 다른 원자를 표시하지 않는 한 두 직선이 만나는 곳에도 탄소 원자가 존재한다. 각 탄소에는 4개의 손을 그릴 수 있다. 탄소에 결합된 손의 수가 부족한 경우에는 수소 원자가 결합된 손이 생략된 것이다. 예를 들면 직선 끝은 3개의 수소 원자와 결합한(생략됨) 탄소 원자가 있으며 네 번째 원자와 결합된 것만 선으로 나타낸 것이다. 다음 예들을 자세히 살펴보기 바란다.

초 판

『화학과 관련된 것 : 일상 생활의 화학적 기초』라는 이 책은 화학 원리가 일상 생활의 경험과 관찰을 어떻게 지배하고 있는가라는 화학 원리의 근본적 역할을 강조하고 있다. 현실 세계에서 작용하고 있는 화학의 예를 수집하고, 수많은 친숙한 현상과 커다란 호기심 아래에 숨어 있는 화학적 원리를, 일상적 용어와 전문적 용어를 사용하여 질문과 답 형식으로 쓴 것이다. 따라서 학생이나 지도하시는 분, 그리고 일상의 현실에 호기심을 가진 일반인들에게 생활과 관련된 화학을 소개시켜 주는 책으로서 역할을 할 것이다.

이 책의 필요성

미국 교육부장관 릴리(Richard W. Riley)는 최근에 미국 고등학교 졸업생들의 과학 지식 평가 결과에 대해 다음과 같이 비판하였다.[1] "우리는 초일류의 모순에 봉착하고 있다. 미국인은 기술에 익숙하다. 그와 동시에 미국인들은 매우 무지한 채로 남아 있다." 전에 미국과학재단 사무총장을 지냈던 레인(Neal Lane)은 "나는 대중이 가진 과학에 대한 흥미나 열정과 빈약한 과학 지식 사이의 불일치를 깨닫게 되었다"라고 동의하고 있다.[2] 그는 또 "시, 철학, 건축, 농업 같은 모든 학문적 분야가 대중과의 유리(遊離) 때문에 고생을 하고 있지만 과학의 경우에는 그 간극이 더 클 수도 있다. 그러나 과학과 그것이 낳은 기술은 바로 일상생활의 구조에 골고루 퍼져 있다.……"라고 덧붙였다.

아마도 화학은 대중에게, 특히 학생들에게 가장 잘 이해받지 못하고 알려지지 못한 과학 분야일 것이다. 화학의 본질, 심지어 화학이라는 말 자체의 의미에 대한 잘못된 오해가 우리 사회에 만연해 있다. 학생들과 대중은 화학의 넓은 범주와 화학이 많은 분야에 미치는 충격에 대해 잘 모르고 있다. 우리 세계에서 화학이 차지하는 중요성과 연관성을 전달하는 것은 오늘날 화학자와 화학교육자들이 안고 있는 커다란 숙제다.

화학 교육의 재활성화는 최근에 훨씬 더 주목받고 있으며 여러 형태를 취하고 있다. 강의, 교과서, 실험지시서 같은 화학 교육의 모든 분야가 개혁을 위하여 세심하게 재검토되고 있다. 최근의 미국과학 재단의 보고서, 「미래의 실현: 과학, 수학, 공학 및 기술의 대학교육을 위한 새로운 기대」[3]에서는 가장 성공적인 교육 개혁의 본질을 다음과 같이 설명하고 있다. "요약하자면 이런 개혁들은 자연 세계에 대한 학생들의 호기심을 키우고 그것을 탐구하고 배우기 위한 도구들을 장치하면서 세계에 대한 호기심을 지속시키는 것이다." 실제로 대학 화학 과목을 조사한 결과에 의하면 "일상생활과 더 관련된" 화학을 반영하는 화학 원리를 제시하는 쪽이 점점 더 강조되고 있다는 것을 알 수 있다.[4] 이런 시도들은 다양한 기초를 가진 학생들을 수용하고 친숙한 화학 개념들을 제공해 탐구하려는 욕망을 자극하는 교육 과정 개발에 기반을 둔 것이다.

본문에서 사용된 접근 방법

화학에 관한 책들은 어떤 메커니즘으로 화학의 연관성을 보여 주고 있을까? 대부분의 일반화학 교과서에는 각 장에서 다룬 화학적 원리에 대한 실제 세계의 예를 보여 주는 짧은 별도의 강조 부분들이 들어 있다. 또 어떤 교과서들은 혁신적 접근법을 사용하여 가사 제품(예:식품, 복장)과 산업이나 기술(예:건강, 통신, 수송)을 화학 원리를 도입하는 수단으로 삼아서 화학에 대한 학생들의 흥미를 북돋우고 있다.

이 책에서 우리는 분리된 접근법을 사용하고 있다. 화학적 원리를 이용하여 대답할 수 있는 일상 경험의 도발적이고 흥미로운 질문들을 한 권의 책에 담으려고 하였다. 이 책은 어떤 화학 교과서를 쓰는 학생과 교육자라도 적합하게 이용할 수 있고 주위 세계에 관심을 가진 모든 호기심이 많은 사람들에게도 적당하도록 설계되어 있다. 독자들은 각 의문에 대한 적절한 화학을 직접적인 예부터 교묘한 응용에 이르기까지 다양한 형태로 볼 수 있다. 독자들이 일상 현상을 이해하는 데 필요한 화학 원리를 알고 싶어 하도록 질문과 답 형태를 선택하였다. 설명은 평범한 용어와 전문적인 용어 두 가지 모두로 하였는데, 처음 설명은 호기심이 많은 독자들을 만족시킬 것이며 이어지는 좀 더 상세한 설명은 현상에 대한 화학적 본질을 설명해 줄 것이다. 처음 시작하는 학생이나 평범한 독자들은 간과하기 쉽지만 독자들이 현실 세계의 관찰을 완전히 설명하기 위해서는 몇 가지 화학적 원리가 서로 상호 작용한다는 것을 빨리 깨달아주기를 바란다. 각 질문은 교육자들이 수업 시간에 토의할 적당한 예를 선택할 수 있게 하기 위해 화학 원리나 용어에 따라서 배열하였다.

Kerry K. Karukstis

Gerald R. Van Hecke

참 고 문 헌

[1] Woo, E. (1977, May 3) *Los Angeles Times.*

[2] *The Chronicle of Higher Education*(1966, December 6) p. A84.

[3] *Shaping the Future: New Expectations for Undergraduate Education in Science, Mathematics, Engineering, and Technology*(1966). Directories for Education and Human Resources.

[4] Taft, H. L.(1996). *Journal of Chemical Education* 74, 595-599.

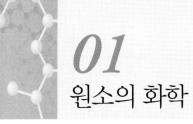

01
원소의 화학

1.1 왜 컴퓨터 단층 촬영(CAT)에 요오드와 바륨 용액이 사용될까?

혁신적 기술이 적용된 컴퓨터 단층 촬영은 생리학, 수학, 방사선학의 정교한 이해를 필요로 한다. 화학적 원리를 명확하게 이해하는 것도 이 진료 기술의 성공에 도움이 된다.

화학적 원리

컴퓨터 단층 촬영 기술은 의사들이 신체의 내부 기관을 살펴보는데 필요한 기술이다. 이 기술은 1970년대에 영국의 공학자 하운스필드 경(Sir Godfrey Hounsfield)과 남아프리카공화국 출신 미국 물리학자 코맥(Allen Cormack)이 발전시킨 이후 광범위하게 사용되고 있다. 두 명의 과학자는 이 진단 기술을 발전시킨 공로로 1979년에 노벨생리의학상을 받았다.[1]

컴퓨터 단층 촬영에서 단층 영상은 회전하는 관을 이용하여 신체에 X선을 쬐서 만든다. 신체에 흡수되지 않은 X선은 방사선 검출기에 도달하며 그 신호를 모아서 여러 곳에서 조직들의 밀도를 분석한 영상을 만든다. X선은 조직에 따라서 흡수도가 다르다. 뼈처럼 밀도가 높은 물체는 X선을 많이 흡수하며 혈관 같은 연한 조직은 비교적 적게 흡수한다. 따라서 영상에서 뼈는 밝게 나타나고 연한 조직은 어둡게 나타난다.

어떤 연한 조직의 영상을 좀 더 밝게 얻기 위해서는 어떻게 해야 될까? 그러려면 연한 조직의 밀도를 높여서 그 구역을 통하는 X선의 투과율을 낮추어야 한다. 즉 X선이 투과되지 않고 많이 흡수되도록 해야 한다는 것이다. 이때 쓰이는 것이 바로 조영제다. X선을 투과시키지 않는 조영제를 흔히 방사선비투과성액이라고 한다. X선이 용액을 통과하지 못하기 때문에 이런 용액은 촬영 부위를 밝게 만들어 준다. 바륨이나 요오드를 함유하는 용액이 이런 목적에 적합하다. 소화관의 영상을 얻기 위해서는 바륨 용액을 마신다. 중요한 혈관을 보기 위해서는 주사로 요오드 용액을 환자의 정맥에 주입한다.

화학적 구성

바륨과 요오드를 함유하는 물질이 왜 조영제로 선택되었을까? X선 영상을 얻는 것은 여러 조직의 X선 흡수 능력의 차이를 이용한다. 이런 흡수 능력의 차이를 대비라고 하며 조직의 밀도에 비례한다. 연한 조직의 X선 흡수 능력을 인공적으로 높이려면 그 조직의 밀도를 높여야 한다. 목표가 되는 연한 조직이 황산바륨의 수용액이나 요오드화된 유기 화합물을 흡수함으로써 중금속인 바륨과 무거운 비금속인 요오드에 의해 밀도 증가가 일어날 수 있다.

| 중요한 용어 |
| X선   대비 |

참 고 문 헌

[1] "Press release: The 1979 Nobel Prize in Physiology or Medicine." Nobel-
forsamlingen, Karolinska Institutet. The Nobel Assembly at the Karolinska
Institute. 11 October 1979,
http://www.nobel.se/medicine/laureates /1979/press.html

1.2 왜 가스레인지 불꽃은 물이 끓어 넘치면 노랗게 될까?

요리사들은 끓는 물이 넘칠 것을 미리 알 수 있다. 바로 가스 불꽃
에 물이 닿았을 때 나는 칙 소리와 그것이 증발하면서 나타나는 노란
색 불꽃이 그 증거다. 원자 수준의 화학이 불꽃이 노란색으로 빛나는
원인을 밝혀준다.

화학적 원리

천연가스 불꽃에서 나타나는 노란색은 나트륨 원자나 이온이 연
소할 때 생긴다. 나트륨의 원천은 물 속에 천연적으로 녹아 있거나
조리하는 음식에 들어 있는 소금(염화나트륨)이다(물이 끓다가 넘친 후
물이 가스 불에 의하여 증발된 자리에 남아 있는 흰색 찌꺼기를 본 적이 있
을 것이다. 그것은 건조된 염화나트륨 염이다.). 가열된 나트륨 이온은
특징적인 색이나 진동수를 가진 색을 방출하는데 이것은 나트륨이
존재한다는 분명한 증거가 된다.

화학적 구성

나트륨 원소는 알칼리 금속족의 하나다. 매우 온도가 높은 불꽃에
서 알칼리 금속은 낮은 이온화에너지 때문에 열이온화된다. 예를 들
면 나트륨 원자는 495.8 kJ mol^{-1}(≈ 5 eV)의 이온화에너지를 갖는

21

다.[1] 중성 원자의 이온화에너지는 기체 상태의 원자로부터 가장 낮은 에너지를 갖는 전자를 떼어 양이온을 만드는 데 필요한 에너지라는 것을 기억하자. $Na(g) \rightarrow Na^+ (g) + e^-$. 그 후 나트륨 이온과 전자는 다시 결합하여 중성이지만 들뜬 원자가 될 수 있다. 나트륨 원자가 열에 의하여 매우 높은 에너지 상태로 들뜬 후 나트륨은 광자를 방출하면서 바닥상태로 돌아온다. 이 광자들의 에너지는 관찰되는 빛의 진동수에 해당된다. 가장 강한 방출이 전자기 스펙트럼의 가시광선 범위 중 노란색 영역 589.0과 596.6 nm에서 일어난다.[2]

전형적인 나트륨 원자의 노란색 방출은 다른 곳에서도 볼 수 있다. 나트륨 등은 금속 전극과 소량의 나트륨이 함유된 네온 기체로 채워진 전기방전등이다. 전극 사이를 흐르는 전류는 먼저 네온 기체를 이온화시킨다. 그 후 가열된 네온 기체가 나트륨을 증발시키면 이것은 쉽게 들떴다가 특징적인 노란빛을 내면서 들뜬상태에서 바닥상태로 돌아온다. 천문학자들은 최근에 헤일-밥 혜성에서 흘러나오는 세 가지 입자 꼬리 중 하나가 나트륨 원자가 내는 밝은 노란빛 꼬리라는 것을 알아냈다.[3] 또 캘리포니아의 패서디나에 있는 제트추진연구소의 과학자들은 목성의 위성 중 하나인 이오를 둘러싸고 있는 나트륨 증기 구름에서 노란빛이 발산된다고 보고하였다.[4]

┤ 중요한 용어 ├

원자 발광 스펙트럼   이온화에너지   알칼리 금속

참고문헌

[1] "Sodium."
    http://wild turkey.mit.edu/Chemicool/elements/sodium.html

[2] "Line Spectra of the Elements," in *Handbook of Chemistry and Physics*, 74th ed., ed. David R. Lide (Boca Raton, FL: CRC Press, 1993), 10-92.

[3] "Three Tailed Comet." *Discover Magazine* 19 (January 1998),
http://www.discover.com/cover_story/9801-2.html#3

[4] Photo Caption, Jet Propulsion Laboratory, California Institute of Technology, National Aeronautics and Space Administration, Pasadena, CA,
http://nssdc.gsfc.nasa.gov/photo_gallery/caption/gal_io3_48584.txt

 연관된 항목

8.3 오래된 전구 안쪽에 생기는 검은 점은 무엇일까?

12.2 왜 우주 비행사의 보안경은 그렇게 반사가 심할까?

15.2 액체 금속 골프채의 액체 금속이란 무엇일까?

02
기체의 화학

기체법칙

2.1 달걀을 너무 급하게 삶으면 터지는 이유는 무엇일까?

요리사들은 달걀을 삶을 때 달걀이 터지는 것을 막으려면 찬물에
서부터 천천히 삶으라고 충고한다. 1802년에 발견된 어떤 현상이
이 충고의 핵심에 들어 있다.

화학적 원리

암탉이 낳은 따끈따끈한 달걀이 식으면 내용물이 수축되면서 달
걀에 공기 주머니가 생긴다. '기실'이라고 부르는 이 공기 주머니는
안쪽 막이 바깥쪽 막과 분리되어서 생기며 일반적으로 비대칭인 달
걀에서 둘레가 큰 쪽에 위치하고 있다. 달걀 껍데기를 자세히 조사
하면 공기가 들어가고 이산화탄소와 습기가 빠져나갈 수 있는 수천
개의 작은 구멍이 있다는 것을 알 수 있다.[1] 알을 낳을 때 생긴 이
공기 주머니는 시간이 흐를수록 점차 크기가 커진다. 그런데 달걀을
삶으면서 너무 급하게 끓이면 부피가 팽창한 공기가 껍질의 구멍을
통하여 확산될 시간을 가지지 못해서 달걀이 터지게 된다.

시간이 지나면서 공기 주머니가 커지는 것은 소비자에게는 두 가

지 흥미로운 결과를 가져온다. 즉, 달걀이 물에 뜨는 것과 삶은 달걀의 껍데기를 쉽게 벗길 수 있는 것이다. 달걀이 물에 뜨는 현상은 시간이 지나면서 충분히 커진 공기 주머니가 달걀을 뜨게 해 주기 때문이다. 삶은 달걀의 껍데기를 쉽게 벗길 수 있는 것도 달걀의 나이와 관련이 있다. 달걀이 싱싱할수록 공기 주머니가 작고 오래된 것일수록 공기 주머니가 크다. 달걀의 내용물은 커진 공기 주머니 때문에 수축해야만 한다. 수축을 많이 할수록 껍데기를 벗기기가 쉽다. 따라서 오래된 달걀일수록 껍질이 잘 벗겨진다.

화학적 구성

기체의 부피와 온도 사이의 정량적 관계는 샤를의 법칙으로 나타낼 수 있다.

기체의 부피는 온도에 비례한다.

섭씨온도로 나타내면 이 관계는 $V = V_0 + at$가 되고, 절대 온도(켈빈)로 나타내면 $V = cT$가 된다. 실험적으로 유도된 이 관계는 프랑스의 물리학자 샤를(1787년)과 프랑스의 화학자 게이뤼삭(1802년)이 발견하였다.

┤중요한 용어├
샤를의 법칙

참고 문헌

[1] "Basic Egg Facts." American Egg Board,

http://www.aeb.org/facts/facts.html#8

 연관된 항목

5.19 왜 페이스트리 반죽은 잘 부풀어 오를까?

증기압과 휘발성

2.2 왜 불붙는 요리를 할 때는 불을 붙이기 전에 먼저 술을 가열할까?

체리 주빌리, 바나나 포스터, 크레이프 슈제트, 비프 플람베, 스테이크 아우포아브레. 이 요리들의 공통점은 무엇일까? 바로 조리하면서 추가적인 향을 내기 위해 술에 불을 붙이는 극적인 절차가 필요하다는 것이다. 그런 조합이 맛있는 것이 되기 위해서는 약간의 화학이 필요하다.

화학적 원리

많은 요리법에는 성냥으로 불을 붙이기 전에 먼저 술을 따뜻하게 하라고 되어 있다. 불을 붙이는 것은 캐러멜을 만들어 요리에 향을 진하게 만들어 주는 것이다. 불꽃의 점화는 알코올을 증발시키고 술의 향기가 음식과 섞이게 한다. 그렇다면 왜 불을 붙이기 전에 술을 따뜻하게 하라는 것일까? 액체 자체는 불꽃을 유지시키는 물질이 아니다. 술의 알코올 성분에서 생긴 증기가 장관을 연출하는 것이다. 술을 따뜻하게 하면 액체상보다 더 쉽게 점화되는 알코올의 증기를 만들어서 불이 쉽게 붙게 된다.

27

화학적 구성

불붙기 쉬운 액체도 발화점까지 가열되기 전에는 불꽃이 생기지 않는다. 액체의 발화점은 액체가 불꽃에 노출되어 점화에 필요한 충분한 증기를 내놓는 가장 낮은 온도이다. 발화점 이하의 차가운 술은 불붙는 데 필요한 충분한 증기를 내놓지 않는다.(액체의 증기압은 온도에 따라서 증가한다. 즉 액체 물질과 평형을 이루는 증기의 양은 온도가 증가함에 따라서 증가한다.) 술에서 불이 붙는 성분인 에탄올의 발화점은 13°C이다. 차갑거나 실온 정도의 술은 두 가지 이유 때문에 불꽃을 유지하지 못한다. 첫 번째 이유는 물과 알코올의 혼합물이 타기에는 물 속의 알코올 농도가 너무 낮기 때문이다. 에탄올과 물의 50 대 50 혼합물의 발화점은 24°C이다. 두 번째 이유는 실제로는 첫 번째와 관련된 것인데 술의 알코올 증기압이 발화하기에는 너무 낮기 때문이다. 알코올 음료의 도수는 알코올이 얼마나 들어 있는지와 관련이 있다. 100도 이하의 알코올 음료는 탈 수가 없다. 그러나 대부분의 술은 100도 이하이다. 그러나 100도 이하의 술도 가열하면 성냥을 가까이 가져가기만 해도 점화될 정도로 증기가 쉽게 형성된다(술병에 표시되어 있는 알코올의 %는 도수와 같지 않다. 도수는 알코올 %의 2배다. 즉 25% 소주는 50도의 술이다. ─옮긴이).

┤ 중요한 용어 ├

발화점   불타기 쉬운   증기압

2.3 화이트 같은 수정액은 어떻게 작용할까?

수정액은 그레이엄(Bette Nesmith Graham)이 최초로 발명하였다.[1, 2] 그녀의 초기 생산품은 실수를 교정하기 위한 흰색 템퓨라 페인트였다. 빨리 마르고 눈에 띄지 않는 혼합물을 찾아낸 후 그녀는 그 처방전을 1979년 질레트 사에 팔았다. 그 처방전은 1980년대에 조금 변형되었다. 수정액의 화학적 원리는 무엇일까?

화학적 원리

수정액은 흰색 색소와 휘발성 용매라는 중요한 두 가지 성분을 함유하고 있다. 색소가 녹아 있는 용액을 표면에 칠하면 용매는 재빨리 증발해 버리고 고체 색소 찌꺼기만 남게 된다. 수정액 병이 열려서 용매가 증발해 버렸을 때는 수정액 시너(thinner)라는 용매를 더 부어서 고체 색소를 녹이면 다시 사용할 수 있다.

화학적 구성

수정액의 흰색 색소는 이산화티탄(TiO_2)이고 휘발성 용매는 1,1,1-트리클로로에탄이거나 메틸클로로포름(CCl_3CH_3)이다.[3] 수정액의 휘발성 성분은 전체 부피의 50%를 차지한다.[3] 수정액 시너(thinner)는 100% 1,1,1-트리클로로에탄 용매이며,[4] 고형화된 이산화티탄을 녹이기 위하여 첨가된다.

┤ 중요한 용어 ├

휘발성   용매

참고문헌

[1] Bette Nesmith Graham(1924~1980): Liquid Paper, Inventor of the Week Archives, The Lemelson MIT Prize Program,
http://web.mit.edu/invent/www/inventorsA-H/nesmith.html

[2] Who was the Inventor of Liquid Paper™, PageWise, Inc.,
http://tntn.essortment.com/inventorliquid_rldn.htm

[3] Liquid Paper Correction Fluid, White; Material Safety Data Sheet,
http://www.biosci.ohio state.edu/~jsmith/MSDS/LIQUID%20PAPER%20CORRECTION%20FLUID%20WHITE.htm

[4] Liquid Paper Correction Fluid Thinner, MSDS Sheet,
http://www.biosci.ohio state.edu/~jsmith/MSDS/LIQUID%20PAPER% 20CORRECTION%20 FLU ID%20THINNER.htm

연관된 항목

5.19   왜 페이스트리 반죽은 잘 부풀어 오를까?

7.1   왜 전신 마취제에는 기체를 사용할까?

13.6   탐지견은 어떻게 마약과 폭발물을 탐지할까?

2.4 피부에 콜드크림을 바르면 왜 시원하게 느껴질까?

'콜드크림'은 이 화장품의 매끄럽고 시원한 느낌을 잘 표현해 주는 말이다. 몇 가지 기본적인 화학이 매우 잘 팔리는 이 물건을 설명해 줄 수 있다.

화학적 원리

피부에 콜드크림을 바르면 시원해지는 느낌이 드는 것은 콜드크림에 함유되어 있는 알코올(예: 에탄올)의 기화 때문이다. 피부용 제품에는 여러 가지 이점 때문에 에탄올이 함유되어 있다. 예를 들어 알코올은 콜드크림의 여러 성분들이 쉽게 용해되도록 돕는다. 소비자 입장에서는 알코올이 들어 있기 때문에 크림을 피부에 쉽게 바를 수 있고, 혼합물의 냄새가 좋아지고, 시원한 느낌을 가질 수 있다.

알코올이 증발하면 왜 시원한 효과를 나타낼까? 증발은 열을 필요로 하는 과정이다(흡열 과정). 따라서 크림을 바른 피부 부분은 알코올이 증발하는 데 필요한 열을 제공하게 되며, 따라서 부분적으로 시원해지는 느낌을 받게 된다.

화학적 구성

개인 위생 제품의 특별한 성분들은 흔히 특허지만, 한 업체, 즉 유니퀴마사는 두 가지 '물-알코올 피부 보호 에멀션' 제품의 조성을 밝히고 있다.[1] 각 제품에는 에탄올이 질량으로 약 20.00% 수준으로 들어 있다. 체스브루-폰즈사는 콜드크림 화장품 조성 특허 요약에서[2] 탄소수 2개에서 6개까지의 다가 알코올(2개 이상의 히드록시기(-OH)를 가진 알코올)이 시원한 효과를 내는 휘발성 종류라고 밝히고 있다. 에탄올이나 다가 알코올처럼 비교적 낮은 끓는점을 가지고 따라서 높은 증기압을 갖는 물질은 쉽게 증발하기 때문에 시원한 느낌을 증가시키는 요인이 된다. 예를 들면 에탄올의 증기압은 298K(25°C)에서 59torr(토르)다.[3] 이 값을 역시 피부에서 쉽게 증발하는 물질인 물의 경우와 비교하면 어떨까? 같은 온도에서 물은 24torr의 증기압을 가진다.[4] 따라서 에탄올은 물보다도 훨씬 더 잘 증발한다.(어떤 온도에서 액체의 증기압이 높을수록 기체상으로 튀어나오는 경향이 강하다는 것을 기억하자.)

31

┤중요한 용어├

증기압   휘발성   증발   기화   흡열

참 고 문 헌

[1] "Personal Care: Hydroalcoholic Skin Care Emulsions." Uniqema,
http://surfactants.net/formulary/uniqema/pcm14.html

[2] "Cosmetic Compositions including Polyisobutene." U.S. Patent 5695772,
December 9, 1997.

[3] "Properties of Common Solvents," in *Handbook of Chemistry and Physics*, 74th
ed., ed. David R. Lide (Boca Raton, FL: CRC Press, 1993), 15-46.

[4] "Vapor Pressure of Water from 0 to 370°," in *Handbook of Chemistry and
Physics*, 74th ed., ed. David R. Lide (Boca Raton, FL: CRC Press, 1993), 6-15.

연관된 항목

5.19   왜 페이스트리 반죽은 잘 부풀어 오를까?

7.1   왜 전신 마취제에는 기체를 사용할까?

13.6   탐지견은 어떻게 마약과 폭발물을 탐지할까?

03
용액의 화학

농도

 연관된 항목

10.1 컴퓨터 단층 촬영을 위해 요오드 용액을 섭취한 후에는 왜 열이 날까?

용해도

3.1 왜 탄산음료는 온도가 올라가면 탄산을 잃어버릴까?

탄산음료의 톡 쏘는 탄산의 맛을 제대로 즐기려면 4℃ 정도로 시원하게 보관하는 것이 좋다. 음료에서 거품이 얼마나 빨리 빠져나오는가는 여러 인자들에 영향을 받지만 온도는 특히 매우 중요한 인자다. 온도에 따른 기체와 액체의 행동은 우리가 탄산음료를 마시며 상쾌함을 느끼는 데 중요한 역할을 한다.

화학적 원리

오늘날 탄산음료 제조업은 수십억 달러의 사업이다. 탄산음료를 만드는 탄산화 과정은 1770년대에 미국에서 처음으로 개발되었다.

유럽과 미국의 과학자들이 음료를 탄산화하는 방법을 찾기 위하여 노력한 이유는 무엇일까? 그 이유는 유럽의 각지에서 나는 유명한 건강 광천수들과 같은 맛을 내게 하려는 것이었다. 오늘날 탄산화는 기체 이산화탄소(CO_2)의 형태로 음료에 첨가되어 음료의 맛과 거품을 더해 줌으로써 입과 눈을 즐겁게 해 준다. 첨가된 이산화탄소 기체는 음료의 보관 기간을 연장시켜 주고 손상을 막아준다. 탄산화 과정은 저온과 고압의 이점을 이용한다. 이런 조건에서는 기체가 물과 같은 액체와 잘 혼합되기 때문이다. 이산화탄소 기체를 물에 넣기 위해서는 액체 음료를 4℃ 이하로 냉장시키고 압력이 높은 (대기압의 3~4배 정도) 용기 안에서 이산화탄소를 여러 단을 통해서 통과시킨다. 이 과정에서 온도를 낮추고 압력을 높여 주면 음료가 흡수하는 이산화탄소의 양이 증가한다. 탄산음료가 든 병이나 캔을 열면 압력이 낮아져서 이산화탄소 기체가 물에 녹는 능력이 줄어든다. 또 음료의 온도가 올라가도 이산화탄소가 녹는 능력이 줄어든다. 거품이 나오는 것은 기체의 용해도가 감소하였다는 증거다. 이런 현상은 물에 고체를 녹이는 것과는 정반대다. 대부분의 고체(예를 들어 설탕이나 소금)는 찬물보다는 더운 물에서 더 잘 녹는다.

화학적 구성

거의 모든 기체의 물에 대한 용해도는 온도가 올라가면 줄어든다. 또 기체의 용해도는 액체의 표면에서 기체의 부분 압력에 따라서 증가한다. 이것을 헨리의 법칙이라고 한다.

$$S_{기체}(\text{mol}/l) = k_H \times P_{기체}(\text{atm})$$

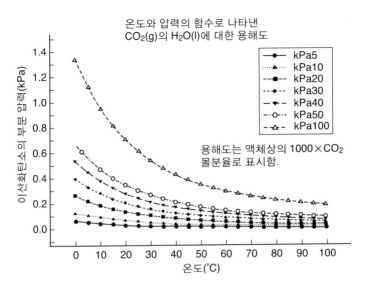

그림 3.1.1 온도와 압력의 함수로 나타낸 기체 이산화탄소의 물에 대한 용해도. 이산화탄소의 용해도는 용액에 존재하는 이산화탄소의 몰분율로 나타냈다.

이 법칙은 모든 탄산음료, 맥주, 일부 포도주의 탄산화 과정에 이용된다. 저온과 3~4기압의 이산화탄소 압력은 물에 녹는 이산화탄소 기체의 양을 증가시킨다.

그림 3.1.1의 그래프는 여러 가지 온도와 압력에서 물에 이산화탄소가 녹는 것을 나타낸 것이다.[1] 이산화탄소의 용해도는 용액에 존재하는 이산화탄소의 몰분율로 나타냈다.

조금 더 이야기하자면 탄산음료의 톡 쏘는 맛은 탄산이 물에 녹으면서 다음 평형 반응을 일으키고 이때 약한산을 생성하면서 생기는 것이다.

$$CO_2(g) + H_2O(l) \rightleftarrows H_2CO_3\,(aq) \rightleftarrows H^+(aq) + HCO_3^-(aq)$$

┤ 중요한 용어 ├
용해도   헨리의 법칙   부분 압력

참 고 문 헌

[1] "Solubility of Carbon Dioxide in Water at Various Temperatures and Pressures," in *Handbook of Chemistry and Physics*, 74th ed., ed. David R. Lide (Boca Raton, FL, CRC Press: 1993), 6-7.

3.2 왜 시간이 흐르면 포도주에 결정이 생길까?

바닥에 침전물이나 결정이 생긴 포도주는 상한 것이 아니다. 많은 소비자들은 그런 결정을 좋아하지 않지만 포도주 양조업자들은 포도주를 만들 때 그런 결정이 쉽게 형성된다는 것을 알고 있다. 어떤 화학이 포도주에 생긴 결정의 기원을 설명해 줄까?

화학적 원리

포도주는 성분이 복잡하기 때문에 시장에는 매우 다양한 포도주가 존재한다. 주성분인 물과 에탄올 이외에도 다양한 유기산들뿐 아니라 포도 껍질의 무기물에서 나온 금속 이온들도 존재한다. 처음에는 이런 모든 물질이 포도주에 녹는다. 발효 과정이 일어남에 따라서 알코올 농도가 증가하고 이것은 특수한 산과 금속 이온의 조합에 대한 포도주의 용해도를 변화시킨다. 불용성 물질들은 용액에 녹아 있을 수 없기 때문에 결정으로 가라앉는다. 적포도주는 포도 껍질(무기질이 농축되어 있는)을 포함하는 포도액과 접촉하는 기간이 길기 때문에 적포도주에서는 백포도주보다 결정이 더 흔하다.

화학적 구성

포도는 약한 유기산인 타르타르산($HOOC-(CHOH)_2-COOH$)을 함유하는 몇 안 되는 과일 중 하나다. 포도주에 들어 있는 산 성분의 절반 이상이 타르타르산이다. 타르타르산은 약산이기 때문에 물에서 부분적으로 이온화해서 중타르타르산(타르타르산 수소) 이온이 된다.

$$HOOC-(CHOH)_2-COOH(aq) \rightleftarrows$$
$$H^+(aq) + HOOC-(CHOH)_2-COO^-(aq)$$

중타르타르산 이온은 포도에 높은 농도로 존재하는 칼륨 이온과 결합하여 용해성 중타르타르산 칼륨염(타르타르산 크림이라고 함)을 만든다. 중타르타르산 칼륨은 물에서 상당히 잘 녹는다(실온에서 162 ml의 물에 1g이 녹음.).[1] 알코올 용액(포도주의 발효에 의해서 알코올이 생성됨)에서는 중타르타르산 칼륨의 용해도가 상당히 감소한다(1g의 염이 녹는 데 에탄올 8,820 ml가 필요하다.).[1] 그 결과 중타르타르산 칼륨이 용액에서 염으로 석출된다.

병에 포도주를 넣는 과정에서 포도주 결정이 형성되는 것을 방지하기 위하여 포도주 제조업자들은 냉각 안정화라는 방법을 이용한다. 포도주의 온도를 수일이나 수주 동안 $-7 \sim -5°C$로 낮추어서 타르타르산 결정의 용해도를 낮추어 결정을 침전시킨 후 포도주를 걸러서 타르타르산 침전물을 제거하는 것이다. 온도에 따른 중타르타르산 칼륨의 용해도 변화는 다음에서 쉽게 알 수 있다. 실온에서는 이 염 1g을 녹이는 데 162 ml의 물이 필요하지만 100°C에서는 같은 양을 녹이는 데 16 ml의 물만 필요하다.[1] 요즘은 전기투석법이 발달되어서 포도주 공장에서 새로 발효시킨 포도주에서 중타르타르산

결정이 생기기 전에 미리 타르타르산, 중타르타르산, 칼륨 이온을
제거한다.[2]

┌ 중요한 용어 ┐─────────────────────────────
│ 용해도
└──┘

참고문헌

[1] M. Windholz and S. Budavari, eds., *The Merck Index: An Encyclopedia of Chemicals, Drugs, and Biologicals*, 10th ed. (Rahway, NJ, Merck: 1983).

[2] Steve Heimoff, "Electrodialysis Removes Crystals But Technology Has Been Ahead of Its Practicability." *Wine Business Monthly*, May 1996, http://winebusiness.com/html/SiteFrameSet.cfm?fn=../Archives/Monthly/1996/9605/bm059612.htm

3.3 용암등은 어떻게 작동할까?

용암등은 불을 켜면 여러 가지 색의 액체가 천천히 오르락내리락
거리면서 용암이 흘러내리는 듯한 신비감을 주는 장식용 전등이다.
많은 기본 화학 원리들이 이 교묘한 장치의 작동에 숨어 있다.

화학 원리

용암등(lava lamp)은 50년 이상 관객들을 사로잡았다. 제2차 세계
대전 직후 워커(Edward Craven Walker)는 영국 햄프셔의 한 선술집에
서 이 기구를 발전시키기 위하여 크레스트워드회사를 영국의 도셋
에 설립하였다.[1] '칵테일 혼합기, 오래된 주석잔 및 도구들'로 만들
어진 기묘한 기구인 용암등의 원시적 형태가 발견된 지 얼마 되지
않은 때였다. 15년 후 워커는 용암등을 완성하고 시장에 대량으로 판

매하였다. 1960년대에 이르러서는 수요가 거의 없어졌다가 1990년대에 수요가 다시 급증하였다. 1990년에 매각된 워커의 회사는 아직도 용암등을 생산하고 있으며 미국에서는 시카고의 해거티산업이 생산하고 있다.

전혀 다른 성질을 가진 두 가지 용액이 용암등의 필수 성분이다. 두 액체는 혼합되지 않기 위하여 화학적 조성이 크게 달라야 한다. 첫 번째 액체는 '용암'을 구성하는 액체다. 이 액체는 일반적으로 물에 쉽게 녹지 않는 물질이다. 두 번째 액체는 수용성 물질이거나 물과 물에 쉽게 녹는 액체의 혼합물이다. 용암과 수용성 용액이 섞이지 않기 때문에, 용암이 수용성 물질을 통과해 나갈 때 '방울'이 형성된다. 용암 물질은 실온에서 물보다 약간 더 무거워야 한다. 등을 켜기 전에는 용암이 바닥에 위치한다. 보통 40와트의 전구로 전등을 켜면 열이 발생된다.[2] 등의 바닥에 있는 작은 전선 코일도 액체 안의 열원으로 작용한다. 온도가 증가하면 두 가지 액체의 밀도가 감소한다. 이때 용암 액체의 밀도는 수용액의 밀도보다 더 심하게 변한다. 이제 밀도가 더 가벼워진 용암은 용기에서 위쪽으로 떠오르고 온도 증가 때문에 부피가 증가한다. 액체의 중간 정도의 점성이 용암의 운동과 순환에 도움을 준다. 용암이 열원에서 멀어짐에 따라서 냉각이 되고 방울의 부피가 줄어들어서 밀도가 다시 증가하고 다시 등의 바닥으로 가라앉는다. 순환이 계속되면서 변화하는 매혹적인 용암의 무늬와 운동이 발생한다. 수용액에 잘 녹는 염료와 용암 액체에 잘 녹는 두 번째 염료를 넣어서 여러 가지 색조합이 일어나게 한다.

39

화학적 구성

용암등의 작동에서는 액체의 분자간 분산력이 중요하다. 1971년에 발표된 특허는 광물유(탄화수소 기반의 액체)와 물/프로필렌 글리콜(부피비 70/30%) 혼합물로 된 서로 섞이지 않는 혼합 용액이라고 밝히고 있다. 물보다 더 큰 비중을 가지며(물보다 밀도가 더 큼) 열팽창 계수가 더 크고(가열하면 부피가 팽창하여서 온도에 따라 밀도가 크게 변화함) 물에 녹지 않는 물질에는 벤질알코올, 신남일알코올, 디에틸프탈산, 살리실산에틸이 있다. 이소프로필알코올, 에틸렌글리콜, 글리세롤은 물과 혼합되어 프로필렌글리콜을 대신할 수 있는 물질이다. 용암 액체를 지배하고 있는 소수성 힘들은 물을 기반으로 하는 혼합물에 존재하는 수소결합이나 쌍극자 상호 작용과는 양립할 수 없다. 한 가지 상을 만들려는 인력이 존재하지 않기 때문에 두 가지 구분된 상이 나타난다.

크레이븐의 원래의 특허를 참조로 한 6가지 특허가 발표되었다. 초기 특허들 중 하나는[3] "심미적 효과를 나타내기 위한 장치로서" 3가지 상의 액체계를 나타내고 있다. 특허 사항에는 서로 전혀 섞이지 않는 서로 다른 밀도를 가진 액체가 최소한 두 가지 이상 포함되어 있다. 밀도가 증가하는 순서로 3가지 액체를 A, B, C로 나타내면 "A용액은 파라핀 또는 실리콘 오일 또는 나프탈렌 또는 헥사클로로부타디엔이고, B용액은 물 또는 에테르이며 더 정확하게는 프로판트리옥시에틸에테르나 폴리에테르이고, C는 화학적으로 결합된 인 또는 화학적으로 결합된 할로겐(특히 염소가 좋음)을 가진 에스테르로서 더 정확하게는 프탈산의 에스테르인 프탈산디부톡시부틸, 탄산 에스테르인 탄산프로판디올 또는 에탄디올모노페닐에테르 또는 테트라히드로티오펜-1,1-디옥사이드로서 선택된 액체들은 서로 전혀 섞이지 않는다."[4] 나중의 특허(US#4419283 : 12/06/1983, "표시장치에서의 액체 조성")[5]에서는 표시장치나 새로운 장난감에 이용되기에 적당한 3, 4, 5가지 서로 섞이지 않는 액체상들로 구성된 계가 설명되어 있다. 많이 이용되는 4가지 상으로 된 계는 매우 소수성이 큰 유기상, 비교적 극성인 화합물을 함유한 유기상, 수소결합을 하는 화합물을 함유하는 유기상, 그리고 수용액상으로 구성되어 있다. 이런 조건들을 만족시키는 특별한 액체들의 예가 수없이 많이 등장하였다. 용암등과 같은 새로운 표시장치에 관심을 가진 사람이 있는 한 실온에서 서로 섞이지 않으며, 값이 싸고, 무독성이고, 가연성이 없으며, 쉽게 염색할 수 있는 유기상과 물로 구성된 액체계를 찾으려는 연구는 계속될 것이다.

41

┌─| 중요한 용어 |──────────────────────────
│ 혼합성   용해도   밀도
└───────────────────────────────────

참고문헌

[1] "Lava Lite Lamp." [US Patent 3,570,156, March 16, 1971], Your Mining Co. Guide to Inventors;
http://inventors.miningco.com/library/weekly/ aa092297.htm

[2] R. Hubscher, "How to Make a Lava Lamp." *Popular Electronics* (March 1991), 31: also in *Popular Electronics, 1992 Electronics Hobbyist's Handbook*.

[3] These patents are U.S. Patent 5778576, issued on 07/14/1998, "Novelty lamp"; 5709454, 01/20/1998, "Vehicle visual display devices"; D339295, 09/14/1993, "Combined bottle and cap"; 4419283, 12/06/1983, "Liquid compositions for display devices"; 4085533, 04/25/1978, "Device for producing aesthetic effects"; 4034493, 07/12/1977, "Fluid novelty device."

[4] "4085533: Device for producing aesthetic effects." IBM US Patent Database, Patent 4085533.

[5] "4419283: Liquid compositions for display devices." IBM US Patent Database, Patent 4419283.

3.4 X선용 황산바륨의 독성은 어떻게 조절할까?

황산바륨은 조영제로서 X선의 투과를 막아서 의사가 어떤 기관에 존재하는 특수한 질병이나 신체 부분을 볼 수 있도록 도와준다. 조영제가 있는 영역은 X선 필름에서 흰색으로 나타나서 한 기관과 다른 조직 사이에 필요한 구별이나 대조를 이룬다. 조영제로 쓰이는 바륨 이온의 독성은 어떻게 조절할까?

화학적 원리

신체 조직은 X선을 서로 다른 정도로 흡수한다. X선을 많이 흡수할수록 X선 필름에는 더 밝게 나타나서 조직의 상태를 더 쉽게 추적할 수 있다. 환자의 소화관을 X선으로 보기 전에 위장관이 잘 보이게 하기 위해 황산바륨($BaSO_4$) 현탁액을 마신다. 다시 말해서 위와 장은 황산바륨으로 코팅이 될 것이고 X선 필름에 하얗게 나타나게 될 것이다. 모든 용해되는 바륨 염은 유독하지만 이 절차는 안전하다. 그것은 황산바륨이 본질적으로 불용성이기 때문이다. 황산바륨이 용액에 녹는 것을 제한하기 위하여 현탁액에 황산나트륨(Na_2SO_4)을 약간 첨가한다. 황산나트륨은 물에 매우 잘 녹으며 황산 이온을 생성한다. 용액의 황산 이온 농도가 증가하면 황산바륨의 용해가 억제된다. 따라서 황산바륨은 거의 용해되지 않고 유지되며 신체의 바륨 이온 농도는 낮아진다.

화학적 구성

황산바륨은 다음과 같은 반응식으로 물에 녹는다.

$$BaSO_4(aq) \rightleftarrows Ba^{2+}(aq) + SO_4^{2-}(aq)$$

황산바륨의 낮은 용해도(S, 리터당 몰수)는 용해에 대한 용해도곱에서 나타난다. 계산된 용해도에 의하면 용액 중에는 소량의 바륨 이온이 자유롭게 존재한다.

$$K_{sp} = 1.1 \times 10^{-10} = S^2$$
$$S = [Ba^{2+}] = 1.05 \times 10^{-5} M$$

황산바륨 현탁액은 0.01 M의 황산나트륨도 함유하고 있으며, 황산나트륨은 용액에서 황산바륨의 용해도를 조절하는 공통이온효과에 이용된다. 황산나트륨은 Na^+와 SO_4^{2-} 이온으로 쉽게 용해되어 SO_4^{2-}의 농도를 높인다. 르샤틀리에의 원리에 의하여 계는 존재하는 공통 이온(용해성 황산나트륨과 난용성 황산바륨 모두에 존재하는 이온)에 반응하여 원래의 용해 평형 위치를 왼쪽으로 이동시킨다. 다시 말해서 황산 음이온의 존재 때문에 반응물 황산바륨의 용해도가 더욱 감소하는 것이다. 0.01M 황산나트륨이 존재하면 황산바륨의 용해도(S', 리터당 몰수)는 얼마나 될까? 앞에서와 같은 방법으로,

$$K_{sp} = 1.1 \times 10^{-10} = (S')(S'+0.10)$$
$$S' = [Ba^{2+}] = 1.1 \times 10^{-9} M$$

따라서 공통 이온 효과를 적용하면 황산바륨의 용해도는 이 효과가 존재하지 않을 때의 용해도보다 10^4배가 감소하여 바륨 독성의

위험을 감소시켜 준다.

┤ 중요한 용어 ├

> 용해도　용해　공통이온효과　르샤틀리에의 원리

참 고 문 헌

▶ "Interpreting the Radiograph." Dr. Simon Cool,
http://www.uq.edu.au/~anscool/xray/xray.html

▶ Barium Sulfate (Diagnostic), MEDLINEplus Health Information, National
Institutes of Health,
http://www.nlm.nih.gov/medlineplus/druginfo/
bariumsulfatediagnostic203643.html

3.5　왜 마그네시아 유제는 제산제일까?

마그네슘을 포함하는 화합물은 일상 생활 약품에 흔하다. 마그네
시아 유제는 어떻게 효과적인 제산제로 작용하는 것일까?

화학적 원리

약학에서 '유제'는 물에 녹지 않는 약품의 수용성 현탁액을 말한
다. 마그네시아 유제 제산제는 수산화마그네슘 염의 포화용액이다.
수산화마그네슘($Mg(OH)_2$)은 물에 쉽게 녹지 않으며 이 물질의 포화
용액은 단순히 수산화마그네슘 고체가 모두 녹지 않을 정도로 물에
첨가되었다는 것을 의미한다. 녹지 않은 고체가 용기 바닥에 가라앉
는 대신에 유제의 특징대로 고체 입자들이 용액 중에 떠 있다. 소량
의 수산화마그네슘은 물에 녹아서 위에서 분비되는 산에 대응하는
염기성 성분(수산화 이온)을 생성한다.

화학적 구성

수산화마그네슘의 용해도 S(리터당 몰수)는 염의 용해에 관한 평형상수(용해도곱)로부터 구할 수 있다. S는 녹은 수산화마그네슘의 리터당 몰수와 같으므로

$$\text{Mg(OH)}_2(s) \rightleftarrows \text{Mg}^{2+}(aq) + 2\text{OH}^-(aq), \quad K_{sp} = 1.2 \times 10^{-11}$$

$$K_{sp} = [\text{Mg}^{2+}][\text{OH}^-]^2 = 1.2 \times 10^{-11}$$

$$S(2S)^2 = 1.2 \times 10^{-11}$$

$$4S^3 = 1.2 \times 10^{-11}$$

$$S = 1.44 \times 10^{-4}\,\text{M}$$

수산화마그네슘의 분자량은 58.3 g/mol이므로 용해도는 8.36 mg/l이다. 바이엘 사의 '원조 필립스 마그네시아 유제'는 찻숟가락(부피 약 5 ml)당 400 mg(리터당 8.00×10^4 mg)의 수산화마그네슘을 함유하고 있다.[1] 분명히 포화용액이다! 녹은 수산화마그네슘의 양으로부터 용액의 pH를 결정할 수 있다.

$$[\text{OH}^-] = 2S = 2.9 \times 10^{-4}\,\text{M}$$

$$[\text{H}_3\text{O}^+] = \frac{K_w}{[\text{OH}^-]} = \frac{1.00 \times 10^{-14}}{2.9 \times 10^{-4}} = 3.5 \times 10^{-11}\,\text{M}$$

$$\text{pH} = -\log_{10}[\text{H}_3\text{O}^+] = 10.46$$

포화된 수산화마그네슘 용액의 알칼리 성질 때문에 이 약품은 제산제로 작용할 수 있다.

┤중요한 용어├

용해도   염기성   포화용액

45

참고문헌

[1] The Phillips Medicine Cabinet, Bayer Corporation,
   http://www.bayercare.com/htm/philmom.htm#ingredients

 연관된 항목

5.16 세탁 소다는 어떻게 경수를 연수로 만들까?
7.2 왜 물을 마셔도 고추의 매운 맛은 없어지지 않을까?
10.5 순간 얼음팩을 냉각시키는 것은 무엇일까?

총괄성

3.6 왜 얼음 덩어리의 내부는 뿌열까?

순수하고 투명한 액체 물이 얼면 투명한 고체가 되어야 하지만 얼음 덩어리는 보통 뿌옇다. 뿌연 얼음 덩어리가 오염의 징후가 아니라는 것을 알기 위해서는 어떤 화학을 알아야 할까?

화학적 원리

물은 보통 '순수한' 물질이 아니며 대기에서 녹아든 기체(예 : 산소)와 무기질(예 : 칼슘과 마그네슘 염)을 함유하고 있다. 이런 물질들이 존재하면 물의 어는점이 영향을 받는다. 순수한 물은 0°C에서 얼지만 기체나 무기질이 녹아 있는 물은 더 낮은 온도에서 언다. 녹아 있는 기체나 무기질의 농도가 높을수록 물의 어는점은 낮아진다. 물이 냉각됨에 따라서 공기와의 접촉면에서 얼음의 첫 번째 층이 생긴다. 얼음이 형성되면서 순수한 물은 고체가 되고, 녹아 있던 기체와 무기질은 용액에 남아 있게 된다. 따라서 어는 과정에서 물에 녹아 있던 물질들은 점점 더 작은 부피의 용액에 농축된다. 이 과정은 매우 효과적인 농축 방법이다. 녹아 있는 물질의 농도가 클수록 새로 생기는 얼음이 생성되는 온도는 더 낮아진다. 따라서 얼음 덩어리 가운데 있는 뿌연 것은 녹아 있던 기체와 무기질의 농축 결과이며 이것들이 빛을 굴절시키고 불투명한 모습을 나타낸다.

화학적 구성

녹아 있는 물질 때문에 생기는 용매의 어는점 내림은 총괄성의 한 가지 예다. 총괄성은 녹아 있는 입자의 종류에 상관없이 입자의 수에만 관련되는 묽은 용액의 성질이다. 물의 어는점 내림 상수 K_f는 $1.86\,\mathrm{K\,kg\,mol^{-1}}$이다. 다시 말해서 $1\,\mathrm{kg}$의 물에 녹은 비휘발성 물질 $1\,\mathrm{mol}$에 대하여 물의 어는점은 $1.86\,^{\circ}\mathrm{C}$씩 낮아진다. 어는점 변화 ΔT는 다음 식으로 계산할 수 있다.

$$\Delta T = -K_f\,m$$

여기에서 m은 용액의 몰랄농도로서 $1\,\mathrm{kg}$의 용매(물)에 녹아 있는 용질의 몰수다. 용질이 물에 녹으면서 이온이 된다면 m은 용액 중의 모든 종들(분해되지 않는 것 또는 이온으로 된 것)의 전체 몰랄농도로 나타내야 한다. 따라서 $1\,\mathrm{kg}$의 물에 $1\,\mathrm{mol}$의 염화나트륨($NaCl$)이 녹으면 용액에 존재하는 $2\,\mathrm{mol}$의 이온들(Na^+와 Cl^-) 때문에 어는점은 $2 \times 1.86\,^{\circ}\mathrm{C}$ 낮아질 것이다. 반면에 $1\,\mathrm{kg}$의 물에 $1\,\mathrm{mol}$의 설탕이 녹으면 설탕은 물에서 분해되지 않기 때문에 어는점은 $1.86\,^{\circ}\mathrm{C}$가 낮아진다.

┤중요한 용어├

어는점 내림   몰랄농도 총괄성   용매   용질

콜로이드 분산

3.7 왜 달걀 흰자를 저을 때는 금속 그릇이나 유리 그릇을 사용할까?

머랭 과자의 요리법에는 다음과 같은 지시들이 들어 있다. "커다란 유리나 금속 그릇에 달걀 흰자와 타르타르 크림을 넣고 부드러운 거품이 생길 때까지 젓는다. 계속 저으면서 설탕을 넣고 이어서 바닐라를 넣어서 단단한 거품 덩어리가 될 때까지 젓는다." 왜 제과업자들과 경험 많은 요리사들 그리고 지식이 풍부한 화학자들은 금속이나 유리 그릇이 필요하다고 주의를 주고 있을까?

화학적 원리

달걀 흰자를 심하게 저으면 많은 공기가 들어가서 거품을 형성하고 이것이 빵을 굽는 과정에서 모양을 형성하게 된다. 저은 달걀 흰자가 부풀려면 지방이 전혀 없어야 한다. 달걀 노른자는 지방과 기름을 함유하고 있기 때문에 달걀 노른자를 흰자로부터 분리하는 것이 중요하다. 플라스틱 그릇이나 주방 기구들은 다공성이어서 세척 후에도 지방들이 조금은 남아 있다. 유리나 금속 그릇의 표면은 거의 지방이 없어서 거품이 잘 일어난다.

화학적 구성

거품은 액체 속에 갇힌 기체 방울들이 분산된 것이다. 안정한 거품을 얻기 위해서는 액체가 몇 가지 특성을 가지고 있어야 한다. 예를 들어 점액질의 액체는 기체 방울을 잘 포획할 것이다. 계면활성제나 안정제는 구조적 이유로 기체 방울의 표면에 위치하면서 더 지속적으로 거품을 형성한다. 증기압이 낮은 액체는 액체 분자들(특히 기체 방울을 둘러싸고 있는)을 쉽게 증발시켜 거품을 무너뜨리는 경향이 있다.

달걀 흰자의 알부민은 거품을 쉽게 형성하는 단백질 용액이다. 연구에 의하면 오보뮤신, 오보글로불린, 콘알부민 같은 단백질이 주로 거품을 형성한다는 것이 알려져 있다. 단백질들은 공기 방울의 공기-물 경계면에 모여서 거품 구조를 유지하기 위하여 변성(풀림)된다. 가열(굽기)을 통해서 더욱 변성되면 더 안정한 구조로 응집된다. 저으면서 설탕을 넣어 주면 달걀 흰자의 거품이 더 많이 생성되는데, 이것은 물을 함유하려는 설탕의 흡습성 때문이다(설탕의 히드록시기들은 물과 수소결합을 형성한다.). 그러나 설탕은 변성을 지연시키기 때문에 똑같은 정도의 거품에 도달하려면 더 많이 저어주어야 한다. 특히 젓는 과정의 초기에 설탕을 넣으면 훨씬 더 많이 저어야 한다. 산인 타르타르산 크림을 첨가하면 단백질 용액의 pH가 낮아져서 단백질이 변성되고 응집하기가 쉬워진다. 지방이 존재하면 역시 공기 방울의 공기-물 경계면에 모이는 경향이 있다. 그러나 지방은 단백질처럼 변성되지 않으며 응집한다. 따라서 지방이 있으면 변성되어 거품을 안정화시키는 단백질의 능력도 감소된다.

┤중요한 용어├

거품　콜로이드 분산

3.8 무대에서 사용되는 인공 안개나 연기를 만드는 안개 제조기는 어떻게 작동할까?

연극이나 영화에서 극적 장면이나 분위기를 연출하기 위해 인공 안개가 사용된다. 인공 안개 제조기에 숨어 있는 화학적 원리는 무엇일까?

화학적 원리

몇몇 영화의 가장 기억에 남는 장면은 특수 효과 기술자들에 의해서 만들어진다. 오락 산업에서 가장 기본적인 기법 중 하나는 분위기를 만들고 화산이나 늪지대를 모방하기 위해서 그리고 광학 효과를 강조하기 위하여 안개를 사용하는 것이다(연극 용어에서는 안개와 연기라는 말을 혼용하여 사용한다. 그러나 화학 용어에서는 안개는 기체상에 분산되어 있는 액체상을 나타내고, 연기는 기체상에 작은 고체 입자 물질들이 함유되어 있는 것을 나타낸다.). 인공 안개나 연기를 만드는 데는 여러 가지 방법이 사용된다.

많은 회사들은 글리콜이나 물에 기반을 둔 안개 유체를 사용하는 기계들을 판매하고 있다.[1,2] 이런 액체들을 온도를 조절할 수 있는 열 교환기에 넣고 가열하면 기화되어서 짙은 안개 구름이 생긴다. 예를 들어 프로필렌글리콜(그림 3.8.1)과 트리에틸렌글리콜(그림 3.8.2)의 비율을 변화시키면 레이저 광을 돋보이게 하거나 다양한 '지속 시간'을 갖는 진한 흰색의 안개를 만드는, 눈에 보이지 않는 입자 연무를 만들어서 원하는 효과를 얻을 수 있다. 이렇게 가열시켜서 증기를 만드는 글리콜에 기반을 둔 전통적 안개 제조기가 압력에 의해서 원자화되는 것을 이용한 '오일-열분해' 제조기보다 더

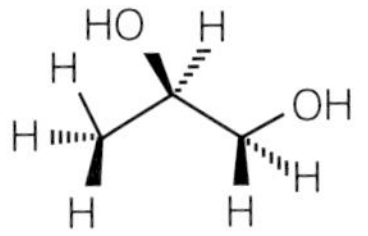

그림 3.8.1 인공 안개 제조기에 사용되는 프로필렌글리콜의 분자 구조.

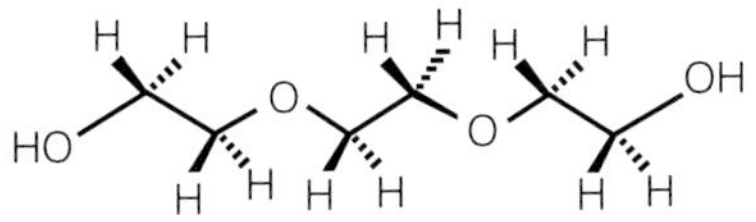

그림 3.8.2 인공 안개 제조기에 사용되는 트리에틸렌글리콜의 분자 구조.

선호되고 있다.[3]

그런데 최근 글리콜에 기반을 둔 안개 제조기에 여러 가지 건강 문제가 제기되었다.[4] 특히 글리콜의 흡습성은 코, 눈, 목 건조 효과를 가져온다. 일부 제조업자들은 물만 이용하여 지나치게 축축하지 않으면서도 초미세 안개 방울을 만드는 방법을 고안하였다. '영화예술과 과학간사회 아카데미(The Academy of Motion Picture Arts and Science Borad of Governois)'는 1998년에 프락스에어(Praxair) 산소, 질소, 수증기의 혼합물을 사용하여 인공 안개를 만든 공로로서 프락스에어 사의 3명의 직원에게 과학진보상을 수여하였다.[5] 또 프락스에어는 2002년에 콜럼비아영화사가 「스파이더맨」을 제작하는 동안 산소와 질소 혼합물의 특수 효과를 제공해 주었다.[6]

어떻게 하면 안개를 지면에 내려앉게 할 수 있을까? 안개의 온도를 낮추는 것이 도움이 될 것이다. 안개의 온도가 낮아지면 안개의 밀도가 증가하고 무거워진 안개는 아래쪽으로 가라앉을 것이다. 일부 안개 제조기는 가라앉은 안개 효과를 내기 위하여 드라이아이스나 액체 이산화탄소를 사용한다.[7] 이런 냉각제들은 안개가 통과하는 배기관을 냉각시키는 데 이용된다.

안개 제조 기술을 이용하는 것 중 흥미로운 것은 안개 안전 시스템이다. 이 안전 장치는 시계가 0에 가까운 진한 안개를 만들어서 관계자들이 현장에 도착할 때까지 도둑들이 탈출하지 못하게 하는 것이다.[8,9]

화학적 구성

연기와 안개를 만드는 데, 왜 다가 알코올의 혼합물을 사용할까? 앞에서 설명한대로 작은 액체 입자들은 기체 중에 분산되어 안개를 만든다. 프로필렌글리콜, 트리에틸렌글리콜, 물의 혼합물은 처음에는 액체다. 이런 액체들의 혼합물을 기화시켜서 만든 안개는 밀도가 높고 흰색이며 냄새가 없다. 실제로 이런 혼합물 중에서 물이 제일 먼저 기화되며(끓는점 100°C) 프로필렌글리콜(끓는점 187.6°C)과 트리에틸렌글리콜(끓는점 285°C)은 대부분 액체로 남는다. 프로필렌글리콜과 트리에틸렌글리콜은 강한 수소결합을 형성할 수 있는 능력을 가지고 있어서 흡습성을 나타내며, 이런 액체들의 작은 방울들은 흡습성 때문에 수증기 안에 잘 분산된다. 안개의 흰색은 구름의 흰색처럼 모든 파장의 빛이 분산된 액체 방울에 동등하게 분산되기 때문에 생긴다.

┤ 중요한 용어 ├
안개   연기   흡습성   수소결합   다가 알코올

참[고][문][헌]

[1] "Atmospheres Lighting Enhancement Fluid." HighEnd Systems, Lightwave Research,
http://www.highend.com/support/product/ps_f100_msds.htm

[2] "A Fog & Haze Machine Primer." FogFactory.com,
http://www.fogfactory.com/index.htm

[3] "Oil Cracking Fog Machines." Dennis Griesser,
http://wolfstone.halloweenhost.com/TechBase/fogoil_OilCracker.html

[4] "Glycol, Glycerin, and Oil Fog Reading List." Entertainment Services & Technology Association,
http://www.esta.org/tsp/fogdocs.htm

[5] "Holy Fog Bank, Batman!," Industry News, Micro Magazine.com, April 1998,
http://www.micromagazine.com/archive/98/04/lefty.html

[6] Praxair's SaFog Mixture Featured in SpiderMan(2002), Praxair,
http://www.praxair.com/praxair.nsf/AllContent/9ACC5354C3BFA7 5B85256 BA7005D5B47?OpenDocument

[7] "Coldflow LCO2 Exchanger Module." Intelligent Lighting Creations,
http://www.intelligentlighting.com/Coldflow.htm

[8] "Smokecloak: Information: The Concept." Smokecloak Ltd.,
http://www.smokecloak.com/

[9] "Development Concept Behind Fog Security Systems." Fog Security Systems Inc.,
http://www.fogsecurity.com/concept/index.html

53

3.9 왜 오팔과 진주는 무지갯빛을 낼까?

수세기 동안 오팔은 매력적이고 분명한 색 변화 때문에 소중히 여겨져 왔다. 이 보석의 이름에는 여러 가지 기원이 있지만 그중에 라틴 어 오팔루스와 산스크리트 어 우팔라는 모두 귀중한 돌 또는 보석을 의미하며 그리스 어의 오팔리오스는 '색의 변화를 봄'으로 번역할 수 있다. 셰익스피어의 「십이야」에서는 "보석의 여왕"으로 노래

되고 있지만, 19세기에는 그다지 인기가 없었다. 스콧 경이 「가이어 스타인의 앤」이라는 소설에서 오팔을 불행을 가져오는 것으로 묘사 하였기 때문이다. 오팔이 나타내는 극적인 무지갯빛의 화학적 기원 은 무엇일까?

화학적 원리

여러 가지 광물들은 그 최상의 아름다움, 희귀성, 특별한 내구성 때문에 칭송을 받는다. 이런 특별한 광물들을 보석으로 분류한다. 그런 물질 중 하나가 화학 조성 SiO_2(이산화규소)인 실리카이며 여러 가지 결정 구조를 갖는다. 자수정, 아콰마린, 에메랄드, 석류석, 페 리도트, 토파즈, 전기석, 지르콘을 비롯한 몇 가지 보석들은 실리카 의 결정형이다.[1]

오팔 보석은 한 가지 또는 두 가지 실리카 광물을 함유하는 실리 카의 비결정형이다. 오팔 원석의 품질은 주로 그 무지갯빛으로 결정 된다. 무지갯빛은 물질의 내부나 표면에서 일어나는 빛의 간섭 때문 에 입사광의 각이 변해 일련의 색깔들을 만들어냄으로써 생긴다. 이 런 현상의 매우 흔한 예는 쏟아진 휘발유의 얇은 층에서 보이는 색 깔들의 테두리나 띠에서 볼 수 있다. 오팔의 이러한 무지갯빛의 근 원은 무엇일까? 오팔 구조에서 생기는 간섭과 회절의 조합이다. 오 팔은 고체 에멀션의 한 예다. 에멀션은 고체 물질 안에 액체가 분산 되어 있는 불균일 혼합물이다. 실리카 광물이 분산을 시키는 매질로 작용하고 그 고체 물질 안에 물이 현탁되어 있다. 실리카 광물의 초 미세구는 삼차원적 회절발로 작용하여 아름다운 색 배열을 만든다. 물의 함량은 1~30%까지인데 보통 4~9% 정도를 차지하고 있다.[2] 물의 함량은 오팔이 형성될 때의 모암석의 온도와 관련된다.[3] 오팔은 근본적으로는 색이 없지만 흔히 철산화물에서 생기는 노란색, 오렌지색, 붉은색('불꽃 오팔')에서부터 망간 산화물과 탄소에서 생기는 회색, 파란색, 검은색(희귀한 '흑오팔')에 이르기까지 불순물 때문에 색이 생긴다.[4]

진주는 주로 탄산칼슘($CaCO_3$)으로 이루어진 보석이다. 진주의 광택 역시 물이 분산 물질로 작용하는 진주의 고체 에멀션 성질의 결과이다.

화학적 구성

모든 실리카 광물은 중심의 규소 원자에 대하여 산소 원자들이 정사면체로 배열되고 각 산소 원자는 이웃한 정사면체와 공유되는 기본적인 삼차원 미세 구조를 가지고 있다. 정사면체의 쌓임은 실리카 광물에 따라서 다르다. 가장 흔한 실리카인 수정은 비교적 밀집된 쌓임을 하고 있다. 크리스토발석과 인규석은 훨씬 더 개방된 골격을 가지고 있어서 삼차원 구조 안에 쉽게 소량의 불순물을 포함할 수 있다. 오팔의 구조는 결정형이 아니고 비결정형(주기적인 원자의 삼차원 배열이 없음)이기 때문에 오팔은 흔히 준광물(천연적으로 존재하는 결정 구조가 없는 광물)로 여겨진다. 또 물의 함량이 일정하지 않기 때문에 오팔은 수화된 이산화규소 또는 실리카수화물이라고도 하며 그 일반식은 $SiO_2 \cdot nH_2O$이다. 1963년에 최초로 전자현미경 기술을 이용하여 오팔의 정밀한 구조가 알려졌다.[5] 오팔에서 생기는 무지갯빛은 수화된 이산화규소의 균일한 미세구들이 가시광선 파장 정도의 공간을 두고 반주기적으로 배열되어 생긴다. 이런 미세구들은 지름이 $200 \sim 300\,nm$(나노미터)이며[6] 굴절되고 반사되는 빛의 회절 원천으로서 작용한다.

열분석 기술에 의하면 오팔에 들어 있는 물은 한 가지 이상의 방법으로 결합되어 있다.[7] 대부분의 물은 오팔 내부에 물리적으로 내포되어 있거나 미세 구멍에 들어 있어서 미세구 사이의 공간에 존재한다. 이런 방법으로 결합된 물은 100°C 이하의 온도에서도 생길 수 있는 미세한 틈새나 갈라진 틈을 통해서 빠져나갈 수 있다. 오팔 안의 일부 물은 실리카 미세구의 표면에 화학결합을 통해서 결합하고 있으며(흡착), 이것은 1000°C 가까이 되도 유지된다.[7] 더욱이 미세구 자체는 훨씬 더 작은 실리카 입자로 구성되어 있기 때문에 물이 이런 미세 입자의 표면에 입혀진다. 오팔의 다공성과 열 민감성은 매우 조심스러운 관리를 필요로 한다. 균열에서 생기는 탈수가 보석의 가치를 크게 떨어뜨리기 때문이다.

---| 중요한 용어 |---

비결정성   결정성   회절   수화물   고체 에멀션

[참고문헌]

[1] "The Silicate Class." Amethyst Galleries, Inc.,
    http://mineral.galleries.com/minerals/silicate/class.htm

[2] http://www.eb.com:180/cgi bin/g?DocF=macro/5004/28/94.html

[3] "The Gemstone, Opal." Amethyst Galleries, Inc.,
    http://mineral.galleries.com/minerals/mineralo/opal/opal.htm

[4] "Opal."
    http://www.eb.com:180/cgi bin/g?DocF=micro/439/2.html

[5] "Bibliography on Opal, Cristobalite and Related Literature." Deane K. Smith,
    http://www.osha-slc.gov/SLTC/silicacrystalline/rosem/docs/ref.doc

3.9 왜 오팔과 진주는 무지갯빛을 낼까?

[6] "The Mexican Opal." Cannen Ramirez, Gemmology Canada, Canadian Institute of Gemmology,
http://www.cigem.ca/415.html#SCRL5

[7] "The Story of Opals." Opals International Jewellers, Inc.,
http://shop.store.yahoo.com/opals/storyofopals.html

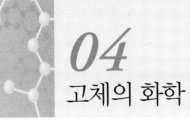

04
고체의 화학

4.1 왜 모턴 소금(Morton Salt)은 "비가 와도 잘 뿌려져요"라고 광고할까?

빗속에 우산을 쓰고 가는 친숙한 모턴 소금 아가씨는 잘 알려진 캐릭터다. "비가 와도 잘 뿌려져요"라는 구호와 함께 이 그림은 모턴 소금회사가 중요한 가정 필수품의 화학적 혁신을 촉진하기 위해 도입하였다.

화학적 원리

1911년에 모턴 소금회사는 습한 환경에서도 쉽게 뿌릴 수 있는 소금을 만들어 주는 '포장 혁명'을 선전하기 위하여 "비가 와도 잘 뿌려져요"라는 구호와 함께 우산을 쓴 친숙한 어린 소녀를 도입하였다.[1] 실제로 그 혁신은 소금이 물을 흡수하여 굳는 것을 막기 위한 첨가 성분(응고방지제)이었다.[1] 그런 성분은 자신은 녹지 않으면서 자신의 무게의 수배에 달하는 물을 흡수하는 능력이 있어서 소금을 건조시켜 소금이 잘 뿌려지게 만들어 준다.

화학적 구성

1911년에 모턴 소금에 첨가된 최초의 응고방지제는 무엇이었을까? 모턴 소금에 쓰인 최초의 응고방지제는 탄산마그네슘($MgCO_3$)이었다.[2] 오늘날 모턴 소금 포장물에 존재하는 추가 성분은 규산칼슘($CaSiO_3$)이다. 이 흰 분말이 액체를 흡수하는 능력은 믿을 수 없을 정도로 크다. 일반적으로 규산칼슘은 자신의 무게의 1~2.5배의 액체를 흡수한다. 물에 대해서는 총흡수 능력이 600%로 추정되는데 이것은 자신의 무게의 6배의 물을 흡수한다는 것을 의미한다.[3] 모턴 인터내셔널사는 소금에 첨가되는 규산칼슘의 양을 "(무게로) 0.5% 이하"로 표시하고 있다.[4] 규산칼슘은 소금에 첨가되는 이외에 베이킹파우더에도 들어 있다.

┤중요한 용어├────────────────────────────

응고방지제

───

참 고 문 헌

[1] Morton Salt, Morton International
http://www.mortonsalt.com/

[2] General FAQs, Morton(r) Salt, Morton International
http://www.mortonsalt.com/faqs/fprflfaqs.htm

[3] The Merck Index, 10th ed. (Rahway, NJ: Merck, 1983), 234.

[4] Table Salt FAQs, Morton Salt, Morton International,
http://www.mortonsalt.com/faqs/fatsfaqs.htm

4.2 건조제는 무엇이며 왜 그것들은 포장지 안에 들어 있을까?

새로 사온 전기 기구, 가죽 제품, 약 상자 안에 들어 있는 작은 봉지의 내용물이 무엇인지 궁금했던 적이 있는가? 아니면 주머니를 버리기 위하여 경고 표시문에 주의를 기울여 본 적이 있는가? 이 봉지 안의 입자상 건조제들은 건조제의 기능을 할 수 있는 특별한 물리적 성질을 가지고 있다. 이런 물질의 화학 구조나 화학적 성질을 조사하면 습기를 조절하는 능력을 더 잘 이해할 수 있을 것이다.

화학적 원리

컴퓨터, 비디오카메라, 무선전화 같은 전자제품의 고성능 회로는 습기가 많은 환경에서는 잘못 작동할 수 있다. 습기는 전기 신호를 다른 곳으로 흐르게 하거나 심지어 단락시켜서 전자기기를 망가뜨릴 수도 있다. 제조업자들은 제품에 나쁜 영향을 미치는 습기를 조절하기 위해 작은 '건조제' 주머니를 넣어 둔다. 건조제는 대기에서 습기를 끌어들여서 물 입자를 그 표면이나 기공에 잡아둘 수 있는 다공성 고체물질이거나 수화제다. 건조제로 작용하는 물질에는 합성한 것과 천연적인 것들이 있으며, 이중에는 탈수된 석고, 소석회, 점토 같은 것도 있다. 전자기기 이외에도 식품, 약품, 구두와 가죽제품, 실험 장치, 흡습성 시약, 책과 귀한 원고들, 박물관과 역사적 예술품, 그림과 귀한 예술품, 필름, 보청기, 도장을 비롯한 수많은 제품들이 건조제의 도움을 받고 있다.

화학적 구성

많이 사용되는 건조제로는 몽모릴로나이트 점토[$(Na,Ca_{0.5})_{0.33}$(Al,

Mg)$_2$Si$_4$O$_{10}$(OH)$_2$ · nH$_2$O], 실리카 겔, 분자체(합성 제올라이트), 황산칼슘(CaSO$_4$), 산화칼슘(CaO) 등이 있다. 이런 건조제들은 다양한 물리적 방법과 화학적 방법으로 물을 제거한다. 흡착은 건조제의 표면에 물 분자들이 한 층 또는 여러 층으로 달라붙는 것이다. 모세관 응축은 건조제의 작은 구멍들이 물로 채워지는 것이며 화학적 작용은 건조제가 물과 화학 반응을 하는 방법이다.

몽모릴로나이트 점토는 천연 흡착제인데 물을 흡수하면 그 부피가 여러 배로 부풀어 오른다.[1] 가장 흔하게 사용되는 실리카 겔(SiO$_2$ · H$_2$O)은 규산나트륨과 황산으로부터 만들어지는 실리카의 비결정질 형태이다. 실리카 겔의 다공질 성질은 흡착과 모세관 응축에 의해서 물 분자를 끌어당겨서 붙잡을 수 있는 막대한 표면을 제공한다. 따라서 실리카 겔은 그 질량의 약 40%에 해당하는 물을 흡수할 수 있다.[2] 제올라이트(또는 '분자체'라고도 함)는 알루미노규산 광물의 수화된 단단한 결정형으로서 알칼리 금속과 알칼리 토금속을 함유하고 있다. 제올라이트는 삼차원 결정격자 구조로 되어 있어서 일정한 지름의 표면 기공과 수많은 내부 동공과 통로를 가지고 있다. 따라서 물 분자가 쉽게 기공과 동공 안으로 들어갈 수 있다. 제올라이트는 교차되어 맞물린 [SiO$_4$]$^{4-}$ 정사면체와 [AlO$_4$]$^{5-}$ 정사면체로 되어 있다. 각 산소 원자는 두 개의 정사면체에 의하여 공유되고 있다. 전하 균형을 맞추기 위하여 골격의 동공에 다른 금속 이온들이 존재하는데 주로 나트륨, 칼륨, 마그네슘, 칼슘, 바륨 같은 1가나 2가 이온들이다. 황산칼슘(탈수 석고)의 건조 효과는 화학반응에 의하여 생기는데 무수 황산칼슘과 물이 반응하면 반수화된 황산칼슘이 생긴다.

$$2CaSO_4 + H_2O \rightarrow 2\,CaSO_4 \cdot \frac{1}{2}H_2O$$

염화칼슘($CaCl_2$)도 건조제로 작용하는데 고체 염화칼슘은 대기 중에서 물을 흡수하여 쉽게 녹는 조해성을 가지기 때문이다.

┤ 중요한 용어 ├

건조제   무수물   수화물   조해성

참고문헌

[1] The Mineral MONTMORILLONITE, Amethyst Galleries, Inc.,
    http://mineral.galleries.com/minerals/silicate/montmori/montmori.htm
[2] "Selecting the Right Desiccant."
    http://www.multisorb.com/faqs/selecting.html

63

연관된 항목

5.18 '각광을 받다'라는 말의 기원은 무엇일까?

8.1 기상학자들이 구름의 씨로 이용하는 것은 무엇일까?

12.4 진주빛 광택이 나는 페인트는 어떻게 만들까?

4.3 왜 호프 다이아몬드는 파란색일까?

다이아몬드는 무색성이 가치를 높여 주는 유일한 보석이다. 그러나 희귀하고 천연적인 '진귀한 색'의 다이아몬드는 매우 비싼 가격을 받는다. 호프 다이아몬드는 희귀한 파란색을 가지고 있으며 의심할 바 없이 전 세계에서 가장 귀한 다이아몬드다. 칭송을 받는 이 파란색의 기원은 무엇일까?

화학적 원리

역사를 통해서 문명은 희귀한 색을 가진 다이아몬드의 희소성과 아름다움을 귀중하게 여기고 있다. '호프 다이아몬드(Hope Diamond)' 라는 이름의 놀라운 인도산 다이아몬드는 한때 많은 왕가들의 재산 목록의 일부분이었으며 현재는 스미소니언 박물관에서 특별한 주목을 받고 있다(책 앞부분 컬러 사진 4.3.1). 45.52캐럿이라는 다이아몬드의 크기도 이 보석에 대한 대중의 관심을 끌기에 부족함이 없지만, 일반적으로 이 보석의 가장 매혹적인 특징은 그것의 진한 파란색이다. 1600년대 중반에 프랑스의 여행가이며 상인이었던 타베르니어(Jean Baptiste Tavernier)가 "아름다운 파란색"이라고 최초로 언급하였으며 프랑스의 루이 14세의 소유가 된 후로는 '왕관의 파란 다이아몬드' 또는 '로열 프렌치 블루'라는 이름을 얻게 되었다. 파란색은 보석의 탄소 기질 안에 들어 있는 아주 소량의 붕소 때문에 생긴다. 탄소 원자를 질소로 치환하면 유명한 카나리아 노란색의 128.51캐럿의 '티파니 다이아몬드' 같은 노란 다이아몬드가 생긴다.

화학적 구성

광물의 화학적 조성과 결정 구조는 그 물리적 성질과 화학적 성질을 결정한다. 다이아몬드 결정의 격자 구조(그림 4.3.2)는 두 개의 서로 겹치는 면심입방격자(fcc)로 되어 있다. 이 격자는 격자의 모든 변들이 똑같은 길이를 가지며(따라서 입방 구조), 입방격자의 각 모서리와 격자의 각 면 중심에 원자들이 위치한다는 특징이 있다. 겹치는 두 개의 격자는 격자 길이의 4분의 1만큼 어긋나 있다. 한 fcc 격자에 속하는 각 탄소 원자는 다른 fcc 격자에 속하는 4개의 탄소들에

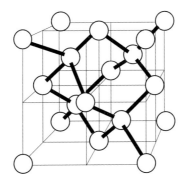

그림 4.3.2 두 개의 겹치는 면심입방격자들로 구성된 다이아몬드 결정 격자.

의해서 정사면체로 배위되어 있다. 다이아몬드 결정 구조를 갖는 다른 물질에는 규소와 게르마늄이 있다. 주기율표에서 탄소의 이웃에 있는 붕소, 질소는 탄소와 원자 크기가 비슷해서 다이아몬드 구조에서 탄소 대신에 들어갈 수 있다. 100만 분의 1만 붕소로 치환되어도 다이아몬드를 무색의 보석에서 연한 파란색으로 바꾸기에 충분하며, 붕소로 많이 치환될수록 파란색이 진해진다.

┌─ 중요한 용어 ├─────────────────────────────
│ 면심입방격자
└──

 연관된 항목

3.9 왜 오팔과 진주는 무지갯빛을 낼까?

8.1 기상학자들이 구름의 씨로 이용하는 것은 무엇일까?

8.5 19세기에 북유럽에 있는 성당의 파이프오르간을 손상시킨 것은 무엇이었을까?

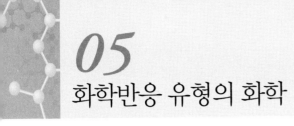

05
화학반응 유형의 화학

산화-환원

5.1 왜 우주 왕복선을 발사할 때 추진 로켓에서 흰 연기가 많이 나올까?

천둥 같은 로켓 소리와 거대한 흰 연기 구름은 모든 우주선을 쏘아 올릴 때 볼 수 있는 장관이다. 추진제 혼합물의 화학은 우주선이 하늘로 올라갈 때 생기는 거대한 구름의 원인이 된다.

화학적 원리

우주 왕복선의 고체 부스터는 그 안에 실린 고체 추진제를 나타내는 말이다. 고체 알루미늄 가루와 과염소산암모늄이 점화 반응을 일으키면 알루미나라는 곱고 흰 가루가 생기면서 여러 가지 기체와 막대한 열이 나온다. 추진 로켓에서 나오는 기체에서 흰 가루가 방출되기 때문에 파도 같은 흰 구름이 생기는 것이다.

화학적 구성

우주 왕복선의 각 로켓 추진체의 고체 추진 혼합물은 과염소산암모늄(산화제, 무게로 69.6%), 알루미늄(연료, 무게로 16%), 산화철 촉매

(무게로 0.4%), 혼합물을 고정시키는 고분자 물질(무게로 12.04%), 에폭시 경화제(무게로 1.96%)로 구성되어 있다.[1] 다음과 같은 두 가지 산화-환원 반응이 일어난다.

$$2\,NH_4ClO_4(s) + 2\,Al(s) \longrightarrow Al_2O_3(s) + 2HCl(g) \qquad (1)$$
$$+ 2NO(g) + 3H_2O(g)$$

$$6\,NH_4ClO_4(s) + 10Al(s) \longrightarrow 5Al_2O_3(s) + 6HCl(g) \qquad (2)$$
$$+ 3N_2(g) + 9H_2O(g)$$

고체 생성물인 알루미나(Al_2O_3)가 기체 생성물들 사이로 분산되면서 우주 왕복선 발사의 특징적인 흰 연기 구름을 만들어 낸다. 알루미나가 생성될 때 알루미늄, 질소, 염소의 세 가지 원소의 산화수가 변한다는 것을 유의해서 살펴보자. (1)과 (2)의 두 반응에서 알루미늄은 산화 상태 0가에서 +3가로 산화되고, 염소는 +7가에서 −1가로 환원된다. 질소의 산화 정도는 두 반응에서 서로 다르다. 반응 (1)에서는 질소가 더 많이 산화되어서 −3가에서 +2가로 변화하지만 반응 (2)에서는 질소가 더 제한적으로 산화되어서 −3가에서 0가의 산화 상태로 된다.

┤중요한 용어├
산화-환원 산화 상태

참고문헌

[1] "Solid Rocket Boosters." NASA Space Shuttle Reference Manual, http://science.ksc.nasa.gov/shuttle/technology/sts newsref/srb.html

5.2 왜 녹슨 구리 물건을 닦을 때 식초가 필요할까?

청동상이나 구리로 된 예술품의 녹청(푸른 녹)은 예술품의 권위를
더해준다. 그러나 조리 기구나 보석의 녹색이나 검은 녹은 바람직하
지 못하다. 이런 구리 부식층을 제거하기 위하여 필요한 자가 세척법
은 무엇일까?

화학적 원리

녹색으로 녹슨 구리 조리 기구, 황동 물건과 크롬 표면을 닦는 데
여전히 효과적인 기술 중 하나는 식초를 사용하는 것이다. 구리 표
면에 식초와 소금을 붓고 문지른다. 구리가 검은색이나 녹색으로 코
팅된 것도 식초로 없앨 수 있다. 또 다른 방법은 레몬, 케첩, 또는 양
파를 끓인 물을 이용하는 것이다. 이런 방법들은 어떻게 작용하는
것일까?

구리는 금속 원소이다. 황동은 구리와 아연의 합금이다. 구리와
황동의 표면은 오랫동안 공기에 노출되면 녹슬게 된다. 이산화탄소
(CO_2)와 이산화황(SO_2)이 많이 포함된 습기가 많은 환경에서 생성된
검은색에서 청색, 진한 녹색에 이르는 표면 화합물은 쉽게 산성 용
액에 녹는다. 식초는 아세트산을 함유하며 케첩은 아스코르브산(비
타민 C)이 풍부한 토마토를 함유하며 양파는 말산과 시트르산을 함
유하고 있다. 이런 모든 식품들은 구리 표면의 녹을 녹이는 데 필요
한 산을 다양하게 제공해 준다.

화학적 구성

구리 금속 표면의 부식층(녹청)은 무엇일까? 구리의 산화는 산소,
이산화탄소, 이산화황, 황화수소 같은 대기에 존재하는 여러 가지

물질에 의하여 생길 수 있다. 그 결과 산화구리, 구리의 황화물과 염화물, 구리의 황화물이 생긴다. 해안 지역에서는 염화물이 녹의 중요한 구성 물질이 될 수 있다. 몇 가지 구체적인 구리 산화물에는 녹색 공작석($CuCO_3 \cdot Cu(OH)_2$), 청색 남동광($2CuCO_3 \cdot Cu(OH)_2$), 휘동광(Cu_2S), 동람(CuS), 황동광($CuS \cdot FeS$), 반동광($FeS \cdot 2Cu_2S \cdot CuS$), 사면동광($4Cu_2S \cdot Sb_2S_3$), 브로찬타이트($CuSO_4 \cdot 3Cu(OH)_2$), 녹염동광($CuCl_2 \cdot 3Cu(OH)_2$)이 있다.[1] 녹색과 청색의 녹청은 일반적으로 녹색 공작석과 청색 남동광이 들어 있는 구리의 탄산염으로 이루어져 있다. 다른 녹색 코팅들은 일반적으로 황화구리(브로찬타이트)와 염화구리(녹염동광)의 혼합으로 되어 있다. 구리의 검은색 코팅은 산화제이구리(산화구리(II) 또는 흑동광이라는 광물)이며 붉은색 부식층은 산화제일구리(산화구리(I) 또는 적동광(Cu_2O))이다.

최근에 스톡홀름 시청의 지붕에 생긴 녹청의 성분이 분석되었다.[2] 녹청의 몇 가지 성분이 확인되었는데 그중에는 브로찬타이트, 앤틀러라이트($Cu_3(OH)_4SO_4$), 염기성 구리탄산염($Cu_2CO_3(OH)_6H_2O$)도 들어 있었다. 1992년에 필라델피아에 있는 로댕 박물관의 「생각하는 사람」의 부식물은 주로 브로찬타이트와 염기성 구리황화물이라고 알려졌다.[3] 이 부식은 조각상을 60년 이상 도시의 야외에 전시한 결과 '산성비' 때문에 생긴 것이다. 「자유의 여신상」의 구리 표면에 생긴 여러 청색 얼룩들은 수많은 광물들 때문이라는 것이 1986년의 복원 공사 때 밝혀졌다. 바닷바람, 빗물, 대기의 이산화황 오염 등에 의해서 동상 표면에 생긴 여러 가지 특정한 광물들의 색을 알아보기 위하여 상 그림을 만들었다.[4] 여러 가지 청색 얼룩은 브로찬타이트, 앤틀러라이트, 담반(수화된 황산구리($CuSO_4 \cdot 5H_2O$))으로, 붉은색 얼룩은 산화제일구리로 밝혀졌다. 이런 분석을 통해 구리 금속을 대기 중에 노출시키면 산화물, 수화물, 황산염, 탄산염, 염화물, 황화물을 함유하는 복잡한 층이 생성된다는 것을 알 수 있었다.

┤ 중요한 용어 ├

산화   합금

참 고 문 헌

[1] "Copper Corrosion Study." F. Romero, California State University—Dominguez Hills,
http://tardis.csudh.edu/fromero/chemistry/copper/index.html

[2] "Photoacoustic FT IR Spectroscopy of Natural Copper Patina." Alex O. Salnick and Werner Faubel, Photothermal and Optoelectronic Diagnostics Laboratory, University of Toronto, Department of Mechnical Engineering, Toronto, Ontario M5S 1A4, Canada, Appl. Spec. v49 (10) (1998),
http://www.s-a-s.org/journ/ASv49n10/ASv49n10_spl7.html

[3] "The Conservation of Rodin's The Thinker." Philadelphia Museum of Art,
http://www.philamuseum.org/collections/conservation/projects/rodin/1.shtml

[4] "Transferring Technology from Conservation Science to Infrastructure Renewal." Richard A. Livingston,
http://www.tfhrc.gov/pubrds/ summer94/p94su18.htm

71

5.3 왜 마그네슘 불꽃을 물이나 이산화탄소 소화기로 끄면 안 될까?

발화 막대를 갖춘 마그네슘 덩어리를 비상 신호탄으로 판매하고 있다. 마그네슘을 아주 얇은 조각으로 자르면 발화제의 불꽃에 의해서 쉽게 불이 붙어서 높은 온도의 불꽃(3000°C)을 낸다. 이 온도는 축축한 나무에 불을 붙이기에도 충분한 온도다. 얇게 자른 것은 쉽게 불에 타서 곧 없어지지만, 다량의 마그네슘이 관여된 화재를 진압하기 위해서는 어떤 화학을 알아야 할까?

화학적 원리

마그네슘 금속은 산소 중에서 격렬하게 타서 밝은 불꽃을 만든다. 마그네슘과 산소의 연소에 대한 흔한 예 중 하나는 사진기의 플래시다. 플래시의 강렬한 빛은 마그네슘 리본과 산소의 반응에서 생긴다. 그러나 질소, 이산화탄소, 수증기 같은 다른 기체들도 마그네슘의 연소를 도와준다. 이런 반응들 중 일부는 마그네슘과 산소의 반응보다 더 격렬하며 열을 발생시켜서 상황을 악화시킨다.

마그네슘, 티탄, 지르코늄, 칼륨, 나트륨 같은 가연성 금속들은 D급으로 분류되는 화재를 일으킨다. 이런 물질들은 고온에서 연소하며 물이나 다른 화학 물질과 격렬하게 반응하므로 조심해서 다루어야 한다. 이런 가연성 금속들이 관여된 화재를 진압하기 위해서는 금속-모래 소화기를 사용해야 한다. 이런 소화기는 단순하게 불을 덮어서 끄게 된다.(A급 화재는 일반화재, B급 화재는 유류화재, C급 화재는 전기화재, D급 화재는 금속성화재를 가리킨다. ― 옮긴이)

화학적 구성

고체 마그네슘과 산소 기체, 질소 기체, 액체 물, 이산화탄소 기체 사이의 반응에 대한 전체적인 균형 반응식은 다음과 같다. 각 반응에서 마그네슘은 산화 과정을 겪게 된다(즉 산화수가 증가한다.). 또 각 반응은 발열 과정이어서 일정한 압력에서 상당한 양의 열을 내놓는다. 이런 반응에서 발생하는 열은 마그네슘의 연소에 연료를 공급해서 불꽃을 더 세게 만든다.

$$2Mg(s) + O_2(g) \rightarrow 2MgO(s) \qquad \Delta H^\circ_{반응} = -1203\,kJ$$
$$3Mg(s) + N_2(g) \rightarrow Mg_3N_2(s) \qquad \Delta H^\circ_{반응} = -461\,kJ$$
$$Mg(s) + 2H_2O(l) \rightarrow Mg(OH)_2(aq) + H_2(g) \quad \Delta H^\circ_{반응} = -335\,kJ$$
$$2Mg(s) + CO_2(g) \rightarrow 2MgO(s) + C(s) \qquad \Delta H^\circ_{반응} = -810\,kJ$$

⊣ 중요한 용어 ⊢

연소   산화   발열 반응

5.4 왜 과산화수소는 진한 색깔의 플라스틱 병에 보관할까?

과산화수소를 갈색 플라스틱 병에 담으면 병도 잘 깨지지 않을 뿐 아니라 과산화수소의 보관 기간도 증가한다. 포장은 빛에 의해서 생기는 과산화수소의 화학 반응을 억제하는 데 중요한 역할을 한다.

화학적 원리

과산화수소는 유기화학 공업과 오염된 물을 처리하는 환경 처리에 중요한 공업용 화학 약품이다. 과산화수소(H_2O_2)의 묽은 수용액은 흔히 약한 소독약(3% 용액, 용액 100 g당 과산화수소 3 g이 포함됨)이나 표백제(6% 용액)로 판매되고 있다. 과산화수소는 과산화물이라는 부류의 화합물 중 가장 간단한 것이다. 과산화물이란 두 개의 산소 원자가 단일 공유결합으로 연결된 화합물들이다. 과산화수소는 가열하거나, 금속 이온이나 금속이 소량이라도 존재하면 물과 산소로 분해된다. 심지어 유리에서 녹아나온 소량의 알칼리 금속이 존재해도 분해가 일어나며 이런 이유 때문에 과산화수소 용액은 왁스로 코팅한 병이나 플라스틱 병에 보관한다.

화학적 구성

그림 5.4.1에 나타낸 과산화수소의 화학 구조는 산소-산소 결합을 나타내고 있다. 그림 5.4.1의 비스듬한 모형에서 볼 수 있는 결합각은 용액의 수소결합 정도에 따라서 민감하게 달라진다. 기체 상태에서는 결합각이 111.5°로 존재하고 결정형 과산화수소에서는 90.2°로 존재한다.[1]

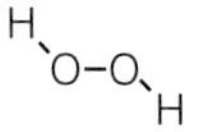

$$\underset{\overset{\displaystyle H}{}}{} \text{O-O}$$

H
 ＼
  O-O
       ＼
        H

그림 5.4.1 과산화수소의 H-O-O-H결합.

과산화물 부류는 산소-산소 단일결합의 특징뿐 아니라, 산소의 산화 상태가 산소 기체(O_2)와 산소와 물(H_2O)의 산소 사이의 중간값을 갖는다는 특징이 있다. 과산화수소의 특이한 -1가 산화 상태는 과산화수소가 환원제와 산화제 양쪽으로 모두 작용하게 해 준다. 과산화수소가 환원제로 작용하면 산소 원자는 -1가 산화 상태에서 산소(O_2)의 0가 산화 상태로 산화된다.

$$H_2O_2(l) \rightarrow O_2(g) + 2H^+(aq) + 2e^-$$

반면에 산화제로 작용하면 과산화수소는 물(H_2O)을 생성하며(또는 염기성 용액에서는 OH^-를 생성하며) 산소 원자는 -2가 산화 상태로 환원된다.

$$H_2O_2(l) + 2H^+(aq) + 2e^- \rightarrow 2H_2O(l)$$

어떤 조건에서는 과산화수소가 산화제와 환원제로 동시에 작용하여 물과 산소를 생성한다. 이것을 불균등화 반응이라고 한다.

$$2H_2O_2(l) \rightarrow 2H_2O(l) + O_2(g)$$

이런 불균등화 반응은 실온에서는 느리지만 열, 촉매(예: 금속 이온)나 빛에 의해서 가속될 수 있다. 유리병에 수용액을 저장하면 보통 극미량의 알칼리 금속 이온이 존재하게 되는데 플라스틱이나 왁스로 코팅한 병은 이 금속 이온 촉매의 농도를 낮추어 준다. 갈색 용기는 용액에 흡수되는 빛의 파장을 제한해서 불균등화 반응이 시작되는 것을 막아준다.

┤ 중요한 용어 ├

불균등화 반응　　산화 상태　　산화제　　환원제　　환원
산화　　과산화물

참고문헌

[1] N. N. Greenwood and A. Earnshaw, "Hydrogen Peroxide," in *Chemistry of the Elements*, 2nd ed. (Oxford: Pergamon Press, 1997), 633–638.

5.5 왜 플래시를 사용한 후에 하얀 껍질이 생기는 것일까?

"산소 중에서 마그네슘을 연소시켜서 밝은 빛을 얻을 수 있다. …… 마그네슘 줄의 한 끝을 손에 들고 다른 한 끝을 촛불에 대서 불을 붙이면 그것은 맨눈으로는 볼 수 없을 정도의 밝은 빛을 내면서 탄다."

- 윌리엄 크룩스, 《포토그래픽 뉴스(*Photographic News*)》 편집장, 1859년 10월[1]

화학적 원리

플래시 전구와 플래시등은 여러 용도에서 밝지만 순간적인 빛을 만들기 위해 발명되었다. 플래시 전구는 산소가 풍부한 기체 가운데 고운 마그네슘 가루를 함유하고 있다. 플래시 전구를 활성화시키면 전류가 전선을 통해서 흐르면서 금속을 가열하여 산소와의 반응을 촉발해 산화마그네슘이라는 흰색 고체 가루를 생성하고 그것이 전구의 안쪽을 덮게 된다(책 앞부분 컬러 사진 그림 5.5.1).

화학적 구성

마그네슘을 이용한 최초의 사진은 1864년 2월 22일에 맨체스터의 앨프리드 브라더스가 촬영하였다.[1] 그러나 마그네슘의 화학을 거의 알지 못하였고 가격이 매우 비쌌기 때문에 발전하지는 못했다. 분젠(Robert Bunsen, 세슘 원소를 발견하고, 분젠 버너를 발명한 사람)이 전기 분해를 통한 순수한 마그네슘의 경제적인 생산을 발전시켰다.[2] 분젠은 또 조명 목적으로도 마그네슘의 사용을 옹호하였다. 1880년대 후반에 염소산칼륨 같은 산화제와 함께 마그네슘 분말을 점화시키는 방법이 발견되면서 플래시 분말이 도입되었다. 전문 사진 작가들은 뇌관을 이용하여 고운 분말 마그네슘을 점화시켜서 밝은 빛(자극성 연기와 재도 함께)을 얻었다.

플래시 전구는 1920년대에 발명되었다. 이 장치는 일반적으로 산소 기체가 채워진 투명한 유리구 안에 알루미늄, 마그네슘 또는 지르코늄의 가루를 채워 놓은 것이다. 이런 금속이 연소하면(즉 산소 속에서 타오르면) 플래시 전구에서 볼 수 있는 밝은 백색광을 만들어 낸다. 그러나 이런 금속이 산소 중에서 연소하는 것은 실온에서는 매우 느리게 일어난다. 전류를 통해서 가는 금속 필라멘트를 가열하면 빠른 반응에 필요한 온도에 도달한다. 예를 들어 지르코늄이 800°C에서 산소와 화학적으로 결합하면 흰색의 산화지르코늄(ZrO_2)이 생성된다. 산화마그네슘(MgO)과 산화알루미늄(Al_2O_3)도 흰색 고체다. 이런 산화 반응이나 연소 반응에 대한 완결된 반응식을 요약하면 다음과 같다.

$$2Mg(s) + O_2(g) \longrightarrow 2MgO(s)$$
$$Zr(s) + O_2(g) \longrightarrow ZrO_2(s)$$
$$4Al(s) + 3O_2(g) \longrightarrow 2Al_2O_3(s)$$

┤ 중요한 용어 ├
연소   산화

참고문헌

[1] "A History of Photography: Lighting." Robert Leggat, 1996,
http://www.rleggat.com/photohistory/history/lighting.htm

[2] "Robert Wilhem Bunsen (1811~1899)."
http://www.woodrow.org/teachers/chemistry/institutes/1992/Bunsen.html

5.6 왜 오즈의 마법사에서 도로시는 깡통 인형에게 기름칠을 해 주었을까?

"내가 무엇을 해줄까?" 도로시는 그 인형의 슬픈 목소리에 감동받아서 부드럽게 물었다.

"기름통을 가져와서 내 관절에 기름을 쳐 주세요"라고 인형은 대답하였다. "관절들이 너무 녹슬어서 전혀 움직일 수가 없어요. 기름을 칠하면 곧 좋아질 거예요."

- L. 프랭크 바움(L. Frank Baum), 『오즈의 마법사』

화학적 원리

만일 깡통 인형이 순수한 주석으로 만들어졌다면 녹슬지 않았을 것이다. 일반적으로 '녹'은 금속 철이나 그 합금이 대기 중에서 산화되어서 생긴 것을 나타내는 말이다. 깡통 인형은 아마도 '주석 깡통'을 만드는 데 사용되는 양철로 만들었을 것이다. 양철은 주석을 도금한 얇은 철판이다. 깡통 인형의 철 성분은 공기 중에서 산화되어서 산화철(녹)을 생성하였을 것이다.

화학적 구성

산소에 의한 철의 산화는 산성, 중성 또는 염기성 조건에서 일어나는 자발적 과정이다. 철은 Fe^{2+}로 산화되면서 산화 전극(양극) 또는 환원제로 작용한다.

$$Fe(s) \longrightarrow Fe^{2+} + 2e^-$$

산소는 산화제로 작용한다. 산소의 환원은 주위의 산성도에 따라서 변한다. 산성 용액에서는 산소가 환원되어서 물을 생성한다.

$$O_2 + 4H^+ + 4e^- \rightarrow 2H_2O$$

염기성이나 중성 용액에서는 산화되어서 수산화 이온이 생성된다.

$$O_2 + 2H_2O + 4e^- \rightarrow 4OH^-$$

그러므로 산성 용액에서의 전체 반응은 다음과 같다.

$$2Fe(s) + O_2(g) + 4H^+ \rightarrow 2Fe^{2+}(aq) + 2H_2O(l)$$

중성이나 염기성 용액에서는 철의 산화를 다음과 같이 나타낼 수 있다.

$$2Fe(s) + O_2(g) + 2H_2O \rightarrow 2Fe^{2+}(aq) + 4OH^-(aq)$$

따라서 철 표면에서의 일차 반응은 2가 이온으로의 산화 때문에 금속이 없어지고 산소 기체가 물이나 수산화 이온으로 환원되는 것이다. 실제로 녹의 생성은 추가적인 산소에 의해서 Fe^{2+} 이온이 Fe^{3+} 이온이 되고, 산화제이철(Fe_2O_3)을 생성하는 이차 산화반응이다.

$$4Fe^{2+} + O_2(g) + 4H_2O \rightarrow 2Fe_2O_3 + 8H^+$$

양철은 철과 그 합금을 녹으로부터 보호하는 흔한 방법이다. 두 금속의 표준 환원 전위의 상대적 크기에서 알 수 있듯이 주석은 철보다 산화가 잘되지 않는다.

$$Sn^{2+} + 2e^- \rightarrow Sn(s) \qquad \xi^0 = -0.14V$$
$$Fe^{2+} + 2e^- \rightarrow Fe(s) \qquad \xi^0 = -0.44V$$

주석 도금이 온전하게 남아 있는 한 철은 산화로부터 보호를 받는

다. 그러나 일단 주석 표면이 긁혀서 금속 철이 노출되면 주석보다
우선하여 철의 산화가 일어나게 된다.

┌┤ 중요한 용어 ├─────────────────────────
│
│ 산화   산화제   양극   환원제
└────────────────────────────────────

5.7 무엇이 블루진의 '블루'를 만들까?

"유기 염료와 방향족 화합물에 대한 업적을 통해서 유기화학과 화
학공업의 진보에 기여한 공로를 인정합니다."

 - 1905년에 독일의 화학자 폰 바이에르(Johann Friedrich Wilghelm
Adolf von Baeyer)에게 노벨 화학상을 수여한 왕립스웨덴학술원의 발표

우리는 '블루진(청바지)'을 가장 미국다운 복장이라고 생각하지만,
블루진에 '블루'를 제공하여 이것을 미국 문화의 표상으로 번성시킨
데에는 독일 화학자 폰 바이에르의 공로가 숨어 있다.

화학적 원리

청바지의 파란색을 나타내게 하는 것은 인디고 염료다. 이 염료는
천연 염료로도 존재하고 합성된 것도 있다. 인디고페라종에 속하는
모든 관목과 초본인 인디고 식물은 인디고 색소를 추출할 목적으로
재배되었다. 그러나 화학자 폰 바이에르는 1880년에 인디고를 합성
하고 1883년에 그 구조를 결정하였으며 이에 대한 공로로 1905년에
노벨 화학상을 수상하였다. 인디고를 합성하는 공업적 과정은 독일
의 BASF사(Badische Anilin-& Soda-Fabrik)가 개발하였으며 1897년
에 인디고를 시판하기 시작하였다. 오늘날 인디고 염료를 주로 생산
하는 업체는 시바 가이기, ICI, BASF, 일본의 미쓰이 토우아쑤 회사

다. 합성된 섬유 염료로서 인디고는 청바지의 특징을 잘 나타내는 몇 가지 특징을 가지고 있다. 이 염료는 시간이 흐를수록 색깔이 점점 약해지지만 물이나 빛에 잘 바래지 않는다. 또한 이 염료의 구조는 섬유 속으로 완전히 침투해 들어갈 수 없어서 청바지의 가치를 높여 주는 불규칙하고 개성 있는 외관을 나타나게 한다. 청바지를 자세히 들여다보면 흰 섬유의 단편들을 볼 수 있을 것이다.

화학적 구성

인디고(2-(1,3-디히드로-3-옥소-2H-인돌-2-일리덴)-1,2-디히드로-3H-인돌-3-온, 그림 5.7.1)는 수용성이며 물이나 빛에 바래지 않는 염료의 한 예다. 그러나 면직물인 데님을 염색하기 위해서는 염료와

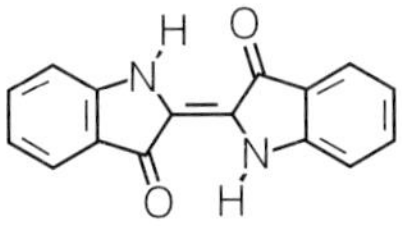

그림 5.7.1 수용성 염료인 인디고(2-(1,3-디히드로-3-옥소-2H-인돌-2-일리덴)-1,2-디히드로-3H-인돌-3-온)의 화학 구조.

섬유 사이의 좋은 상호 작용이 필요하다. 면은 셀룰로오스로 되어 있는데 셀룰로오스는 직선형 고분자로서 수소결합을 통해서 염료와 상호 작용을 잘 할 수 있는 히드록시기를 가지고 있다. 면과의 상호 작용을 높이기 위해 녹을 수 있는 환원형 인디고(노랑 루코인디고, [2,2'-바이인돌]-3,3'-디올, 그림 5.7.2)를 직물 섬유에 이용한다. 첨가된 루코인디고의 히드록시기(−OH)는 수용성을 높여 준다. 수산화나트륨(NaOH)과 이아티온산나트륨($Na_2S_2O_4$)은 인디고를 환원시켜서 무색형으로 만들 수 있다. 물에 녹지 않아서 환원된 상태로 이용

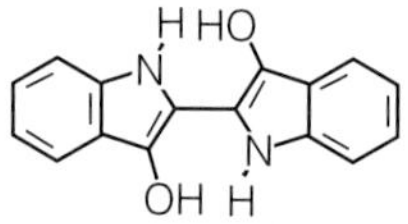

그림 5.7.2 인디고 염료의 수용성인 환원형-노랑 루코인디고([2,2′-바이인돌]-
3,3′-디올).

해야 하는 색소들을 '배트 염료'라고 한다. 면 섬유를 염색한 다음
인디고를 다시 산화시켜서 청색을 만든다. 공기 중에 놓아두면 공기
중의 산소가 염료를 청색으로 충분히 산화시킬 수 있다. 다른 방법
으로는 크롬산(디크롬산칼륨과 황산)을 산화제로 사용할 수도 있다.
청바지를 세탁할 때 청바지의 색을 진하게 유지하기 위해서는 세탁
하는 물에 소량의 식초를 넣어 주면 된다. 식초는 산으로 작용해서
물속의 세탁제에 의한 염기성을 중화시켜 주기 때문이다.

┤ 중요한 용어 ├
　산화　　환원　　수소결합

5.8 산성비 문제를 해결하는 데 석회는 어떻게 도움이 될까?

대리석으로 만든 건물이나 조각상은 산성비의 파괴 작용에 민감하
다. 대리석을 파괴하는 것과 똑같은 반응을, 어떻게 산성비 공해를
감소시키는 데 도움이 되도록 이용할 수 있을까?

화학적 원리

산성비는 주로 석탄, 석유 그리고 천연가스 같은 화석 연료에서
방출되는 이산화황 때문에 생긴다. 황은 이런 연료의 불순물이다.

예를 들어 석탄은 전형적으로 2~3% 무게의 황을 함유한다.[1] 황의
또 다른 원천은 원소 상태의 금속을 생산하기 위한 금속 황화물의
공업적 제련과 자연 세계의 화산 폭발이다. 화석 연료가 타면 황은
이산화황(SO_2)과 미량의 삼산화황(SO_3)으로 산화된다.[2] 대기로 방출
된 이산화황과 삼산화황은 산성비의 중요한 원인이 된다. 이런 기체
들은 산소와 수증기와 결합하여 황산의 미립자 안개를 만들고 이것
이 지상, 농경지, 대양에 내려앉는다.

  이산화황과 삼산화황 같은 기체 공해 물질을 조절하는 한 가지 방
법은 연료를 배출하는 곳에서 공해 물질을 액체 용액에 흡수시키거
나 고체 물질에 흡착시켜서 제거하는 것이다. 흡수는 기체를 액체에
용해시키는 것이고 흡착은 표면 현상이다. 각 경우 모두 연속되는
화학반응이 일어나서 공해 물질을 더 많이 포획한다. 석회와 석회석
은 이산화황 기체를 효과적으로 그 표면으로 끌어들이는 두 가지 고
체 물질이다. 연속해서 일어나는 화학 반응이 기체 공해 물질을 수
집하여 폐기시키거나 다른 산업에 사용될 수 있는 고체 무독성 물질
로 전환한다.

화학적 구성

  발전소와 산업체에서 에너지를 얻기 위해 석탄, 석유, 가스를 연
소시키면 이산화황이 생성된다. 이산화황은 공기 중의 물과 결합하
여 아황산(H_2SO_3)을 생성한다. 공기 중에 산소가 존재하면 연속 반
응을 통해 황산(H_2SO_4)이 생성된다.

$$SO_2 + H_2O \rightarrow H_2SO_3$$

$$H_2SO_3 + \frac{1}{2}O_2 \rightarrow H_2SO_4$$

황이 적게 함유된 연료를 사용하는 것은 이산화황 방출을 감소시키는 한 가지 메커니즘이지만 대부분의 해결 방법은 이산화황 기체를 '집진'하거나 연기 굴뚝에서 방출되지 못하게 하는 것이다. 산업의 특성에 따라 서로 각기 다른 유형의 '집진기'를 이용할 수 있다. 한 가지 방법은 연소 후에 나오는 기체를 모아서 수산화나트륨 수용액에 뿌리는 것이다. 수산화나트륨은 이산화황과 산소와 결합하여 해당되는 황산염을 만들며 이것은 수용액에서 쉽게 제거할 수 있다.

$$2NaOH(aq) + SO_2(g) + \frac{1}{2}O_2(g) \rightarrow Na_2SO_4(s) + H_2O(l)$$

아황산나트륨도 이산화황을 흡수하는 데 사용된다. 칼슘 침전제를 가해서 아황산나트륨으로 전환될 수 있는 아황산수소염을 만든다.

건조제도 이산화황을 흡수하는 데 이용된다. 석회(산화칼슘)와 소석회(수산화칼슘)는 이산화황과 결합하여 아황산칼슘과 물을 만든다.

$$CaO(s) + SO_2(g) \rightarrow CaSO_3(s)$$
$$Ca(OH)_2(s) + SO_2(g) \rightarrow CaSO_3(s) + H_2O(l)$$

석회석(탄산칼슘)도 아황산칼슘과 이산화탄소 기체를 만드는 건조 흡착제로 이용된다.

$$CaCO_3(s) + SO_2(g) \rightarrow CaSO_3 + CO_2$$

집진기에서 형성된 버캐(액체 속에 들어 있던 염이 엉겨 생긴 찌끼)에서 집진기에서 사용되는 건조 흡착제인 탄산나트륨을 만들 수도 있다. 대신 연소실 안에서 이산화황 방출을 처리하기 위해 석회석을 쓰기도 한다. 연소실에서 탄산칼슘이 산화칼슘과 이산화탄소로 분해되고 생성된 CaO가 이산화황과 결합하여 아황산칼슘을 생성한다. 그러나 이 과정은 환경에 유해한 공해 물질(SO_2)을 제거하는 동시에 환경에 해로운 또 다른 공해 물질(CO_2)을 생성한다는 점에 주의하라.

새로운 흡수계는 기체 이산화황을 제거하기 위하여 제올라이트를 이용한다.[3] 제올라이트는 이산화황을 포획하는 분자체로서 작용하는 천연적으로 존재하는 화합물이다. 제올라이트는 전형적으로 미세공 결정성 알루미노규산염 구조를 가지며 내부 동공에 작은 분자들을 포획하는 비활성 물질이다. 손님 분자의 성질에 따라서 물리적 힘(물리흡착)과 화학적 힘(화학흡착) 모두를 통한 흡착이 가능하다. 이산화황은 어떻게 방출되고 처리될까? 사용한 제올라이트(이산화황을 흡착한 제올라이트)를 가열하면 이산화황이 나오고 제올라이트가 재생된다. 농축된 이산화황 기체는 포획되어서 원소 상태의 황이나 비료로 이용되는 황산암모늄을 비롯한 부산물을 생산하는 데 이용된다.

┤ 중요한 용어 ├
산화   조합반응   제올라이트   흡착

참 고 문 헌

[1] Geography 210: Introduction to Environmental Issues, 7.4 Air Pollution, Dr. Michael Pidwirny, Department of Geography, Okanagan University College http://www.geog.ouc.bc.ca/conted/onlinecourses/geog_210/210_7_4.html

[2] "Formation Mechanisms." Sulfur Oxides, Module 6: Air Pollutants and Control Techniques, OL 2000: An Online Training Resource: Basic Concepts in Environmental Science, North Carolina State University
http://www.epin.ncsu.edu/apti/ol_2000/module6/sulfur/formation/formfram1.htm

[3] "Penn State University Researchers Discover Inexpensive Way to Clean Up Sulfur Dioxide from Coal Plants." U.S. Department of Energy, National Energy Technology Laboratory,
http://www.netl.doe.gov/newsroom/media_rel /mr_pennst.html

5.9 왜 폭탄먼지벌레를 '불을 내뿜는 용'이라고 할까?

폭탄먼지벌레가 적을 쫓는 데에는 어떤 화학이 이용될까?

화학적 원리

폭탄먼지벌레는 적을 쫓기 위하여 뜨거운 분무액을 내뿜는 방어 메커니즘을 가지고 있다. 이 분비물은 적을 피하는 데 충분한 시간을 줄 수 있다. 폭탄먼지벌레는 도망치기 위하여 날개를 펴는 데 시간이 오래 걸리기 때문에 시간이 필요하다. 뜨거운 용액은 복부의 분비샘 안에서 일어나는 화학 반응에 의해 만들어진다. 폭탄먼지벌레는 분비샘 안의 한 저장소에 과산화수소와 히드로퀴논을 농축하여 저장할 수 있다. 적이 공격하면 근육 수축에 의하여 이 액체들이 효소가 저장된 두 번째 방으로 분비된다. 효소는 과산화수소를 물과 산소 기체로 분해하고 히드로퀴논을 퀴논으로 전환하는 반응의 촉매 역할을 한다. 이런 반응에서 열이 발생하며 이 열이 폭탄먼지벌레의 복부에서 분비되는 용액의 온도를 높여 준다. 이 뜨거운 용액이 매우 정교하게 목표물로 뿜어져 나오는 것을 볼 수 있다.

화학적 구성

과산화수소가 물과 산소 기체로 분해되는 것은 느린 산화-환원 반응이다. 과산화수소는 산화제와 환원제 양쪽으로 작용한다. 이렇게 양쪽으로 작용할 때 이 반응을 불균등화반응이라고 분류한다. 카탈라아제라는 효소는 불균등화반응의 속도를 증가시킬 수 있다. 이 반응의 생성물의 하나인 산소는 히드로퀴논을 퀴논으로 전환하는 산화제로 작용할 수 있다. 히드로퀴논과 과산화수소가 퀴논과 물로 전환되는 과정은 발열 반응으로서 열을 발생시킨다. 액체 생성물(퀴논의 수용액)에 흡수된 열은 생성물 용액의 온도를 높여 준다. 전형적으로 온도는 $100°C$ 정도에 이른다.

$$2H_2O_2(aq) \rightarrow O_2(g) + 2H_2O(l)$$

$$2C_6H_4(OH)_2(aq) + O_2(aq) \rightarrow 2C_6H_4O_2(aq) + 2H_2O(l)$$

$$C_6H_4(OH)_2(aq) + H_2O_2(aq) \rightarrow C_6H_4O_2(aq) + 2H_2O(l)$$
$$\text{히드로퀴논} \qquad\qquad\qquad \text{퀴논}$$

$25°C$에서 이 반응의 엔탈피 변화는 전체적으로 똑같은 반응을 만드는 반응들의 엔탈피 변화를 대수적으로 합하여 계산할 수 있다(헤스의 법칙을 응용).

$$C_6H_4(OH)_2(aq) \rightarrow C_6H_4O_2(aq) + H_2(g) \quad \Delta H° = +177.4\,kJ$$

$$H_2O_2(aq) \rightarrow H_2(g) + O_2(g) \quad \Delta H° = +191.2\,kJ$$

$$2\{H_2(g) + \tfrac{1}{2}O_2(g) \rightarrow H_2O(g)\} \quad \Delta H° = 2\{-241.8\,kJ\}$$

$$H_2O(g) \rightarrow H_2O(l) \quad \Delta H° = -43.8\,kJ$$

$$C_6H_4(OH)_2(aq) \rightarrow C_6H_4O_2(aq) + H_2O(l) \quad \Delta H_{전체} = 합$$
$$+ H_2O_2(aq)$$

$$\Delta H_{전체} = +177.4\,kJ + 191.2\,kJ + 2\{-241.8\,kJ\} - 43.8\,kJ$$

$$\Delta H_{전체} = -159\,kJ$$

과산화수소는 어디에서부터 생겼을까? 많은 대사 과정에서 부산물로서 과산화수소가 생성된다. 특히 아미노산과 지방산의 분해에서 과산화수소가 생성된다.

┤중요한 용어├

산화-환원　불균등화반응　헤스의 법칙　발열 반응

참고문헌

[1] Jeffrey Dean, *et al.*, "Defensive Spray of the Bombardier Beetle: A Biological Pulse Jet." *Science* 248(1990): 1219.

침전과 용해

5.10 왜 바닷가의 조개껍데기는 색깔이 서로 다를까?

조개껍데기의 다양한 색깔, 복잡한 무늬, 변화가 풍부한 모양은 전 세계의 수집가들을 사로잡는다. 조개껍데기의 색깔에는 어떤 화학이 작용할까?

화학적 원리

바닷가에서 조개껍데기를 모으는 것은 즐거운 시간이다. 조개껍데기를 모으면서 우리는 조개껍데기의 다양한 색과 기묘한 모양들에 감탄하게 된다. 껍데기의 색은 조개가 살아가는 데에 어떤 역할을 할까? 조개껍데기의 색은 흔히 위장에 이용되며, 종들 사이의 의사소통의 수단이 되며, 조간대의 종들에게는 온도 조절의 수단이 되고, 심지어 껍질을 단단하게 만드는 구조적 역할까지 한다.

조개껍데기의 기본적 성분은 탄산칼슘이다. 이것은 조개의 세포에서 분비되는 칼슘 이온과 바닷물에 존재하는 탄산 이온으로부터 생성되는 불용성 물질이다. 그러나 탄산칼슘은 흰색이다. 흔히 조개껍데기의 색은 그것이 형성되는 동안 포획한 불순물과 대사 폐기물로부터 생긴다. 색은 먹이와 물의 환경 모두의 영향을 받는다. 예를 들어 연한 산호에서 살면서 산호를 먹는 무늬개오지들은 산호의 색을 띤다. 노란색과 빨간색은 흔히 β-카로틴과 같은 카로테노이드 색소에서 생긴다. 빛을 반사하면 흔히 진주의 자개빛을 띤다.

화학적 구성

탄산칼슘 껍질의 형성은 침전반응의 한 예다.

$$Ca^{2+}(aq) + CO_3^{2-}(aq) \longrightarrow CaCO_3(s)$$

탄산칼슘이 녹지 않는 것은 그것의 용해도곱 K_{sp}을 보아도 분명히 알 수 있다. 25°C의 물에서 $K_{sp} = 8.7 \times 10^{-9}$이다. 탄산 이온은 물과 녹아 있던 이산화탄소에서 생성된 탄산이 바닷물에서 해리되어서 생긴다.

$$H_2O(aq) + CO_2(g) \longrightarrow H_2CO_3(aq)$$
$$H_2CO_3(aq) \longrightarrow H^+(aq) + HCO_3^-(aq)$$
$$HCO_3^-(aq) \longrightarrow H^+(aq) + CO_3^{2-}(aq)$$

조개껍데기에서 발견되는 일부 색소는 멜라닌(갈색과 검은색), 카로테노이드(노란색과 오렌지색), 프테로딘(빨간색)을 함유하고 있다. 많은 조개껍데기는 색소를 함유하는 발색 세포라는 세포를 이용하여 단기간에 색을 변화시킬 수 있다. 이 세포는 동물 피부의 안쪽에도 존재한다. 예를 들어 오징어(*Sepia offinailis*)의 먹물 주머니에서 분리한 검은색의 세피오멜라닌(먹물이라고도 하며 세피아 잉크의 재료가 된다)을 이용하여 오징어는 주위를 검은색으로 만들 수 있다.

┤중요한 용어├
침전   색소

5.11 왜 커피 메이커나 증기 다리미의 청소에 식초를 사용할까?

식초를 '어머니 자연의 황금 액체'라고 한다. 식초는 아주 오래전부터 천연적이며 효과적인 가정용 세척제로 알려져 왔다. 왜 식초를 커피 메이커와 증기 다리미의 세척에 이용할까?

화학적 원리

여러 가정용품이나 경수 침전물이 붙어 있는 다른 것들을 세척하는 데는 식초를 추천한다. 커피 메이커, 증기 다리미, 식기 세척기, 찻주전자, 수도꼭지 등에는 시간이 지나면서 칼슘 침전물이 쌓인다. 석회석, 방해석, 조개, 산호초 같은 칼슘을 포함하는 광물들의 침식으로 인해서 암석과 토양 사이를 흐르는 지하수에는 칼슘 이온이 녹아들게 된다. 동시에 공기 중의 이산화탄소도 물에 녹아서 탄산 이

온을 형성하고 이것은 칼슘 이온과 결합하여 흰색 고체 탄산칼슘을
생성한다. 식초는 탄산칼슘 침전물을 녹여서 제거한다.

화학적 구성

식초나 아세트산은 탄산칼슘에 작용하여 이 침전물을 녹여서 자
유 칼슘 이온과 물을 생성하고 이산화탄소를 방출한다.

$$2CH_3COOH(aq) + CaCO_3(s)$$
$$\rightarrow Ca^{2+}(aq) + 2CH_3COO^-(aq) + CO_2(g) + H_2O(l)$$

식초가 탄산칼슘을 녹이는 것은 삶은 달걀을 식초 용액 속에 담가
놓아도 관찰할 수 있다. 밤새 담가놓으면 탄산칼슘으로 이루어진 달
걀 껍데기가 녹아서 외부막만 남게 된다. 역시 탄산칼슘으로 이루어
진 분필도 식초 용액에 녹을 것이다. 부활절에 색깔로 장식된 삶은
달걀을 만들 때는 염료 용액에 약간의 식초를 넣으면 좋다. 이것은
식초가 달걀의 바깥쪽 껍데기를 약간 녹여 껍데기를 청소하는 역할
을 해서, 새로운 껍데기 표면에 염료 분자가 부착될 수 있도록 하기
때문이다.

91

┤ 중요한 용어 ├
용해   침전

5.12 비누의 버캐는 왜 생길까? 왜 세탁제에는 인산염이 사용될까?

연수제 제조업자들은 경수에서는 원치 않는 많은 일이 생긴다는 것을 알고 있다. 경수를 사용하면 배관, 온수 보일러, 식기 세척기에 해로운 비늘 침전물 같은 것이 더 많이 생긴다. 또 욕조의 비늘, 세탁기의 침전물, 유리와 접시의 하얀 때, 피부의 갈라짐, 머리카락의 손상이 일어난다. 간단한 화학 과정으로 경수의 기원을 설명할 수 있다. 비누와 경수가 만나면 쉽게 생기는 버캐와 침전물도 화학반응으로 설명할 수 있다.

화학적 원리

지구의 물 중 60% 이상이 지하수이며 이 물은 토양과 암석 사이를 흐르며 지난다. 대기 중의 이산화탄소가 녹아서 생긴 빗물의 산성 때문에 석회암, 방해석, 조개, 산호 같은 광물의 천연 침식이 흔하게 일어난다. 이런 침식 과정에서 광물을 구성하고 있던 양전하를 가진 금속 이온들이 지하수로 들어가게 되고 이런 이온들은 비누나 세탁제에 들어 있는 음전하를 가진 이온들과 결합하여 물에 녹지 않는 하얀 버캐를 만든다.

화학적 구성

비누의 버캐는 경수에 흔히 존재하는 광물질의 양이온과 비누나 세탁제의 음이온 사이에서 생성되는 녹지 않는 침전물이다. 탄산칼슘과 탄산마그네슘 광물에서 온 2가의 칼슘 이온(Ca^{2+})과 마그네슘 이온(Mg^{2+})이 경수의 중요한 성분이다. 2가의 철 이온(Fe^{2+}), 망간 이온(Mn^{2+}), 스트론튬 이온(Sr^{2+})도 흔히 존재한다. 칼슘을 함유하는 광물이 산 농도가 높은 물과 만나서 그것에서 칼슘이 녹아나오는 용해 과정은 다음과 같다.

$$CaCO_3(s) + 2H^+(aq) \rightarrow Ca^{2+}(aq) + H_2CO_3(aq)$$
(방해석, 석회석, 조개, 산호)

비누는 여러 가지 지방산의 나트륨 염으로 구성되어 있다. 이런 산들은 일반적으로 $CH_3-(CH_2)_n-COOH$의 구조식을 가지며 $n=$6(카프릴산), 8(카프르산), 10(라우르산), 12(미리스트산), 14(팔미트산), 16(스테아르산)이다. 올레산($CH_3-(CH_2)_7-CH=CH-(CH_2)_7-COOH$)과 리놀레산($CH_3-(CH_2)_4-CH=CH-CH_2-CH=CH-(CH_2)_7-COOH$)도 흔한 비누의 성분이다. 이런 나트륨 염은 쉽게 물에 녹지만 Ca^{2+}나 Mg^{2+} 같은 금속 이온은 지방산 음이온과 침전을 형성한다. 예를 들어 라우르산의 나트륨염이 용해되고 이어서 라우르산 이온과 칼슘 이온이 침전물을 만드는 반응은 다음과 같이 진행된다.

$$CH_3-(CH_2)_{10}-COO^-Na^+(s) \xrightarrow{H_2O}$$
$$CH_3-(CH_2)_{10}-COO^-(aq) + Na^+(aq)$$
$$2CH_3-(CH_2)_{10}-COO^-(aq) + Ca^{2+}(aq) \rightarrow$$
$$(CH_3-(CH_2)_{10}-COO^-)_2Ca^{2+}(s)$$

경수를 연수로 만드는 방법은 여러 가지다. 연화제와 컨디셔너에서는 흔히 양이온 교환 과정이 사용된다. 이런 시스템에서는 칼슘과 마그네슘 이온을 함유하는 경수를 스티렌과 디비닐벤젠[1] 수지 입자에 통과시킨다. 이 입자의 표면에는 칼륨과 나트륨 이온이 덮여 있다. 경수가 수지 입자를 통과하는 동안 칼슘과 마그네슘 이온은 수지 표면에 달라붙고 칼륨과 나트륨 이온이 물로 떨어져 나온다. 전하 균형을 맞추기 위해서 2가 이온이 결합할 때마다 2개의 나트륨이나 칼륨 이온이 방출된다. 앞에서 말한 대로 나트륨이나 칼륨 이온은 비누의 지방산 음이온과 불용성 침전물을 형성하지 않는다. 연수제를 재생시키기 위해서는 진한 염화나트륨($NaCl$)이나 염화칼륨(KCl)의 염용액을 연수제에 흘려보낸다. 그러면 칼슘과 마그네슘 이온이 폐기물로 떨어져 나오고 나트륨이나 칼륨 이온이 입자의 표면에 다시 달라붙는다.

경수를 연수로 만드는 다른 방법은 킬레이트제(또는 제거제)라는 화학 물질을 첨가하는 것이다. 많은 가구용품과 공업용 청소제뿐 아니라 개인위생용품에도 알파히드록시카르복시산인 글리콜산($HOCH_2COOH$)이 함유되어 금속과 착물을 형성함으로써 물의 경도를 감소시키고 있다.[2] 글리콜산과 칼슘, 마그네슘, 망간, 철, 구리 같은 금속 이온과의 고리 착물(킬레이트)은 물에 녹는다. 히드록시기와 카르복시기가 모두 다가의 금속 이온과 5원자 킬레이트를 형성하는 데 사용된다. 이런 킬레이트화된 착물 형성으로 세탁제는 경수의 금속 이온을 만나도 침전을 형성하지 않는다. 따라서 세탁제의 세탁력도 증가된다. 폴리인산이라는 화합물도 세탁제에서 제거제 역할을 한다. 인산(H_3PO_4, 그림 5.12.1)과 피로인산($H_4P_2O_7$, 그림

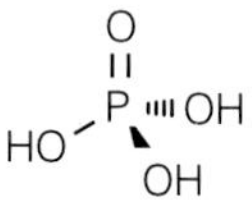

그림 5.12.1 인산(H_3PO_4)의 분자 구조.

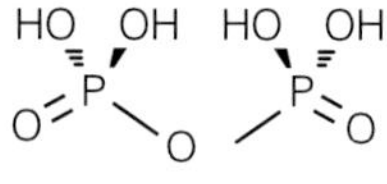

그림 5.12.2 피로인산($H_4P_2O_7$)의 분자 구조.

5.12.2)의 유도체들은 제거제의 흔한 예이며 구체적인 예를 들면 피로인산나트륨(피로인산이수소나트륨, $Na_2H_2P_2O_7$), 인산이수소칼륨(또는 나트륨)(KH_2PO_4 또는 NaH_2PO_4), 헥사메타인산나트륨(폴리인산나트륨, $(NaPO_3)_n \cdot Na_2O$), 피로인산테트라나트륨($Na_4P_2O_7$)이 있다.[3] 많은 상품들은 그러한 제거제를 함유하고 있다.

원치 않은 칼슘과 마그네슘 이온은 세탁용 소다($Na_2CO_3 \cdot 10H_2O$), 붕산염($Na_2B_4O_7 \cdot 10H_2O$) 또는 규산나트륨을 첨가해서 침전시킬 수도 있다.

| 중요한 용어 |

용해 침전 킬레이트제 제거제

95

참고문헌

[1] "What Makes Water Hard & How Hard Water Can Be Improved." Water Quality Association,
http://www.bigbrandwaterfilters.com/water_treatment_info/soft_water_wqa.html

[2] "DuPont Specialty Chemicals: Glycolic Acid Applications."
http://www.dupont.com/glycolicacid/applications/

[3] "Water Treatment." Rhodia Eco Services,
http://www.rp.rpna.com/rhodia/searchresultsmarket.icl

5.13 왜 오래된 그림은 색이 바랠까?

예술품 보존 특히 회화의 복원은 예술품의 미적 가치를 유지하고 문화유산을 보존하기 위한 중요한 노력이다. 시간이 흐르면서 생기는 미세수준의 화학반응이 우리가 볼 수 있는 거시 수준 변화의 원천이다.

화학적 원리

예술가들은 자신의 창조적 의도를 표현하는 데 필요한 색을 나타내기 위하여 여러 가지 색소들을 혼합한다. 박물관과 미술품 수집가들은 그림의 색채를 그대로 유지하기 위해서는 온도, 상대 습도, 빛의 세기, 공기의 질 같은 환경 요인들이 중요하다는 것을 알고 있다. 모든 환경을 제어해도 예술품 자체의 본성이 회화의 노화에 영향을 미친다. 사용한 색소의 기원과 순도, 선택된 색소들의 조합, 사용한 색소의 부피, 사용한 부착제 유형(예를 들면 아마유 같은 건조유)이 회화의 영구성에 영향을 주는 요인들이다.[1] 오랜 역사를 통해서 화가들은 회화의 노화에 대해 잘 알고 있으며 이런 변화에 주의를 기울이고 있다.[2] 그럼에도 불구하고 회화 물질들 사이에서 그리고 환경에 노출된 결과로서 원하지 않는 화학반응이 일어날 수 있다. 또 시간이 지나면서 형성되는 새로운 물질 환경에 따라서 생기는 색소들의 물리적 성질과 화학적 성질의 변화가 작품을 더 탈색시킬 수도 있다.

화학적 구성

예술품 노화의 화학적 측면에 대한 연구는 광범위하게 진행되고 있다. 많은 연구자들은 화가들의 색소의 선택에 초점을 맞추고 있다. 특히 수세기 동안 화가들은 납을 함유하는 여러 가지 색소를 사용해 왔다. 일반적으로 $2PbCO_3 \cdot Pb(OH)_2$로 표시되는 여러 가지 조성을 가진 납을 함유하는 백색 색소인 탄산백색납은 이집트, 그리스, 로마에서 사용되었다. 염기성 황산납도 백색 색소로서 $PbSO_4 \cdot PbO$ 또는 $(PbSO_4)_2 \cdot Pb(OH)_2$ 같은 여러 가지 조성을 가진다. 크롬 황색과 오렌지색은 여러 가지 조성의 크롬산납($PbCrO_4$, 주성분), 황산납($PbSO_4$), 산화납(PbO)으로 구성되어 있다. 크롬 녹색은 프러시안 청색($Fe_4[Fe(CN)_6]_3$)과 크롬산납($PbCrO_4$)의 혼합물이다. 붉은 색조를 지닌 몰리브덴산 오렌지는 몰리브덴산납($PbMoO_4$)과 함께 침전시킨 크롬산납과 황산납($PbSO_4$)의 혼합물이다. 적색납(Pb_3O_4)은 주색소로서 광범위하게 사용된다.

일반적으로 납을 함유하는 색소는 오염된 공기의 황화수소와 반응하여 황화납의 검은 침전을 형성한다고 생각된다. 이런 색소는 황화수소 기체에 노출되면 검은색 황화납(PbS)을 생성하기 때문에 검어진다.

$$PbCO_3(흰색) + H_2S \rightarrow PbS(검은색) + H_2O + CO_2$$

그러나 산업 대기 속의 황화수소는 이산화황과 황산으로 빠르게 산화된다.

오래된 회화의 탈색에 대해 또 다르게 설명할 수도 있다. 예를 들어 납을 함유하는 색소가 황화물을 함유하는 색소에 노출되면 시간이 지남에 따라서 흑화 현상이 생긴다. 특히 백색납과 크롬 황색(납 함유 색소)은 청색 색소인 울트라마린과 함께 사용해서는 안 된다. 울트라마린은 청금석이라는 광물에 존재하는 규산알루미늄나트륨과 황화물의 복합체이다. 이런 염료들을 혼합해서 사용하면 검은색 황화납을 만드는 중요한 성분들이 존재하게 된다.

다른 화학적 요인들도 색소 흑화의 원인이 될 수 있다. 산화제일구리(Cu_2O)는 밝은 적색 색소지만 점차적으로 검은색인 산화제이구리(CuO)로 산화된다. $15 \sim 18$세기 동안 사용되었던 투명한 녹색 색

소인 레진산구리는 오랫동안 빛에 노출되면 진한 초콜릿 갈색이 된
다. 프러시안 청색($Fe_4[Fe(CN)_6]_3$, 페로시안산제이철)은 염기성 탄산백
색납이나 다른 염기성 색소와 함께 사용해서는 안 되는데 수산화제
이철 침전이 생기는 반응이 일어나서 회화에 붉은색 색조를 나타내
기 때문이다.[3]

$$Fe^{3+}(aq) + 3OH^-(aq) \longrightarrow Fe(OH)_3(s)$$

┤ 중요한 용어 ├
산화   침전

참 고 문 헌

[1] "Dosimetry of the Museum Environment: Environmental Effects on the
Chemistry of Paintings." Oscar F. van den Brink, Molecular Aspects of Ageing
in Painted Works of Art, Progress Report 1995 1997, FOM Institute for Atomic
and Molecular Physics, Amsterdam, NL,
http://www.amolf.nl/research/biomacromolecular_mass_spectrometry
/molart/progress_report98.pdf

[2] "Molecular Aspects of Ageing in Painted Works of Art." Progress Report 1995
1997, FOM Institute for Atomic and Molecular Physics, Amsterdam, NL,
http://www.amolf.ni/research/biomacromolecular_mass_spectrom
etry/molart/progress_report98.pdf

[3] K. K. Stevens, and J. C. Warner, "Organic Protective Coatings: Paints,
Varnishes, Enamels, Lacquers," in Chemistry of Engineering Materials, fourth ed.,
ed. J. C. Warner (New York: McGraw Hill, 1953), 544~590.

5.14 염색약은 어떻게 머리카락의 흰색을 '없애 줄까?'

그리스식 처방제는 머리카락의 천연 화학과 함께 작용하여 머리카락의 멜라닌이 있던 곳에 비슷하게 작용하는 색소를 생성한다. 그리스식 처방제는 머리카락 안의 단백질과 결합하여 점차적으로 백발 과정을 '역전'시켜서 천연 색으로 돌아오게 한다.

- 그리스식 처방제 16, 상품 용기 설명에서

화학적 원리

많은 머리 염색제는 백발을 '덮는' 흑색 화합물을 생성하여 머리카락 안의 단백질과 반응한다.

화학적 구성

몇 가지의 머리 염색제에는 수용성 화합물인 아세트산납(II) $Pb(CH_3COO)_2$이 들어 있다. 염색제를 머리카락에 바르면 Pb^{2+} 이온과 머리카락의 단백질에 들어 있는 아미노산인 시스테인, 메티오닌에 함유된 황 원자 사이에 반응이 일어나서 불용성 흑색 생성물인 황화납(II)이 생성된다.

┤중요한 용어├
용해도   침전

5.15 세우스 박사의 녹색 달걀의 원천은 무엇일까?

음! 나는 녹색 달걀과 햄을 좋아하죠! 나는 그것을 좋아하죠!

— 세우스 박사(유명한 동화책의 주인공), 『녹색 달걀과 햄』

화학적 원리

달걀을 너무 오래 삶거나 너무 급하게 식히면 노른자에 진한 녹색 고리가 생긴다. 이 녹색은 유해하지 않으며 녹색이 나타나는 것은 달걀 안에서 황화철(II)이라는 화합물을 생성하는 반응의 결과다. 달걀은 철과 단백질의 훌륭한 원천이다. 전형적인 달걀은 노른자위에 0.590 mg의 철을 함유한다.[1] 달걀의 온도를 70°C 이상으로 가열하면[2,3] 단백질에 있는 황을 함유하는 아미노산이 분해되어서 황화수소를 생성한다. 노른자위의 철과 분해된 황화물이 결합하면 녹색의 황화철(II)이 생성된다. 동심원 고리는 닭의 노른자위가 성장하는 동안에 구형층으로 발달하며 닭의 먹이나 물에 들어 있는 철의 함량이 변화하였다는 것을 반영한다.[2] 달걀을 삶는 물도 추가적인 철의 원천이 될 수 있다.

화학적 구성

메티오닌(그림 5.15.1)과 시스테인(그림 5.15.2)은 황을 함유하는 아미노산이다.

이 아미노산들의 열분해에서는 최종 산물로서 황화수소(H_2S), 암모니아(NH_3), 메탄(CH_4), 그리고 아세트산(CH_3COOH)과 포름산($HCOOH$) 같은 유기산이 생성된다.

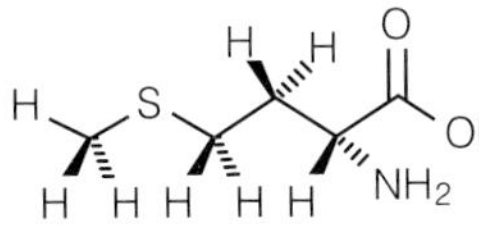

그림 5.15.1 메티오닌의 분자 구조.

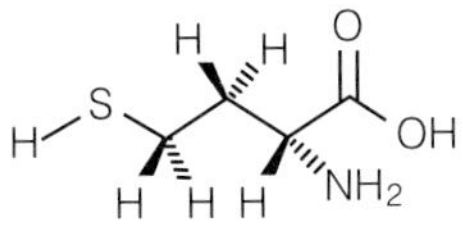

그림 5.15.2 시스테인의 분자 구조.

┤ 중요한 용어 ├

침전   용해도   아미노산

참 고 문 헌

[1] "Free Range Egg Facts." British Free Range Egg Producers Association, http://www.bfrepa.co.uk/eggfacts.htm

[2] "The Science of Boiling an Egg." Charles D. H. Williams, University of Exeter, School of Physics, http://newton.ex.ac.uk/teaching/CDHW/egg/#hard

[3] "Nutrition and Food Management 236: Egg." Oregon State University http://osu.orst.edu/instruct/nfm236/egg/index.cfm#e

5.16 세탁 소다는 어떻게 경수를 연수로 만들까?

경수를 연수로 만들 뿐 아니라 세탁제의 세탁 능력을 향상시키는 등의 여러 가지 일을 하기 위하여 세탁 소다를 물에 첨가하는 것이 권장된다. 이 물질의 능력은 간단한 화학반응에 의해 나타난다.

화학적 원리

용해된 고체의 농도가 높은 물을 흔히 경수라고 한다. 칼슘염과 마그네슘염이 지하수에 녹아 있는 흔한 염들이다. 석회석, 백운암, 석고가 이런 이온들의 주요한 원천이다. 녹아 있는 칼슘이나 마그네슘 이온을 제거하는 한 가지 방법은 이런 이온들과 결합하는 물질을 첨가하여 고체 침전물을 만든 다음 걸러내는 것이다. 세탁 소다는 물에 녹아서 탄산 이온을 내놓는 고체 물질이다. 탄산 이온은 칼슘 이온이나 마그네슘 이온과 반응하여 불용성 물질을 형성한다.

화학적 구성

석회석은 주로 방해석(마름모결정계 구조)이나 아라고나이트 형태의 탄산칼슘으로 구성된 퇴적암이다. 광물 백운석도 퇴적암이며 보통 탄산칼슘마그네슘($CaMg(CO_3)_2$)으로 나타내는데 여기에서 마그네슘 이온은 결정 구조 안의 칼슘 이온을 대신하고 있다. 석고는 수화된 황산칼슘($CaSO_4 \cdot 2H_2O$)으로 구성된 광물이다. 석회석에 내리는 비는 지하수에 존재하는 칼슘 이온을 만드는 흔한 과정이다. 탄산칼슘은 물에 잘 녹지 않지만 석회석의 용해는 빗속의 산성도의 도움을 받는다. 빗물은 공기, 토양, 부패 중인 식물에서 이산화탄소를 흡수하여 약한 탄산 용액을 형성한다.

$$H_2O(l) + CO_2(g) \rightleftarrows H_2CO_3(aq)$$

$$H_2CO_3(aq) + CaCO_3(s) \longrightarrow Ca(HCO_3)_2(aq)$$

석회석과 탄산이 만나면 물에 매우 잘 녹는 탄산수소칼슘 용액을 생성한다(비교하자면 20°C에서 물에 대한 탄산칼슘의 용해도는 리터당

0.0145g이지만 탄산수소칼슘은 리터당 166g이다.[1]). 백운석에서 나온 마그네슘 이온도 같은 방법으로 수용액으로 들어간다. 석고, 황산칼슘의 풍화도 천연수 안에 칼슘 이온을 공급한다.

양이온인 칼슘과 마그네슘을 제거하는 한 가지 방법은 세탁 소다, 즉 탄산나트륨($Na_2CO_3 \cdot 10H_2O$)을 첨가하는 것이다. 이 나트륨 염은 수용액에 매우 잘 녹는다. 세탁 소다를 경수에 첨가하는 과정의 목적은 용해도곱이 매우 낮은 염을 통하여 칼슘이나 마그네슘 양이온을 단일 음이온과 함께 침전시키는 것이다. 아래에 나타낸 용해도곱으로 각 탄산염의 용해도를 쉽게 계산할 수 있다.

$$CaCO_3 \qquad K_{sp} = [Ca^{2+}][CO_3^{2-}] = 8.7\times10^{-9}$$
$$S \cdot S = 8.7\times10^{-9}$$
$$S = 9.3\times10^{-5}\,M$$
$$MgCO_3 \qquad K_{sp} = [Mg^{2+}][CO_3^{2-}] = 4.0\times10^{-5}$$
$$S \cdot S = 4.0\times10^{-5}$$
$$S = 6.3\times10^{-3}\,M$$

S몰의 탄산칼슘이 1l의 물에 녹으면 칼슘 이온과 탄산 이온 S몰씩을 생성할 것이다. 이 이온 농도는 S와 같으며 탄산칼슘의 용해도는 $9.3\times10^{-5}\,M$로 계산된다. 탄산마그네슘은 용해도곱 상수가 더 크기 때문에 $6.3\times10^{-3}\,M$로 물에 더 높은 용해도를 가진다. 그럼에도 불구하고 이 두 가지 탄산염은 비교적 모두 물에 잘 녹지 않으며 탄산나트륨에 의해서 생기는 과잉의 탄산 이온은 용액에서 칼슘과 마그네슘 이온을 침전시킨다.

┌┤중요한 용어├─────────────────────────────┐
│ 침전   용해도   │
└──┘

참 고 문 헌

[1] "The Soil as an Environment for Microorganisms." N. A. Krasil'nikov,
    Academy of Sciences of the USSR, Institute of Microbiology,
    http://www.soilandhealth.org/01aglibrary/010112Krasil/010112krasil.
    ptll.html

열분해

5.17 어떻게 베이킹소다로 불을 끌 수 있을까?

베이킹소다 덩어리는 흔히 부엌에서 간단한 소화기로 사용될 수 있다. 베이킹소다가 화재를 진압하는 반응물로 작용하는 화학반응을 이용하는 것이다.

화학적 원리

불이 나기 위해서는 연료(메탄, 옥탄 같은 탄화수소나 셀룰로오스를 함유하는 나무 조각 등), 산화제(일반적으로 대기 중의 산소), 열의 세 가지 조건이 필요하다. 이 말은 연료나 산화제나 열 중에서 하나만 제거하면 불을 끌 수 있다는 말이다. 소화 기술은 산화제나 열을 제거하는 것에 초점을 맞추고 있다. 예를 들면 타고 있는 물체 위에 담요를 덮는 것과 같이 연료에 산소가 흐르는 것을 차단함으로써 불을 끈다. 같은 원리로 산소를 연소를 도와주지 못하는 이산화탄소(CO_2) 같은 기체로 대치할 수도 있다. 이산화탄소는 공기보다 밀도가 크므로 (44.0 g/mol 대 28.9 g/mol)[1] 가라앉아서 타고 있는 물체를 감쌀 수 있다. 이산화탄소 소화기의 작용은 이산화탄소가 풍부한 환경을 조성하는 것이다. 공기가 더 무거운 이산화탄소 기체로 바뀌면 연소 과정이 끝난다. 마지막으로 물을 뿌려 소화하는 것은 연소 반응이 지속될 수 있는 온도보다 온도를 낮추어서 불을 끄는 것이다.

흔히 베이킹소다라고도 하는 고체 탄산수소나트륨($NaHCO_3$)도 훌륭한 소화제다. 고온에서 이 염의 화학이 산소가 풍부한 환경을 없애 주기 때문이다. 어떻게 이런 일이 일어날까? 탄산수소나트륨은 실온에서 안정한 이온성 고체지만 화재 같은 고온에서는 열분해되어 이산화탄소 기체를 부산물로 내놓는다. 이산화탄소 소화기처럼 베이킹소다의 분해에서 생성된 이산화탄소 기체는 산소가 고갈된 공기를 만들어서 불을 끈다.

105

화학적 구성

열분해 반응은 열에 의해서나 고온에서 활성화되며 복잡한 물질로부터 더 간단한 물질(구성 원자수가 더 적어서 분자량이 더 작아짐)을 생성한다. 탄산수소나트륨의 열분해에서는 다음과 같이 더 간단한 물질들이 생성된다.

$$2NaHCO_3(s) \longrightarrow Na_2CO_3(s) + H_2O(g) + CO_2(g)$$

이산화탄소 기체와 수증기 이외에도 백색 고체인 탄산나트륨이 생성된다. 어떻게 열에 의해서 이런 반응이 일어날까? 탄산수소나트륨의 이온 결합 격자를 분해하는 데 열이 필요한 이유는 298K에서의 이 반응에 대한 표준 엔탈피 변화 계산에서도 드러난다.[2] 즉

$+135.6\,\mathrm{kJ\,mol^{-1}}$의 흡열반응이 일어나기 때문에 그만큼의 열이 필요하다. 전체적인 균형반응식도 분해 과정의 불균일한 성질을 잘 드러내고 있다. 불균일 반응의 특징은 반응 혼합물에 여러 개의 상이 존재하는 것이다. 여기에서는 이 반응이 일어나는 고온에서 고체상과 기체상이 존재한다. 이 반응을 완결에 이르게 하는 추진력 중 하나는 기체 생성물이 대기 중으로 빠져나가는 것이다. 이와 같은 고온에서의 분해반응에 의해서 탄산수소나트륨은 타고 있는 연료로 산소가 흐르는 것을 막아주는 이산화탄소의 원천이 될 수 있다.

┤중요한 용어├

연소 흡열반응 불균일 반응 열분해 반응 연료 산화제

참고문헌

[1] Using a composition for dry air of approximately 78.1% $N_2(g)$, 21.0% $O_2(g)$, and 0.9% $Ar(g)$, an average molecular weight for air is estimated at $28.9\,\mathrm{g\,mol^{-1}}$.

[2] Using standard molar enthalpies of fonnation at 298 K for $NaHCO_3(s)$, $Na_2CO_3(s)$, $H_2O(g)$, and $CO_2(g)$ of −950.8, −1130.7, −241.8, and −393.5 kJ mol^{-1}, respectively.(CRC *Handbook of Chemistry and Physics*, 74th ed., 5-4-5-47.)

5.18 '각광을 받다'라는 말의 기원은 무엇일까?

우리는 흔히 주목을 받는 어떤 사람을 나타낼 때 '각광을 받다'라는 표현을 사용한다. 이것을 영어에서는 원래 '석회광을 받다(in the limelight)'라고 한다. 19세기 중엽 극장에서는 무대를 비추고 관객이 배우의 연기를 잘 볼 수 있도록 화학반응을 통하여 '석회광'을 만들어 냈다.

화학적 원리

석회광은 원래 1816년에 영국의 기술자 드러먼드(Captain Thomas Drummond)가 탐사 목적으로 발명하였다. 이 새로운 조명 기구는 빛을 내기 위하여 기체 불꽃보다는 가열된 성분을 이용하는 매우 밝은 가스등이었다. 산소와 수소 기체의 분출로 만들어진 불꽃(산화수소 불꽃)으로 가열된 석회(산화칼슘) 덩어리는 부드럽고 밝은 백색광을 방출한다. 산화수소 불꽃의 작은 점이 작은 백열 영역을 만들면 거울로 된 반사경을 통해서 강한 빛을 일정한 방향으로 보내거나 조명 영역을 확장시킬 수 있다. 석회광은 1837년에 최초로 극장에서 이용되었으며 1860년대에는 널리 사용되었다.[1] 매우 먼 곳에서도 불꽃을 볼 수 있기 때문에(드러먼드에 의하면 105킬로미터 이상의 거리)[2] 석회광은 등대에서도 사용하게 되었다. 예를 들어 1861년에는 한 등대에서 석회광의 조명에 대한 성질을 시험하였다. 이 등대는 영국 본토와 프랑스가 가장 근접한 사우스 포랜드의 화이트쵸크 절벽에 위치하고 있었다.[3] 한 장소에 집중될 수 있고 특별한 효과를 내기 위하여 밝기를 조절할 수 있고 무대를 먼 곳에서 비출 수 있는 이 조명의 특징은 조명의 대중화에 기여하였다. '스포트라이트' 형태로 석회광으로 무대의 앞과 중심을 비추는 것에서 무대의 가장 바람직한 활동 자리를 '석회광을 받는' 자리로 표현하게 되었다. 연소를 하면서 석회석이 소모되기 때문에 계속 조명을 하기 위해서는 새로운 표면을 가진 석회석을 계속 공급해 주어야 한다. 이것이 이 조명 방법의 단점이다.

화학적 구성

산화칼슘은 석회석을 강렬하게 가열해서 얻을 수 있다. 주로 탄산 칼슘으로 이루어진 석회석은 지하나 노천 광산에서 캐내며, $82°C$ 이상으로 가열하면 탄산칼슘을 산화칼슘으로 변환시킬 수 있다. 이 열분해 반응에서는 이산화탄소도 생성된다.

$$CaCO_3(s) \rightarrow CaO(s) + CO_2(g)$$

산화칼슘은 면심입방격자인 염화나트륨 구조로 결정을 만든다. 그림 5.18.1에 나타낸 염화나트륨 격자에서 나트륨 양이온(작은 구) 의 면심입방 배열이 쉽게 드러나며 더 큰 구(염화 이온)는 소위 정팔 면체 구멍이란 곳을 채우고 있다. 정팔면체 구멍은 최근접 이웃 종 으로서 똑같은 6개의 원자나 이온을 갖는 결정 격자상의 빈자리다. 염화나트륨 구조는 각 양이온이 6개의 동등한 거리에 있는 음이온 을 최근접 이웃으로 갖고 각 음이온은 6개의 동등한 거리에 있는 양

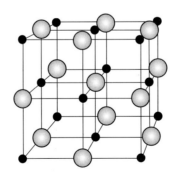

그림 5.18.1 서로 겹치는 두 개의 면심입방격자로 이루어진 염화나트륨 결정 구 조. 나트륨 양이온(작은 구)의 면심입방배열을 쉽게 찾아볼 수 있다. 더 큰 구(염화 이온)는 격자의 정팔면체 구멍을 채우고 있다. 산화칼 슘도 염화나트륨 구조로 결정화된다.

이온을 최근접 이웃으로 갖는 배열 특징을 가지고 있다. 따라서 나트륨과 염화 이온은 모두 배위수가 6이다.

산화칼슘의 화학은 석회광의 수명을 정해 준다. 보통 온도에서 대기 중의 습기와 이산화탄소를 만나면 결국 탄산칼슘을 형성하며 이것은 강하게 가열하면 쪼개진다.

$$CaO(s) + H_2O \rightarrow Ca(OH)_2(s)$$

$$Ca(OH)_2(s) + CO_2(g) \rightarrow CaCO_3(s) + H_2O(l)$$

$$CaO(s) + CO_2(g) \rightarrow CaCO_3(s)$$

19세기에는 발광 성분의 사용을 연장시키기 위하여 석회 덩어리를 두꺼운 종이나 기름 종이로 말아서 싸는 것이 보통이었다.[3] 석회를 밀봉된 깡통에 보관하면 공기와의 접촉을 막아 오래 사용할 수 있다.

┤중요한 용어├

석회 면심입방 결정격자 배위수 정팔면체 구멍 열분해

참고문헌

[1] "The Limelight." Tulsa Stage Employees, IATSE Local 354,
http://www.iatse354.com/354/354html/limelight.htm

[2] M. B. Hocking, and M. L. Lambert, "A Reacquaintance with the Limelight."
Journal of Chemical Education **64** (1987), 306-310.

[3] "World Lighthouse Information: The Lighthouses of England: South Foreland
Contents: Experiments in Illumination."
http://www.btinternet.com/~k.trethewey/

5.19 왜 페이스트리 반죽은 잘 부풀어 오를까?

페이스트리의 달콤한 맛을 떠올리면 군침이 도는 사람이 많을 것이다. 음, 맛있겠다! 페이스트리를 만드는 과정은 과학이라기보다는 예술처럼 보이지만 요리사는 이런 정교한 얇고 부드러운 반죽을 만드는 데 필요한 화학을 잘 알고 있다.

화학적 원리

페이스트리 반죽의 얇은 층을 만드는 제빵 과정은 반죽에 공기 거품을 만든다. 열만으로는 원하는 효과를 얻을 수 없다. 발효제라는 물질이 제빵 혼합물에서 기체를 방출시켜서 반죽을 부풀어 오르게 한다. 흔히 쓰이는 발효제에는 효모, 베이킹소다, 베이킹파우더 등이 있다. 발효 효과는 격렬하게 휘저어서 반죽 안에 공기를 잡아두거나(스펀지 케이크) 오븐에서 열로 휘발성 액체를 증발시켜도 만들 수 있다. 휘발성 액체가 물일 때 이 과정을 수증기 발효라고 한다. 물의 증기압은 실온에서는 무시할 정도지만 끓는점에 도달하면 상당히 커진다. 수증기의 부피 팽창은 반죽의 부풀어 오르는 성질을 만들거나 내부에 공동을 만든다.

화학적 구성

발효제가 가열될 때 나오는 기체는 무엇일까? 발효제가 베이킹소다이거나 탄산수소나트륨($NaHCO_3$)이면 베이킹소다가 내용물의 산성 성분과 결합했을 때 발생하는 기체는 이산화탄소(CO_2)다.

$$NaHCO_3(s) + H^+(aq) \rightarrow Na^+(aq) + H_2O(l) + CO_2(g)$$

흔한 산성 성분에는 식초, 레몬 주스, 버터밀크, 요구르트, 신 과

일, 타르타르소스 등이 있다. 제과점에서는 흔히 탄산수소암모늄이
나 탄산암모늄을 발효제로 사용한다. 탄산수소암모늄에서 실제로
발생하는 기체는 이산화탄소와 암모니아다.

$$NH_4HCO_3(s) \longrightarrow NH_3(g) + H_2O(l) + CO_2(g)$$

암모니아의 독특한 냄새는 최종 제품에서는 나지 않는다. 베이커
효모는 글루코오스, 프룩토오스, 말토오스, 수크로오스 같은 당들을
발효시키는 발효제로 작용한다. 발효 과정의 주된 생성물은 이산화
탄소 기체와 에탄올이며, 에탄올은 갓 구워낸 빵의 중요한 향이다.
분해 반응의 한 예인 글루코오스의 발효 과정에 대한 반응식을 그림
5.19.1에 나타냈다.

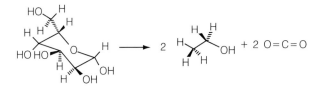

그림 5.19.1 에탄올과 물을 생성하는 글루코오스의 발효(분해 반응).

수증기 발효 작용의 요점은 온도에 따른 물의 증기압 변화다. 어
떤 온도에서 액체의 증기압은 액체와 평형을 이루는 기체의 압력이
다. 액체-기체 평형은 분자 수준에서는 기화 속도와 응축 속도가 같
은 것이며(동적 평형), 거시적으로는 평형상수 또는 평형 증기압과
같다. 액체의 증기압에 영향을 미치는 중요한 두 가지 인자는 분자
들 사이에 작용하는 분자간 힘과 액체의 온도다. 분자간 힘이 강할
수록 액체는 기체 속으로 탈출하기가 어려워지며 따라서 액체의 증

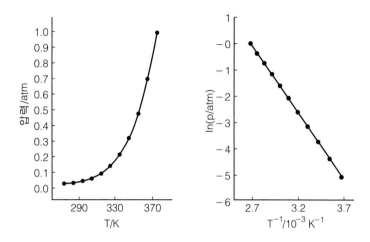

그림 5.1.9.2 온도의 함수로 나타낸 액체 물의 증기압 곡선(왼쪽)과 온도의 역수와 물의 증기압의 자연로그로 나타낸 그래프(오른쪽).

기압은 낮아진다. 온도가 높을수록 분자의 운동이 활발해져 분자간 힘을 극복하기 쉬어지기 때문에 증기압이 높아진다. 물의 증기압과 온도의 관계를 그림 5.19.2에 나타냈다. 왼쪽 그래프는 증기압과 온도를 바로 작도한 것이다. 오른쪽 그래프는 ln P를 온도의 역수에 대한 함수로 작도하여 직선 그래프를 얻은 것이다. 이 관계를 수학적으로 표현하면 클라우지우스-클라페이론 식이 된다.

$$\ln P = \frac{-\Delta H_{기화}}{R}\left(\frac{1}{T}\right) + \frac{\Delta S_{기화}}{R}$$

직선의 기울기로부터 물의 기화엔탈피, $\Delta H_{기화}$를 얻을 수 있고 y축 절편으로부터 기화 엔트로피, $\Delta S_{기화}$를 결정할 수 있다. 액체에서 기체로 변화함에 따라서 물의 엔탈피와 엔트로피는 모두 증가하며 클라우지우스-클라페이론 식의 기울기와 y절편은 각각 음과 양의 값이 된다. 373K에서 열역학적 상수의 값은 $\Delta H_{기화} = 40.657\,\text{kJ mol}^{-1}$,

$\Delta S_{기화} = 109.0 \, \mathrm{J K^{-1} \, mol^{-1}}$이다.[1,2]

증기압이나 수증기에 의한 발효 작용은 오븐 온도가 올라감에 따라 반죽의 온도가 올라가고 이어서 빵 굽는 온도까지 온도가 계속 올라가면서 증기압이 증가하기 때문에 일어난다. 이 부피 팽창을 정량적으로 알아보자. 무엇보다도 373K, 1 atm에서 액체 물 1 mol의 부피와 증기 1 mol의 부피를 어떻게 비교할까? 이 조건에서 물 1 mol (18.02 g)이 차지하는 부피는 질량/밀도에서 $(18.02 \, \mathrm{g \, mol^{-1}})/(0.95840 \, \mathrm{g \, cm^{-3}}) = 18.80 \, \mathrm{cm}^3 = 18.80 \, \mathrm{ml}$이다.[1] 이상기체 법칙, $PV = nRT$를 이용하면 수증기의 부피는 $(1 \, \mathrm{mol})(0.08206 \, l \, \mathrm{atm \, mol^{-1} \, K^{-1}})(373 \, \mathrm{K}) / (1 \, \mathrm{atm}) = 30.6 \, l$로서 1,630배나 더 크다.

또 이상기체 법칙에 의하면 어떤 온도에서 증기 분자의 수가 많아지면 기체의 부피도 더 커진다는 것을 알 수 있다. 따라서 오븐 온도가 373K에 도달하면 액체 물 분자에서 수증기로 상 전환이 일어나며 기체 분자의 수가 증가함에 따라서 수증기가 차지하는 부피도 더 커진다. 대부분의 빵 굽는 온도에서 모든 물 분자는 증기로 존재한다. 반죽의 온도가 올라감에 따라서 수증기가 차지하는 부피는 이상기체 법칙에 따라서 더 커지게 된다. 200°C(473K)의 빵 굽는 온도에서 수증기의 부피는 100°C(373K) 때보다도 1.3배(473K/373K) 더 증가하게 된다. 수증기가 반죽에서 달아나기는 하지만 탈출 전에 만드는 부피 팽창은 얇은 페이스트리 반죽이나 커다란 빈 공동을 만드는 발효 작용을 한다.

┤ 중요한 용어 ├

증기압 발효제 이상기체 법칙 기화 엔탈피 기화 엔트로피
클라우지우스 - 클라페이론 식

113

참 고 문 헌

[1] D. R. Lide, ed., *Handbook of Chemistry and Physics*, 74th ed. (Boca Raton, FL: CRC Press, 1993), 6~10.

[2] P. Atkins, *Physical Chemistry*, fifth ed. (New York: W. H. Freeman, 1994), C17.

광분해

5.20 왜 수영장 관리인은 수영장에 아침이 아니라 저녁에 염소를 넣을까?

한 수영장 관리인은 다음과 같은 지침을 만들었다.[1] "쾌적한 수영장을 원한다면 적당한 시간이 제일 중요하다. 수영장에 염소를 넣을 때는 오전에 넣지 말고 저녁에 넣어라. 그러면 약품값이 절반으로 줄 것이다." 이런 주장에 대한 수영장 화학의 근거는 무엇일까?

화학적 원리

수영장에 소독제로 넣어 주는 물질은 염소, 보통은 하이포아염소산 이온을 함유하는 물질이다. 그러나 햇빛은 하이포아염소산을 신속하게 파괴하여 소독제의 효과를 크게 감소시킨다. 따라서 소독약의 효과를 극대화하기 위해서는 저녁 시간에 넣어 주어야 한다.

화학적 구성

수영장의 염소는 일반적으로 하이포아염소산칼슘($Ca(OCl)_2$)이나 하이포아염소산나트륨($NaOCl$)의 형태로 넣어 준다. 이것들은 물에서 쉽게 이온화해서 하이포아염소산 이온(OCl^-)을 생성한다.

$$Ca(OCl)_2(aq) \rightarrow Ca^{2+}(aq) + 2OCl^-(aq)$$

$$NaOCl(aq) \rightarrow Na^+(aq) + OCl^-(aq)$$

약한 염기인 하이포아염소산 이온은 물과 반응해서 하이포아염소산($HOCl$)과 수산화 이온(OH^-)을 만들어서 수영장 물의 pH를 올려준다.

$$OCl^-(aq) + H_2O \rightarrow HOCl(aq) + OH^-(aq)$$

대신에 자외선을 흡수하면 광화학 반응이 일어날 수 있다. 즉 빛에너지가 반응을 촉발시킨다. 이 반응은 하이포아염소산을 파괴해서 염화 이온과 산소 기체를 생성하며 산소는 수영장에서 방출되어 없어진다.

115

$$OCl^- \rightarrow Cl^- + \frac{1}{2}O_2(g)$$

이 반응도 산화-환원 반응이며 산소 원자는 -2가의 산화 상태에서 0가로 산화되고, 염소 원자는 $+1$가에서 -1가 산화 상태로 환원된다. $HOCl$은 효과적인 소독제이기 때문에 수영장 주인은 하이포아염소산 이온의 분해를 통한 OCl^-의 손실을 막아야 한다. 하이포아염소산을 함유하는 소독약을 저녁 시간에 넣으면 광화학 분해에 의한 이온의 손실을 줄일 수 있다.

─┤ 중요한 용어 ├─

산화-환원   광화학 반응

참 고 문 헌

[1] "Swimming Pool Secret #6." Pool Solutions, WaterCare, Inc.,
   http://www.poolsolutions.com/tip06.html

연관된 항목

5.4 왜 과산화수소는 진한 색깔의 플라스틱 병에 보관할까?

06
산염기의 화학

6.1 pH는 무엇을 나타내는 것일까?

많은 경우에 물질이나 계의 상대적인 산성과 염기성은 매우 중요하다. 농업, 폐와 신장 기능, 수질, 식품 보존 등에서 산성도나 염기도를 정량적으로 측정해야 하는 경우가 많다. 산-염기 함량을 나타내는 데에는 pH라는 표현이 많이 사용된다. 이 용어의 기원은 무엇일까?

화학적 원리

용액에서 물질의 pH는 물질의 산성도를 정량적으로 측정한 것이다. 1880년대 말에 스웨덴의 화학자 아레니우스(Svante Arrhenius)는 산은 용액에서 수소 이온을 내놓는 물질이라고 제안하였다. 1904년에 프리덴탈(H. Friedenthal)은 산성도는 존재하는 수소 이온의 농도로 표현될 수 있다고 제안하였다. 1909년에 덴마크의 생화학자 쇠렌센(Soren P. L. Sorenson)은 《Biochemische Zeitschrift》라는 잡지에 고전적인 논문 「효소 연구 II. 효소 작용 과정에서 수소 이온의 측정과 의미」를 발표하였다.[1] 이 논문에서 그는 용액의 산성도에 관한 정량적 표현식을 도입하였다. 흥미롭게도 그가 고안한 기호는 pH가 아니라 P_H이었다. 수학적으로 말하자면 쇠렌센은 pH를 수소 이온의 농도를 10을 밑으로 하여 표현한 로그값의 음수로 정의하였다. 쇠렌센은 용액에 존재하는 수소 이온 농도의 지수승(pH)을 통해서 상대적 산성도를 쉽게 나타낼 수 있다는 것을 보여 주었다.

> 수소 이온의 농도는 수소 이온에 대한 다음 식으로 나타낼 수 있으며…… 그 인자는 10의 지수승에 대한 음의 값 형태를 가질 것이다. 나는 이것을 '수소 이온 지수'라고 명명할 것이며 이 지수값을 나타내기 위하여 P_H라는 기호를 사용할 것이다.[1]

화학적 구성

쇠렌센은 수소 이온의 농도를 10의 지수로 나타내기로 하였다. 예를 들면, 5.00×10^{-2} M 농도의 수소 이온(H^+)을 함유하는 수용액은 수학적으로 $10^{-1.30}$M H^+과 같다. 쇠렌센은 용액의 'P_H'(pH)를 10의 지수의 음의 값을 나타내기로 하였으므로 그 용액의 pH는 1.30이 된다. 다시 말해서

$$[H^+] = 10^{-pH}$$

밑을 10으로 하는 로그 표현식은 오늘날 실제로 널리 사용되고 있다. 화학반응의 평형상수는 흔히 pK라고 나타내며 $pK = -\log_{10}$(평형상수)이다. 예를 들면 식초에 존재하는 아세트산의 해리 정도는 1.8×10^{-5}의 평형상수로 나타낼 수 있다. 여기서 $pK = -\log_{10}(1.8 \times 10^{-5}) = 4.74$가 된다.

| 중요한 용어 |

pH   로그   산성도   농도

참 고 문 헌

[1] "Classic Papers in Chemistry" : S. P. L. Sorenson, "Enzyme Studies II. The Measurement and Meaning of Hydrogen Ion Concentration in Enzymatic Processes." Biochemische Zeitschrift **21**, (1909) 131∼200, http://dbhs.wvusd.kl2.ca.us/Chem History/Sorenson article.html

6.2 안 보이는 잉크는 어떻게 안 보이는 것일까?

보통 잉크처럼 보이는 잉크로 쓴 글씨가 눈앞에서 사라지는 것을 본 사람이 있을 것이다. 왜 화학자들은 마술사들의 계략 중 하나인 사라지는 잉크나 안 보이는 잉크에 속지 않을까?

화학적 원리

119

수업 시간에 시범을 보이거나 놀라게 하는 물건으로서 안 보이는 잉크는 매력적인 물질이다. 이 작용의 비밀은 무엇일까? 안 보이는 잉크의 한 가지 조성은 용액의 산-염기성에 따라서 색이 변화하는 보통의 산-염기 지시약이다. 그런 지시약 중 하나가 산성에서는 거의 무색이고 염기성에서는 파란색으로 변하는 티몰프탈레인이다. 지시약을 수산화나트륨이 들어 있는 염기성에서 사용하면 잉크의 파란색이 보일 것이다. 잉크의 색은 어떻게 사라질까? 그것은 잉크가 공기와 접촉하는 것과 관련이 있다. 시간이 지남에 따라서 공기의 이산화탄소가 잉크의 수산화나트륨과 결합하여 염기성이 더 약한 탄산나트륨을 생성한다. 또 이산화탄소는 잉크의 물과 결합하여 탄산을 형성한다. 지시약 용액은 산이 생성됨에 따라서 이것과 반응하여 무색의 산성형으로 돌아간다. 잉크가 마른 자리에는 흰 찌꺼기(탄산나트륨)가 남게 된다.

화학적 구성

티몰프탈레인(2′,2″-디메틸-5′,5″-디이소프로필페놀프탈레인, 그림 6.2.1)은 산-염기 지시약으로서 산성형은 무색이고 염기성형은 진한

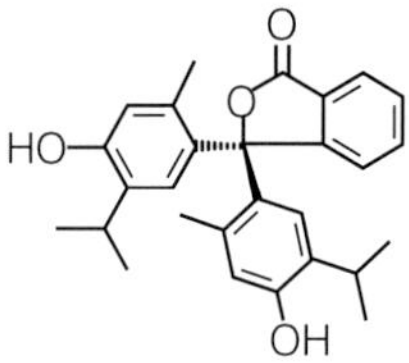

그림 6.2.1 티몰프탈레인(thymolphthalein, 2′, 2″-디메틸-5′, 5″-디이소프로필 페놀프탈레인)의 분자 구조. 산성형에서는 무색이고 염기성형에서는 진한 파란색을 나타내는 산-염기 지시약이다.

파란색이다. 지시약의 산성형과 염기성형 사이의 평형은 다음과 같이 나타낼 수 있다.

$$\text{HIn(무색)} \rightleftharpoons \text{H}^+ + \text{In}^- \text{(진한 파란색)}$$

지시약의 산성형(HIn)은 각 히드록시기에 수소가 붙어 있으며 이 지시약의 짝염기(In$^-$)에는 히드록시기가 이온화되어($-$O$^-$) 있다. 산의 이온화에 대한 pK_a 값은 9.9이고 그 $K_a = 10^{-9.9} = 1.3 \times 10^{-10}$이다.[1] 눈에 띄는 색변화는 지시약 수용액의 pH가 9.4~10.6 사이에서 일어난다.

안 보이는 잉크는 먼저 고체 티몰프탈레인을 에탄올에 녹인 다음 여기에 물을 넣고 수산화나트륨 용액으로 pH를 조절하여 만들 수 있다.[2] 지시약의 염기성형인 진한 파란색은 쉽게 나타난다. 잉크로 종이에 글씨를 쓰면 공기 중의 이산화탄소와 접촉하는 면적이 증가한다. 이때 두 가지 화학반응이 일어난다. 한 가지는 이산화탄소와

수산화나트륨이 반응하여 탄산나트륨이라는 염을 생성하는 반응이다.

$$2\,NaOH(aq) + CO_2(aq) \longrightarrow Na_2CO_3(s) + H_2O\,(l)$$

또 한 가지는 이산화탄소와 물이 반응하여 탄산을 형성하는 반응이다.

$$CO_2(aq) + H_2O(l) \rightleftarrows H_2CO_3(aq)$$

탄산의 부분적인 이온화는 수소 이온, H^+를 생성하여 지시약 평형을 약산성 쪽으로 유도한다. 그러면 용액은 무색이 된다. 잉크의 물이 증발함에 따라서 탄산나트륨의 흰색 찌꺼기가 남는다.

| 중요한 용어 |

산-염기 지시약　　짝염기　　이온화

참고문헌

[1] "Properties of Aqueous Acid Base Indicators at 25° C." Chemical Sciences Data Tables, James A. Plambeck, 1996,
http://www.compusmart.ab.ca/plambeck/ che/data/p00433.htm

[2] "Thirty Demos in Fifty Minutes." Courtney W. Willis, Physics Department, University of Northern Colorado, and Meg Chaloupka, Windsor High School,
http://physics.unco.edu/sced441/demos96.html

6.3 우윳빛 전구는 어떻게 만들까?

1925년에 도시바사의 후와(Kyozo Fuwa)가 최초로 우윳빛 유리 전구를 발명하였다. 이것은 전구를 혁신시킨 5대 발명 중 하나다.[1] 우윳빛 전구에서 생기는 부드러운 빛은 전구의 안쪽 표면에 화학반응을 일으켜서 만든 것이다.

화학적 원리

우윳빛 전구의 안쪽은 플루오르화수소산(HF)으로 에칭되어 있다. 유리와 산 사이의 화학반응에서 생기는 흰 물질이 유리의 안쪽 표면을 덮고 있다. 우윳빛 전구는 노출된 필라멘트의 불빛보다 더 흐린 빛을 쓰기 위하여 1925년에 만들어졌다.[1] 에칭된 유리에 장식 디자인을 새기는 것도 플루오르화수소산의 부식 효과를 이용한다. 유리에 파라핀이나 왁스로 코팅을 한 다음 금속 바늘로 긁어낸다. 그 다음 유리를 플루오르화수소산 수용액에 담그면 벗겨진 부분의 디자인만 에칭이 된다.

화학적 구성

플루오르화수소산은 다음과 같이 유리와 반응한다.

$$SiO_2(s) + 6HF(aq) \longrightarrow H_2SiF_6(aq) + 2H_2O(l)$$

(H-F의 강력한 결합 때문에 플루오르화수소산은 약한산이며 그 해리상수 K_a는 6.8×10^{-4}이다. 다른 할로겐산인 HCl, HBr, HI는 물에서 완전히 해리하는 센산이다.) 생성된 플루오르화규산(H_2SiF_6)은 수용성 물질로서 그 구조는 그림 6.3.1과 같다.

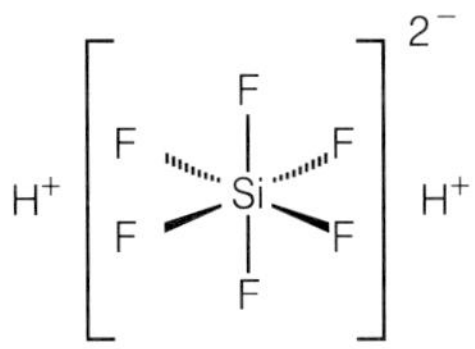

그림 6.3.1 플루오르화수소산(HF)이 유리판에 작용하여 생성된 플루오르화규산의
분자 구조.

잘 알려진 대로 유리는 확장된 3차원 원자 그물망 형태로서 결정
성 물질의 질서를 가진 배열이나 장거리 주기성이 부족하다. 유리의
비결정성에도 불구하고 분명한 화학적 조성을 나타낼 수 있다. 상업
적으로 중요한 유리는 대부분 그물망 구조 단위가 정사면체의 SiO_4
를 가지는 실리카 유리이다. 그물망을 형성하는 Si^{4+} 규소 이온은 4개
의 산소 원자와 결합하고 있다. 이런 산소 원자는 유리의 산화물 함
량에 따라서 두 부류로 나눌 수 있다. 다리걸친 산소 원자는 두 개의
SiO_4 정사면체를 연결하며 다리 걸치지 않은 산소 원자는 나트륨 이
온 같은 '그물망 변형' 양이온들과 결합되어 있다. 실리카 유리(창유
리)는 100% 다리걸친 산소 원자를 함유하고 있다. 다양한 그물망 변
형 양이온들은 소다-석회 유리(O−Na, O−Ca, O−Al, O−Mg 결
합), 소다-붕소실리카 유리(O−Na, O−Al, O−B 결합), 알루미노실리
카 유리(산소와 Na, Ca, Al, Mg, B의 결합이 가능)에 존재한다. 밀도,
점성, 화학적 내구성, 전기 저항성 같은 유리의 많은 성질들은 구조
의 '연결성'과 그물망 변형 이온들의 성질과 관련이 있다.[2] 특히 유
리의 화학적 내구성은 표면의 실리카 함량을 높이면 커진다. 유리의
정상적인 마모는 유리의 알칼리 이온들이 물이나 공기의 습기에 존
재하는 히드로늄 이온으로 교환되는 이온-교환 과정을 통해 일어난

다. 교환된 알칼리 이온이 공기 중의 이산화탄소나 물과 반응하면 흰색의 알칼리 탄산염이나 알칼리 탄산수소염이 침전된다. 플루오르화수소산(또는 과염소산, 인산 및 부식성 알칼리)이 실리카 유리의 표면을 공격하면 전체 실리카 그물망이 녹을 수도 있다. 유리의 화학적 내구성은 열처리(알칼리 이온을 기화하여 제거)를 하거나 표면에 고분자를 코팅해서 변형시킬 수 있다.

┤ 중요한 용어 ├

약산

참 고 문 헌

[1] "Thomas Edison 1997 Main Exhibition: Filament & Incandescent Electric Light." Tepia,
http://www.tepia.or.jp/main/filainfe.htm

[2] "The Structure of Glasses." Research Group Solid State Spectroscopy and Magnetochemistry in Material Science, Technische Universitt Graz, Institut fur Physikalische and Theoretische Chemie,
http://www.cis.TUGraz.at/ptc/specmag/struct/sintro.htm

연관된 항목

3.5 왜 마그네시아 유제는 제산제일까?

9.1 제산제 알약을 물에 넣으면 '치' 소리가 나는 이유는 무엇일까?

9.4 왜 수국은 건조한 지역에서 자라면 분홍색이 되고 습한 지역에서 자라면 푸른색이 될까?

13.13 왜 우리는 싱싱한 생선을 고를 때 냄새를 맡아 볼까?

07

분자간 힘의 화학

7.1 왜 전신 마취제에는 기체를 사용할까?

많은 외과 치료에는 신속하고 안전하며 조절이 잘되는 기체 마취 제를 산소와 혼합하여 사용한다. 이런 약품은 여러 가지 상태의 의식, 근육 이완, 감각 자극을 얻는 데 사용된다. 이상적인 마취제의 성질 중 하나는 기체나 쉽게 기화할 수 있는 흡입제를 사용하여 이런 감각 상태를 빠르게 유도하는 것이다. 마취제의 화학 구조는 그 물리적 상태를 결정한다.

화학적 원리

일반적으로 마취제는 뇌의 감각 반응을 억제하기 위하여 주입되는 약품이다. 마취 기체의 효과는 그것이 직접 혈액에 녹아서 뇌로 순환되는 것에 달려 있다. 따라서 액체에 녹는, 특히 혈액과 같은 수용액에 녹는 기체의 능력은 마취제에서는 중요한 기능이다. 약품들은 어떻게 뇌의 신경 조직에 도달할 수 있을까? 흡입된 기체와 폐 조직 사이의 평형이 먼저 일어나서 폐 안의 폐포 벽을 통해서 약품이 동맥으로 들어간다. 그 후 약품은 뇌를 비롯한 신체의 모든 조직을 순환한다. 이어서 일어나는 혈액과 뇌 조직 사이의 마취제의 평형이 환자의 무감각 수준을 결정한다.

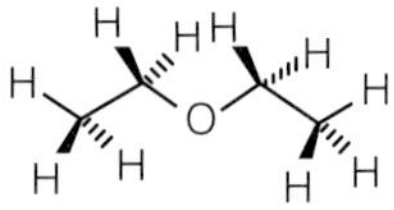

그림 7.1.1 에테르(디에틸에테르)의 분자 구조.

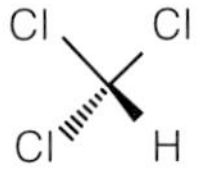

그림 7.1.2 클로로포름의 분자 구조.

화학적 구성

일반적 마취제 몇 가지를 예로 들면 에테르(디에틸에테르, 그림 7.1.1), 클로로포름(그림 7.1.2), 산화아질산(그림 7.1.3), 케타민염산(그림 7.1.4), 클로로에탄(그림 7.1.5)과 같은 할로겐화된 탄화수소, 트리클로로에틸렌(트릴렌, 그림 7.1.6), 할로탄(플루오탄, 2-브로모-2-클로로-1,1,1-트리플루오로에탄, 그림 7.1.7), 메톡시플루란(펜트란, 메토판, 그림 7.1.8), 엔플루란(엔트란, 2-클로로-1,1,2-트리플루오로에틸디플루오로메틸에테르, 그림 7.1.9), 이소플루란(포란, 애란, 1-클로로-2,2,2-트리플루오로에틸플루오로메틸에테르, 그림 7.1.10), 세보플루란(울탄, 1,1,1,2,2,2-헥사플루오로에틸플루오로메틸에테르, 그림 7.1.11), 데스플루란(수프란, 1,2,2,2-테트라플루오로에틸디플루오로메틸에테르, 그림 7.1.12)이 있다.[1] 산화아질산을 제외하고는 이런 물질은 모두 실온에서 액체다. 마취제는 흡입되면서 기화되어야 하기 때문에 보통 산소

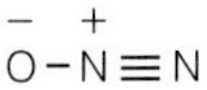

그림 7.1.3 산화아질산의 분자 구조.

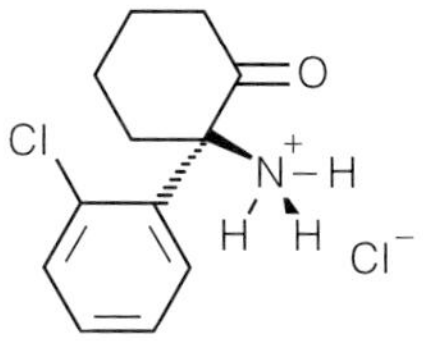

그림 7.1.4 케타민염산의 분자 구조.

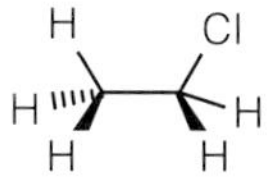

그림 7.1.5 클로로에탄의 분자 구조.

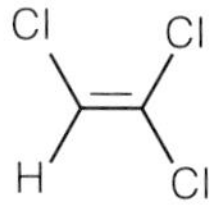

그림 7.1.6 트리클로로에틸렌(트릴렌)의 분자 구조.

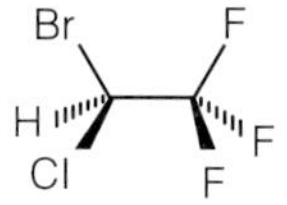

127

그림 7.1.7 할로탄(플루오탄, 2-브로모-2-클로로-1,1,1-트리플루오로에탄)의 분자 구조.

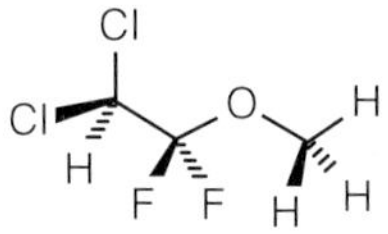

그림 7.1.8 메톡시플루란(펜트란, 메토판)의 분자 구조.

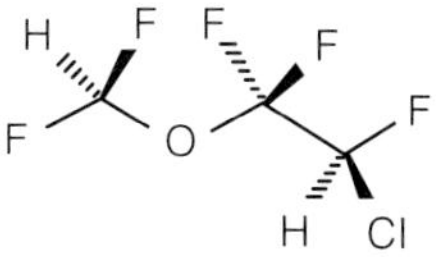

그림 7.1.9 엔플루란(엔트란, 2-클로로-1,1,2-트리플루오로에틸디플루오로메틸에테르)의 분자 구조.

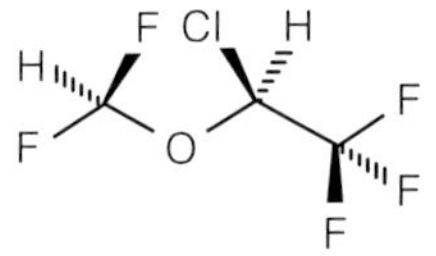

그림 7.1.10 이소플루란(포란, 애란, 1-클로로-2,2,2-트리플루오로에틸플루오로
메틸에테르)의 분자 구조.

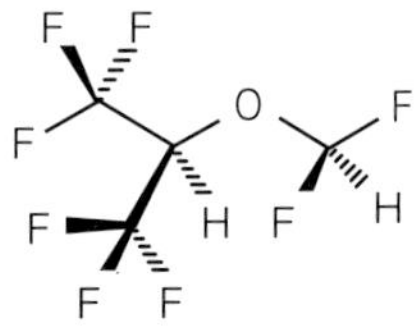

그림 7.1.11 세보플루란(울탄, 1,1,1,2,2,2-헥사플루오로에틸플루오로메틸에테르)
의 분자 구조.

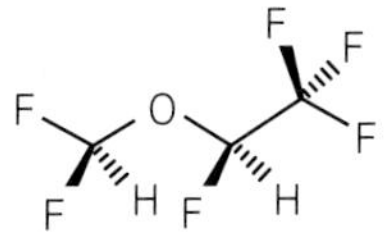

그림 7.1.12 데스플루란(수프란, 1,2,2,2-테트라플루오로에틸디플루오로메틸에테
르)의 분자 구조.

기체와 함께 흡입된다.

위에 열거한 마취제들은 실온에서 액체임에도 불구하고 비교적
휘발성이 큰 특성을 가진다. 분자간 힘(분자들 사이의 인력)이 액체가
기체로 전환되는 것을 결정해 준다. 일반적으로 극성인 이런 화합물
에서는 약한 쌍극자-쌍극자 상호 작용이 우세하다. 산소, 질소, 플루
오르 같은 전기음성도가 큰 원자들에는 수소 원자가 전혀 없기 때문
에 분자들 사이에 수소결합이 전혀 생기지 않는다. 따라서 마취제를
액체에서 기체로 바꾸기 위해서는 약한 분자간 힘만 극복하면 된다.

이런 물질들의 기화가 쉽다는 것은 끓는점이 낮은 것에서도 분명히 알 수 있다. 예를 들어 에테르는 정상 끓는점이 $35°C$이며, 이소플루란은 $48.5°C$, 할로탄은 $50°C$, 트리클로로에틸렌은 $87°C$이다. 높은 휘발성은 실온 근처에서 증기압이 높은 것에서도 나타난다. 예를 들면 $20°C$에서 세보플루란은 $157\,mmHg$의 증기압을,[2] 엔플루란은 $175\,mmHg$,[3] 이소플루란은 $238\,mmHg$,[3] 데스플루란은 $669\,mmHg$의 증기압을 갖는다.[4] 반면에 물의 증기압은 $25°C$에서 $23.8\,mmHg$에 불과하다.

마취제의 능력은 뇌에서의 마취제의 부분 압력과 관련되어 있다. 신경 조직에서 마취제의 농도를 결정하는 두 가지 중요한 인자는 (1) 폐포에서 뇌까지의 압력의 기울기(즉 흡입된 기체→ 폐포→ 혈액→ 뇌), (2) 중추신경계의 혈액- 뇌 장벽을 통과하기 위한 약품의 지방 용해도다.

신체 전체에 걸친 마취제의 분포는 평형화 과정으로 생각할 수 있으며(그림 7.1.13), 혈액의 흐름이 빠른 조직은 근육이나 지방보다 더 빠르게 평형에 도달한다.[4] 그러나 혈액에 과도하게 녹은 마취제는 뇌나 다른 조직으로 분배되지 않는다. 산화아질산과 에테르의 마취

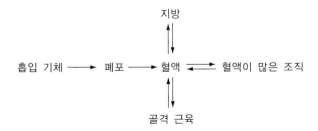

그림 7.1.13 총체적 평형 과정에 의해 전신에 퍼지는 마취제의 작용.

성질은 1840년대부터 알려졌다. 제네카제약은 1957년에 최초로 현
대적인 마취제인 플루오탄을 도입하였다.[5] 이어서 1960년에 메톡시
플루오란이, 1973년에 엔플루란이, 1981년에 이소플루란이, 1992
년에 아나퀘스트제약에 의해서 데스플루란이, 1995년에 애보트제
약에 의해서 세보플루란이 도입되었다.[6]

┤ 중요한 용어 ├
> 증기압 평형 기화 끓는점 휘발성 분자간 힘

참 고 문 헌

[1] "Chemistry of General Anesthetics." PHA 422 Neurology Pharmacotherapeutics
-Medicinal Chemistry Tutorial, Patrick M. Woster, Ph.D., Department of
Pharmaceutical Sciences, College of Pharmacy and Allied Health Professions,
Wayne State University,
http://wizard.pharm.wayne.edu/medchem/ ganest.html

[2] "New Anesthetic Requires New Vaporizers for Safety." William Clayton Petty,
M.D., Department of Anesthesiology, Uniformed Services University of the
Health Sciences, Bethesda, MD,
http://gasnet.med.yale.edu/apsf/ newsletter/1996/winter/apsf
new_anes.html

[3] "Anesthetic Vapor Pressure Information." Scott Medical Products,
http://www.scottgas.com/medical/anestech.html

[4] "Veterinary Anesthesia: Inhalation Anesthesia." Western College of Veterinary
Medicine, University of Saskatchewan,
http://www.usask.ca/wcvm/anes/ anesman/anes07.htm

[5] "Fluothane Anaesthetic." Zeneca Pharmaceuticals South Africa,
http://home.intekom.com/pharm/zeneca/fluothan.html

[6] "Ultane (sevoflurane)." Abbott Laboratories OnLine,
http://www.abbotthosp.com/PROD/anes/UltanePI.PDF

7.2 왜 물을 마셔도 고추의 매운 맛은 없어지지 않을까?

고추의 매운 맛을 없애기 위해서 물을 마시는 것은 별로 도움이
되지 않는다. 더 좋은 방법을 화학에서 찾을 수 있다.

화학적 원리

왜 물을 마시면 어떤 경우에는 매운 맛이 없어지는데 어떤 경우에
는 매운 맛(예:고추)이 사라지지 않을까? 물이 매운 맛을 없애 주는
것은 매운 맛을 나타내는 물질을 묽게 해서 그 효과를 감소시키기
때문이다. 더 묽은 용액을 만들기 위해서는 물이 자극성 성분을 녹
일 수 있어야 한다. 일반적 법칙인 '같은 것끼리 서로 녹인다' 라는
말이 중요한 열쇠가 된다. 어떤 두 물질이 있을 때 그것들의 구조가
비슷할수록 그것들 사이의 분자간 힘도 더 비슷하다. 즉 분자 수준
에서의 인력이 더 비슷하다. 강한 분자간 힘은 용해도를 높여 준다.
물은 그것이 녹일 수 있는 자극성 성분의 효과를 없애 준다.

물에 쉽게 녹을 수 있는 물질들은 물 분자 사이의 분자간 힘과 비
슷한 분자간 힘을 갖는다. 다시 말해서 물에 녹는 화합물은 극성 물
질이며 흔히 물과 수소결합을 할 수 있다. 여러분은 경험을 통해 물
에 녹는 물질과 녹지 않는 물질을 잘 알고 있을 것이다. 예를 들면
소금(이온성 염화나트륨)은 물에 잘 녹지만 버터나 마가린 같은 기
름은 온도를 높여 주어야만 약간 녹는다. 대부분의 '매운' 양념은
일반적으로 물에 조금 녹는 무극성 물질이다. 예를 들면 물에 조금
밖에 녹지 않는 분자 구조를 가진 양념에는 진저론(생강의 성분), 피
페린(후추의 성분), 캡사이신(고추와 파프리카의 매운 성분) 등이 있다.

이런 양념의 화학 구조는 물이나 다른 수용액에는 거의 녹지 않

만 알코올, 기름, 지방 같은 유기 용매에는 잘 녹는다. 찬물을 마시면 입의 통점 신경 말단에 작용하는 이런 성분들에 의한 매운 맛을 일시적으로 줄일 수 있다. 그러나 생강이나 후추의 매운 맛은 산패유 같은 지방을 함유한 음료나 알코올을 함유한 음료를 마시면 훨씬 쉽게 없어진다.

화학적 구성

고추의 매운 성분은 캡사이시노이드라는 부류의 물질이다. 이 부류 중에서 가장 자극적이고 흔한 물질이 캡사이신(그림 7.2.1, N-[(4-히드록시-3-메톡시페닐)-메틸]-8-메틸-6-노넨아미드)이다. 이 부류에는 디히드로캡사이신(그림 7.2.2), 노디히드로캡사이신($(CH_2)_6$ 대신에 $(CH_2)_5$가 연결되어 있는 디히드로캡사이신), 호모캡사이신($(CH_2)_4$ 대신에 $(CH_2)_5$가 연결되어 있는 캡사이신), 호모디히드로캡사이신($(CH_2)_6$ 대신에 $(CH_2)_7$이 연결되어 있는 디히드로캡사이신)이 있다. 캡사이시노이드의 함량은 고추마다 다르다. 피망에는 캡사이신과 디히드로캡사이신이 약 1:1로 존재하며, 타바스코 고추에는 그 비가 2:1로 존재한다.

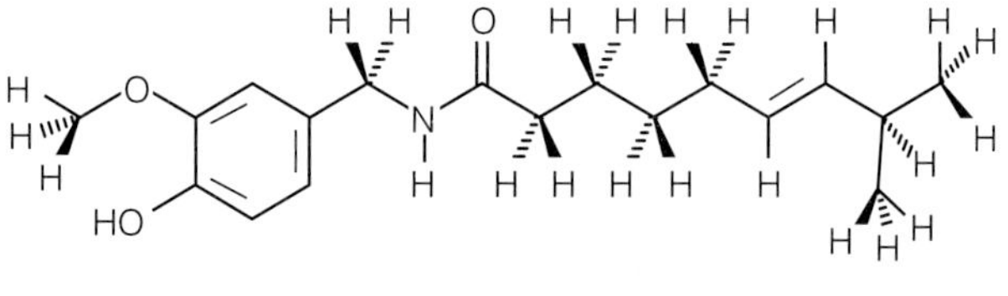

그림 7.2.1 캡사이신(N-[(4-히드록시-3-메톡시페닐)-메틸]-8-메틸-6-노넨아미드)의 분자 구조.

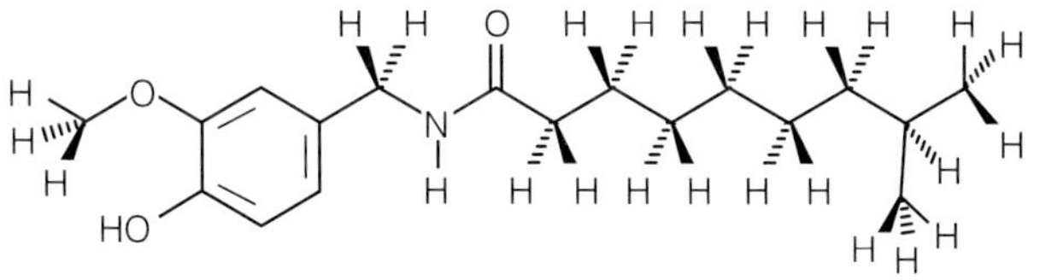

그림 7.2.2 디히드로캡사이신의 분자 구조.

┤중요한 용어├

용해도 수소결합

7.3 왜 탄산음료의 기포는 구형일까?

탄산음료를 담은 유리컵에서 기포가 올라오는 것을 상상해 보자. 기포는 어떤 모양일까? 주저하지 않고 구형이라고 답할 것이다. 달걀형이나 사각형 기포가 생기지 않는 화학적 원리는 무엇일까?

화학적 원리

탄산음료의 기포는 주로 병에 넣기 전에 탄산화 과정을 통해서 첨가된 이산화탄소 때문에 생긴다. 기체 방울은 액체, 즉 주로 물로 둘러싸여 있다. 물은 기체 방울의 모양을 결정해 준다. 에너지 관점에서 물 분자는 다른 물 분자들과 상호 작용하는 것을 좋아하며 이산화탄소와는 상호 작용하려고 하지 않는다. 액체 물과 기체 이산화탄소의 화학적 구조와 성질은 이 구별되는 물질들 사이에 서로 좋아하지 않는 관계를 만든다. 물이 기체와 작용하는 상호 작용의 양을 최소화하기 위해서 구형 기포가 생성된다. 왜 그럴까? 일정한 부피에서 최소의 표면적을 가지는 모양은 구다. 기체 방울의 모양을 구형으로 만들면 기체를 둘러싸는 물 분자가 기체와 상호 작용해야 하는 표면적이 최소화된다. 이런 방법으로 기체 방울을 둘러싸는 물 분자의 수는 최소화되며 다른 물 분자와 가까이 접근하는 물 분자의 수는 최대화된다.

화학적 구성

기포의 구형은 액체 탄산음료(주로 물)의 표면장력 때문에 생긴다. 액체의 표면장력은 표면적을 증가시키려는 것에 대한 저항력이다. 비교적 강한 분자간 힘을 갖는 액체는 비교적 큰 표면장력을 갖는 경향이 있다. 즉 자신들의 표면적을 증가시키는 것에 저항한다. 왜 물 분자 사이의 커다란 분자간 힘이 갇혀 있는 기체 방울의 모양을 구형으로 만들까? 탄산음료에서 기포로부터 멀리 떨어져 있는 물 분자는 자신을 둘러싸고 있는 다른 물 분자들과 분자간 인력을 나타낼 수 있다. 반면에 기체 방울 표면에 있는 물 분자는 서로 인력을 나타낼 수 있는 이웃하는 액체 물 분자 수가 더 적다. 물 분자들은 강한 분자간 힘(수소결합)을 가지고 있기 때문에 물 분자가 기체 방울에 위치하기 위해서는 다른 물 분자와의 분자간 힘을 극복해야 한다. 이때 약간의 에너지가 필요하다. 일정한 부피에서 구는 다른 모양보다도 가장 작은 표면적을 갖는다. 따라서 주위의 물 분자가 기체 방울을 구형으로 '둘러쌀' 때 방울을 만드는 데 사용되는 에너지가 최소가 된다. 물보다 더 약한 표면장력을 갖는 액체에서 생성되는 기포는 흔히 구형이 아닌 모양을 가진다. 물의 표면장력을 낮추기 위하여 계면활성제를 첨가한 비눗물에서는 변형된 구형의 기포가 형성된다.

7.4 가구 광택제는 어떻게 먼지를 달라붙지 않게 할까?

"먼지차단제가 실제로 먼지를 격퇴함" "세척, 먼지 털기, 광내기를 몇 초 안에 완성" 이런 여러 가지 가구 광택제의 선전을 들어보았을 것이다. 먼지 털기에는 실제로 화학적 원리가 있을까?

화학적 원리

가구 광택제는 목재 표면의 먼지를 제거하고, 세척하고, 광택을 내고, 보호 작용을 한다고 선전한다. 광택제를 조성하는 성분들은 이런 유익한 성질들을 제공해 준다. 특히 먼지 반발제로 작용하기 위해서 광택제는 정전기 방지 성분인 탄화수소를 함유하고 있다. 탄화수소는 정전기를 발생시키지 않으며 따라서 먼지가 달라붙지 않는다. 실리콘 오일과[1,2] 레몬 오일이 대표적인 정전기 방지 성분이다.

먼지 입자들은 전하를 띠고 있으며 전하를 띠는 모든 표면에 달라붙는다. 표면에 전하가 생기는 데에는 두 가지 중요한 방법이 있다. 마찰은 표면에 정전기를 축적시키며 따라서 마찰력을 받은 표면에는 먼지가 쌓이기 쉽다. 또 전기 기구에 흐르는 직접적인 전류도 전기 기구에 전하를 띠게 만들어서 먼지를 끌어 모으기 쉽다. 따라서 정전기 방지 광택제를 사용하면 표면의 정전기가 감소될 것이다. 왜 가구 제조업자들이 광택제를 사용하지 않고 마른 걸레로 먼지를 닦아내는 것을 좋아하지 않는지 생각해 본 적이 있는가? 아마도 그러면 일시적으로는 먼지층이 제거될지 몰라도 미세한 긁힘을 만들고 심지어 표면의 정전기 수준을 증가시킬 수 있기 때문이다.

화학적 구성

두 면 사이의 마찰력 결과로서 정전하가 발생되면 어떤 일이 일어날까? 전자가 한 면에서 다른 면으로 이동하면서 전하 분리가 일어난다. 전자가 잃은 표면은 양으로 하전되며, 전자를 얻은 표면은 전체적으로 음으로 하전된다. 탄화수소는 무극성과 낮은 분극성(전하 분포를 변형시킬 수 있는 전기장의 쉬운 정도)을 갖기 때문에 약한 분자간 힘(분산력)을 나타낸다. 탄화수소에 기반을 둔 실리콘 오일이나 레몬 오일 같은 정전기 방지제 성분은 마찰에 의해서 유발되는 전하의 생성을 막아준다.

많은 성분들의 혼합물인 실리콘 오일의 다른 이름은 실리콘, 실록산, 폴리디메틸실록산이다. 실제로 실록산은 실리콘과 산소 원자들이 교대로 늘어선 골격을 갖는 다양한 공업용 고분자들이다. 흔히 메틸기($-CH_3$)와 페닐기($-C_6H_5$) 같은 유기 치환기들이 4가의 규소 원자에 결합되어 있다. 가장 흔한 실록산 고분자인 폴리디메틸실록산의 반복 단위 구조가 그림 7.4.1에 나타나 있다. 레몬 오일에는 그림 7.4.2에 나타낸 것과 같은 리모넨(메틸-4-이소프로페닐-1-시클로헥센)이 들어 있다.

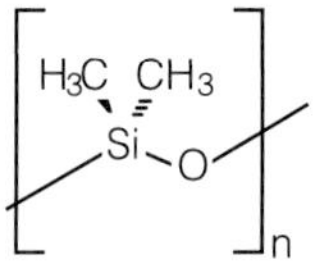

$$\left[\begin{array}{c} H_3C \quad CH_3 \\ Si \\ O \end{array}\right]_n$$

그림 7.4.1 가장 흔한 실록산 고분자인 폴리디메틸실록산의 반복 단위.

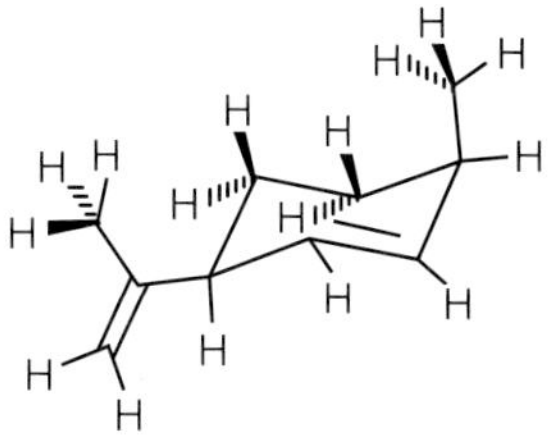

그림 7.4.2 레몬유의 흔한 성분인 리모넨(메틸-4-이소프로페닐-1-시클로헥센).

┤ 중요한 용어 ├

분산력   무극성   분극성   정전기

참고문헌

[1] "S C Johnson Wax—Pledge—Wax, Spray, Refinish, Aerosol, Material Safety Data Sheet."
   http://www.biosci.ohio state.edu/~jsmith/MSDS/PLEDGE.htm
[2] "Boyle-Midway—Old English Lemon Cream Furniture Polish, 1865, Material Safety Data Sheet."
   http://www.biosci.ohio-state.edu/~jsmith/MSDS/OLD%20ENGLISH %20LEMON%20CREAM%2OFURNITURE%20 POLISH.htm

7.5 자동차 유리 코팅제는 어떻게 폭우 속에서도 앞이 잘 보이게 해 줄까?

"빗방울을 분산시켜서 유리를 맑고 깨끗하게 해드립니다. 더 잘 보입니다. 더 안전하게 운전할 수 있습니다. 와이퍼가 있어도 좋고 없어도 좋습니다."

   – 아쿠아펠 유리 처리제 : 빗물 반발제, 웹사이트에서 복사

자동차 유리를 맑게 유지해 준다는 제품은 어떻게 작용하는 것일까? 이 상품의 가장 중요한 구성 성분의 화학 구조식이 폭우에도 깨

꿋하게 볼 수 있게 해 준다.

화학적 원리

자동차와 비행기에서는 비, 진눈깨비, 눈 같은 것을 처리하고 성에, 얼음, 염, 진흙, 벌레, 기름, 도로 먼지가 쌓이지 않게 하며, 번쩍임을 감소시키기 위하여 여러 가지 유리 처리제가 사용된다. 이런 유리 코팅은 내구성이 크지만 영구적은 아니며 다시 코팅을 해야 한다. 이런 빗물 반발제 물질은 유리와는 강하게 상호 작용을 하지만 빗방울은 쉽게 털어버리는 소수성 물질을 함유하고 있다.

화학적 구성

유리창 코팅제 생산업자들은 친수성 물질이 물과 상호 작용을 잘할 수 있는 화학 구조를 가지고 있다는 점을 이용한다. 물과 수소결합을 하거나 쌍극자-쌍극자 상호 작용을 하거나 이온-쌍극자 상호 작용을 할 수 있는 물질은 전형적인 친수성 물질이다. 반대로 소수성 물질은 물과 약한 반데르발스 상호 작용만을 하는 전형적인 무극성 분자이다.

크게 두 종류의 소수성 화학 물질이 유리창 표면이 젖는 것을 방지하는 초미세막을 만드는 데 이용된다. 실록산(폴리실록산, 실리콘)은 규소와 산소 원자가 교대로 늘어선 골격을 가진 고분자이다. 이런 거대 분자는 화학적으로 매우 반응성이 작으며 물에 대한 저항성을 나타내고 고온과 저온에서도 안정성을 나타낸다. 가장 흔한 실록산 고분자는 폴리디메틸실록산으로서 그림 7.5.1에 나타낸 단위체로 구성되어 있다. OH기로 끝나는 폴리디메틸실록산(HO[$-Si(CH_3)_2O-]_n$H)은 레인-X라고 하는 조성물의 성분 중 하나다.[1]

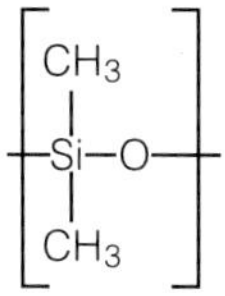

그림 7.5.1 가장 흔한 실록산 고분자인 폴리디메틸실록산의 단위체.

클로로플루오로알칸이라는 할로겐화 탄화수소는 빗물 반발제 코
팅을 구성하는 두 번째 종류다. 특히 CFC-113이라고도 하는 1,1,2-
트리클로로-1,2,2-트리플루오로에탄(그림 7.5.2)이라는 물질은 유리
제거제의 중요한 성분이다.[2] 다른 독점적인 플루오르화물이 고성능
유리 처리제를 생산하는 특허 기술에 사용되고 있다.[3]

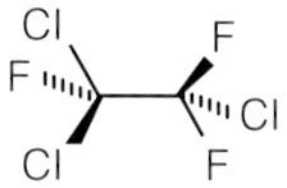

139

그림 7.5.2 1,1,2-트리클로로-1,2,2-트리플루오로에탄(CFC-113).

┤ 중요한 용어 ├
소수성   친수성   실록산   클로로플루오로알칸

참 고 문 헌

[1] Permatex Silicone Windshield & Glass Sealer Material Safety Data Sheet,
Permatex Industrial Corporation,
http://hazard.com/msds/mf/perm/ files/81730.TXT

[2] "Potential Rainboe Toxicity in Commercial Aircraft Cockpits." Victoria Voge,
MD, MPH, Gonzales, Tex ; and Lance Schaeffer, JD,
http://www.sma.org/smj/96aboccp. htm

[3] "Aquapel Glass Treatment News: Research Highlights Improved Safety Potential of Hydrophobic Windshield Coatings." PPG Industries, Inc., http://www.aquapel.com/

7.6 방수 직물은 어떻게 만들까?

험악한 날씨나 옥외 활동에서 보호 작용을 해 주는 물이 스며들지 않는 방수성을 갖는 직물을 설계하는 데는 물의 물리적 성질과 화학적 성질을 이해하는 것이 필요하다. 폭풍우 속을 항해하거나 소나기 속에서 하이킹을 하거나 젖은 자리에 앉을 때에도 화학이 여러분을 뽀송뽀송하게 해 줄 수 있다.

화학적 원리

방수 직물을 만들 때에는 물에 대한 저항성을 갖도록 직물의 표면에 여러 가지 마감재를 사용한다. 물을 튕기는 마감재는 직물과 화학적으로 작용해서 막이나 코팅을 형성하는 동시에 물과 상호 작용해서는 안 된다. 왁스 코팅, 실리콘, 스카치가드는 직물 공업에서 사용되는 몇 가지 화학적 마감재다(실제로 폴리에스테르, 나일론, 면, 레이온, 폴리프로필렌, 모, 혼성섬유를 비롯한 여러 가지 섬유들의 성능을 최적화하기 위하여 30가지 이상의 조성식을 가지는 100가지 이상의 스카치가드 제품이 나와 있다.).[1] 듀폰은 비단을 비롯한 여러 섬유에 물 얼룩을 방지하기 위하여 테플론 섬유 보호제를 도입하였다. 물을 튕기는 대부분의 마감재는 표면 처리를 하지만 일부 보호 고분자는 섬유에 침투해 들어가서 직물 전체의 모든 섬유를 둘러쌀 수도 있다. 그러한 고분자로 처리하면 물에 대한 저항성이 커진다.

최근에 직물 공업에서는 마감재 때문이 아니라 섬유 자체의 구조 때문에 물에 반발하는 직물을 설계하는 방법이 발달하였다. 고어텍스(GORE-TEX) 직물은 테플론 막(실제로는 특허를 받은 고어텍스 막)을 나일론이나 폴리에스테르 같은 기존의 합성섬유에 결합시키거나 적층판을 만들어서 생긴 방수물질로 되어 있다. 막의 구멍은 매우 작아서 1제곱 인치에 90억 개의 구멍이 존재한다. 특히 각 구멍은 물방울보다 2만 배나 더 작지만 물 분자보다는 700배나 더 크다.[2] 따라서 물방울은 구멍을 통과하기에는 너무 크다. 물의 표면장력(액체 상태의 물 분자들 사이의 강한 상호 작용 때문에 생기는 액체의 성질) 때문에 물방울은 그대로 유지되고 따라서 구멍을 통과할 수 있는 작은 방울로 나뉘지 않는다. 반면에 피부의 호흡에 의해 생기는 수증기는 기체이기 때문에 구멍을 통과할 수 있다. 수증기는 기체여서 물방울로 모이지 않는다.

화학적 구성

물에 반발하는 마감재를 직물에 사용하려면 실제로는 물질과 마감재 사이에 화학반응이 일어나는 것이 필요하다. 면과 같이 셀룰로오스에 기반을 둔 섬유들은 섬유로 짠 직물의 표면에 히드록시기(−OH)를 가지고 있다. 그림 7.6.1에 나타낸 셀룰로오스의 기본 구조에서 6원자 고리마다 3개의 히드록시기가 있다는 것을 알 수 있다.

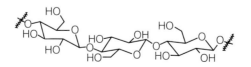

그림 7.6.1 고분자인 셀룰로오스

물에 저항성을 갖는 마감재인 유기규소화합물 트리메틸클로로실란($(CH_3)_3SiCl$)과 셀룰로오스 사이의 화학 반응의 예를 생각해 보자. 이 화합물은 강한 $Si-C$ 결합을 갖고 있지만 기체상에서는 $-OH$ 기와 반응하여 산소-규소 결합과 염화수소(HCl)를 생성한다.

$$-OH + (CH_3)_3SiCl\,(g) \longrightarrow -O-Si(CH_3)_3 + HCl\,(g)$$

면직물을 트리메틸클로로실란 증기에 노출시키기만 하면 직물 표면에서 강하게 물을 잡아당기는 히드록시기가 물에 저항성을 가진 $-O-Si(CH_3)_3$기로 치환된다. 스카치가드와 같은 플루오르화알칸에 기반을 둔 마감재도 똑같은 방법으로 작용한다. 플루오르 화합물은 섬유의 작용기(셀룰로오스의 히드록시기 같은)와 반응하는 물에 녹는 부분과 물에 반발하는 반응성이 작은 부분(탄소-플루오르 결합 때문)의 두 개의 중요한 부분으로 이루어진다.

방수성 고어텍스 직물은 매우 유용한 소비재를 만들어 주는 화학을 혁신적으로 이용한 것이다. 고어(W. L. Gore)와 그 연구진이 개발한 이 기술은 직물의 다공성을 조절하기 위하여 독특한 미세 구조를 이용한다. 특허를 받은 고어텍스 막은 막 구조를 유지시켜 주는 확장된 폴리테트라플루오로에틸렌(ePTFE)과 때가 묻거나 오염되는 것을 막아 막을 보호하는 산화폴리알킬렌 폴리우레탄유레아(POPU)의 두 가지 물질로 이루어져 있다. PTFE막의 물리적 성질과 화학적 특성은 모두 고어텍스 직물의 방수성을 만들어 준다. 막의 다공성 구조는 액체 물에 대한 비투과 장벽으로 작용하며 중합된 PTFE의 소수성(물을 싫어하는)은 물에 반발한다. PTFE 막의 무극성 탄소-플루오르 결합은 물과 플루오르 원자 사이의 수소결합을 막아준다. 액체

물 분자는 PTFE 막보다 물 분자 사이의 친화성을 유지하기 때문에 물방울은 그대로 유지된다. 막 구조는 고어텍스 직물의 기능에서 필수 부분이기 때문에 신체의 기름, 비누, 로션, 화장품, 살충제, 드라이클리닝 용제 등에 의하여 오염되거나 구멍이 막히지 않도록 해야 한다. 막을 소유성(기름을 싫어하는) 물질인 POPU로 포화시키면 오염이 일어나지 않는다. 고어텍스 막을 기존의 직물과 접합시키면 내구성을 얻게 된다.

중요한 용어

수소결합 소수성

143

참고문헌

[1] "3M Scotchgard Cleaner for Rugs & Carpet (Cat. No. 1019) MSDS Sheet." http://multimedia.mmm.com/mws/mediawebserver.dyn?IIIIII2liq251q_5jKDGwuuR0X&IFrm4uqmlhsZ

[2] "FAQS: Gore-Tex Products." The W. L. Gore & Associates, Inc., http://www.gorefabrics.com

7.7 방탄조끼는 어떻게 작용하고, 그 조성은 무엇일까?

흔히 안전요원들은 생명을 방탄조끼에 의존하고 있다. 혁신적인 직물 화학은 믿기 어려울 정도의 방탄 장벽을 만들어 냈다.

화학적 원리

방탄 장비들은 보통 아라미드라는 인공 섬유로 만든다. 1971년에 듀폰에서 개발한 케블라(Kevelar)는 이런 섬유들 중 하나다. 초강력성

과 초견고성 같은 케블라가 나타내는 독특한 성질은 그것의 화학 조
성으로부터 생긴다. 구조적 견고성, 절단 저항성, 화재 저항성, 심지
어 화학 공격에 대한 무반응성 같은 특징들의 화학적 본질은 무엇일
까? 케블라는 강하게 연결된(결합된) 딱딱한 화학 단위들(단위체)이
긴 막대 같은 사슬 모양으로 구성된 합성 고분자이다. 직선형 사슬
들 사이의 촘촘한 그물망 상호 작용은 견고함과 안정성을 부여한다.
이런 분자간(둘 이상의 분자와 분자 사이의) 상호 작용과 분자내(같은 분
자 안의) 결합의 조합 덕분으로 케블라는 무게당 강도가 철보다 5배
나 크다. 방탄 장비 이외에도 케블라 같은 강한 섬유를 응용할 수 있
는 곳은 수없이 많다. 내구성이 크지만 가볍고 유연성이 있는 섬유
인 케블라는 열과 절단을 막아주는 장갑이나 토시를 만드는 데 이용
된다. 소방수의 방화복이나 자전거 경주용 헬멧, 야구장갑, 아이스
하키 선수의 안면 보호대 같은 스포츠 장비에도 케블라가 사용된다.
카누나 카약, 연, 골프채, 스키폴, 인라인 스케이트 같은 스포츠 장
비에도 내구성과 견고성을 높이고 무게를 가볍게 하기 위해 케블라
가 사용된다. 케블라는 강화섬유로서 험준한 지형에서 필요한 구멍
나지 않는 타이어, 방수성 자동차 브레이크 패드와 호스에도 이용
된다.

직조하지 않은 직물을 이용한 방탄복은 새로운 기술의 지평을 열
었다. 직조 과정은 케블라 같은 섬유에 강도를 주는 직선형 배열에
이롭지 않기 때문에 얼라이드시그날사의 과학자들은 섬유 배열을
유지하는 과정을 고안하였다. 아라미드 섬유와 폴리에틸렌에 기반
을 둔 섬유(얼라이드시그날사의 화학자들이 고안한 스펙트라 섬유)가 모
두 이런 기술에 적용될 수 있다. 그렇다면 직조하지 않는 직물은 어

떻게 만들까? 직선형 합성 섬유 가닥들을 유연한 열가소성 수지(가열하면 녹아서 부드러워지는 플라스틱) 위에 나란히 늘어놓는다. 그런 판 두장을 직각으로 교차시켜서 열과 압력을 가해서 접착시켜서 복합 구조물을 만든다. 먼지나 습기, 연마물질들과 접촉하는 것을 방지하기 위하여 유연성 있는 얇은 폴리에틸렌 막 두 장을 복합 구조물의 양쪽에 붙인다. 이렇게 만든 접합된 직물은 초경량이어서 같은 무게의 철보다도 10배나 더 강하다. 내구성 있는 복합 구조 직물로 만들어진 스펙트라로 만든 생산품은 방탄성도 더 좋다.

화학적 구성

아라미드는 방향족 고리와 아미드기를 모두 함유하는 고분자다. 방향족 고리는 치환된 벤젠 고리로 구성되고, 아미드기는 수소가 한 개 이상의 다른 것으로 치환된 질소 원자에 결합되어 있는 카르보닐기($C(=O)-NHR$)다. 이런 두 작용기들의 뚜렷한 화학적 성질을 조합하는 것이 초강력 고분자의 기초가 된다. 고분자의 방향족 부분은 결합의 회전을 막아서 한 고분자 사슬의 강도를 유지시켜 주며 아미드 결합은 고분자 사슬들 사이의 강한 수소결합에 필수적이다. 상표명이 케블라인 폴리-파라-페닐렌테레프탈아미드는 디아민(두 개의 아미노기 $-NH_2$를 갖는 단위체)과 디카르복시산(두 개의 카르복시산 $-COOH$을 갖는 단위체)의 두 가지 서로 다른 단위체에서형성된 아라미드 고분자의 한 예다. 그림 7.7.1와 같이 테레프탈산과 1,6-헥사메틸렌디아민의 축합 반응에서 아미드 결합이 일어나고 부산물로서 물이 생긴다. 디아민과 디카르복시산을 화학량론비로 혼합하면 (즉 1:1로) 그림 7.7.2에 나타낸 것과 같은 반복 단위를 갖는 직선형 고분

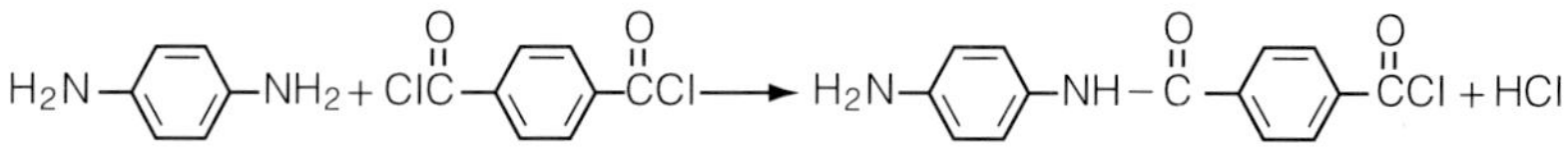

그림 7.7.1 테레프탈산의 염화물과 1,4- 벤젠디아민의 축합반응에서 케블라의 아
미드 결합이 생기고 염화수소 분자가 부산물로 생긴다.

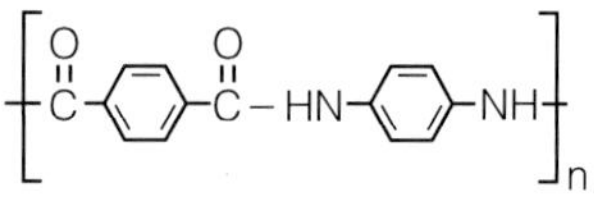

그림 7.7.2 고분자인 케블라의 반복 단위.

자가 생긴다. 왜 고분자의 기능에서 이 직선성이 그렇게 중요한 것
일까? 고분자의 막대와 같은 성질은 용액에서 분자들을 한 방향으
로 늘어서게 해서, 교차 결합된 기질을 만드는 데 필요한 사슬 사이
의 수소결합을 쉽게 해 준다(그림 7.7.3).

액상 중합반응에 의하여 케블라를 최초로 합성한 사람은 미국 특
허 번호 3,063,966(1962년)을 얻은 듀폰 사의 퀼렉(S.L. Kwolek)과 모

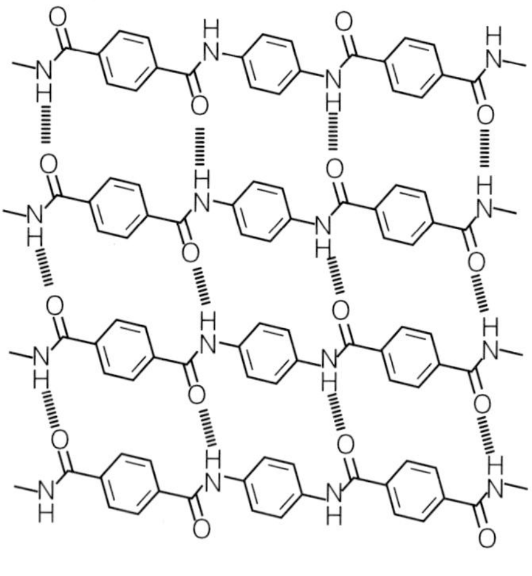

그림 7.7.3 케블라에서 생기는 사슬간의 강한 수소결합.

건(P. W. Morgan)과 고렌슨(W. R. Gorenson)이다. 퀼렉은 1980년에 창조적 발명으로 미국화학회상을 수상하였고 1995년 7월 22일에는 오하이오의 아크론에 있는 발명가의 명예의 전당에 들어가게 되었다. 1996년에 퀼렉은 "인류의 생명을 구하고 이익을 가져온 전 세계적인 새로운 제품을 만들 수 있도록 고기능성 아라미드 섬유를 만드는 액정 과정을 발견하고 개발한 그녀의 공로를 인정"받아서 국가기술메달을 받았다.[1]

┤ 중요한 용어 ├

아라미드   아미드 결합   축합   수소 결합

참 고 문 헌

[1] "National Medal of Technology 1985?1997 Recipients."
   http://www.ta.doc.gov/medal/Recipients.htm

7.8 왜 면수건이 흘린 물을 닦는 데 더 효과적이고 말리는 데에는 왜 시간이 오래 걸릴까?

면 같은 천연 섬유와 폴리에스테르 같은 합성섬유 사이의 차이점을 알고 있을 것이다. 면은 디자이너와 제조업자들이 가장 흔하게 사용하는 섬유다. 미국의 면 생산업자들과 면제품 수입업자들은 면에 대한 광고에서 '우리 생명의 섬유'라고 강조한다.[1] 그럼에도 불구하고 폴리에스테르는 훌륭한 특성 때문에 가장 널리 사용되고 가장 많이 혼합되는 합성섬유가 되었다. 섬유들의 화학적 구조를 살펴보면 이 물질들이 물에 대하여 나타내는 반응의 차이점을 설명할 수 있다.

화학적 원리

엎질러진 물을 흡수하는 수건의 효율성은 그 섬유의 화학적 구조에 따라 다르다. 화학에서 중요한 원리 중 하나는 모든 두 물질 사이에서 그 화학적 구조가 비슷할수록 상호 작용할 가능성이 더 크다는 것이다. 분자 수준에서의 인력을 분자간 힘이라고 한다. 물은 매우 극성이 큰 분자이며 극성 물질들에 친화력을 가지고 있다. 원자, 결합, 분자의 모양에 의해 전하의 분포가 고르지 못하면 극성이 커진다. 또 물 분자는 수소결합이라는 상호 작용을 통해서 다른 물 분자들과 강한 결합을 형성할 수 있다. 면 섬유들도 수소결합을 통해서 서로, 또는 물 분자들과 결합할 수 있다. 이런 적합한 결합들 때문에 면수건은 물 흡수도가 크다. 반대로 합성 폴리에스테르 섬유의 화학 구조는 분자 수준에서 물과 강한 결합을 하지 않으며 따라서 흡수성이 작다. 똑같은 원리로 더 가벼운 합성 직물이 면수건이나 천연섬유보다 훨씬 더 빨리 마르는 이유도 설명할 수 있다.

화학적 구성

면 섬유는 고분자인 셀룰로오스로 구성되어 있으며 그 구조는 그림 7.8.1과 같다. 셀룰로오스에는 (두 분자 사이의) 분자간 수소결합에 필요한 모든 인자들이 존재하고 있다. 특히 수소결합은 $X-H \cdots Y$로 표현되는 세 원자의 배열로 구성된다는 것을 명심하자. 여기에서 기호 $\cdots$는 수소결합을 나타내고 X와 H는 서로 공유결합을 하고 있는 원자들이다. 보통 X는 F, O, N 같은 작고 전기음성도가 큰 원소로, H 원소와의 결합에서 극성 결합을 만든다. 분자간 수소결합을 만들려면 Y 원자는 공유되지 않은 전자쌍을 가진 전기음성도가 큰 원소

여야 한다. 또 Y원자는 X−H 결합을 가지는 분자와는 다른 분자 안에 존재해야 한다. X−H 결합의 강한 극성(X와 H 사이의 전기음성도 차이가 커서 생긴다) 때문에 수소에는 부분적인 양전하가 생긴다. 이 부분적인 전하 분리를 $X^{\delta-}$−$H^{\delta+}$로 나타낼 수도 있다. 수소에 있는 약한 양전하는 Y에 있는 고립 전자쌍을 끌어당겨서 소위 수소결합을 형성한다. X, H, Y가 일직선상으로 늘어서면 가장 강한 수소결합이 생긴다.

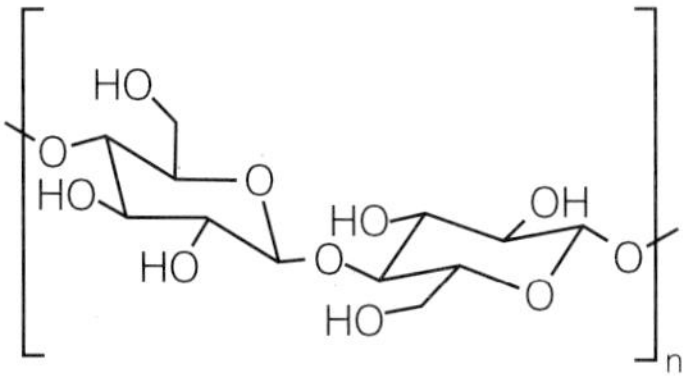

그림 7.8.1 고분자인 셀룰로오스의 반복되는 단위체들.

셀룰로오스 구조에는 OH 작용기(X−H 단위)와 또 다른 산소 원자(Y원자)의 수소결합을 위한 두 가지 중요한 성분들이 존재한다. 따라서 물 분자들은 셀룰로오스와 두 가지 방법으로 분자간 수소결합을 할 수 있다.

(1) 물 분자의 중심의 산소 원자는(Y로 작용) 셀룰로오스의 O−H 작용기(X−H 단위)와 수소결합을 할 수 있다.

(2) 물 분자의 수소 원자들(산소 원자와 공유결합을 이루고 있어서 X−H 부분을 형성)이 셀룰로오스의 산소 원자(Y로 작용)와 수소결합을 할 수 있다. 따라서 셀룰로오스와 물 사이에 광범위한 분자간 수소결합이 가능하여 면수건의 물 함량을 증가시킨다.

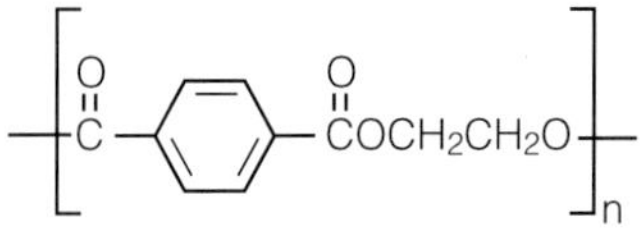

그림 7.8.2 폴리에스테르의 한 예인 축합 고분자 다크론의 반복 단위.

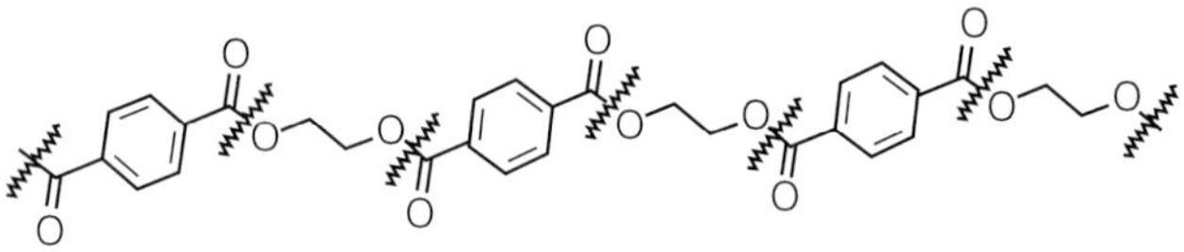

그림 7.8.3 중합체 다크론에서 서로 연결된 몇 개의 단위체.

폴리에스테르 섬유의 예로 축합 고분자인 다크론(Dacron, 마일라 막이라고도 한다)을 생각해 보자. 다크론의 단위체 반복 단위는 그림 7.8.2에 나타낸 것과 같으며 그림 7.8.3처럼 많은 단위체들이 결합되어 있다. 폴리에스테르 섬유에는 물(X-H)과 수소결합을 할 수 있는 전기음성도가 큰 산소 원자(Y)가 함유되어 있지만 물의 산소 원자(Y)와 수소결합을 할 수 있는 X-H 단위에 해당하는 것이 전혀 없다. 따라서 물과 폴리에스테르 사이의 수소결합은 물과 셀룰로오스 사이의 수소결합보다 상당히 감소한다. 따라서 면과 폴리에스테르는 엎질러진 물을 닦는 효과가 다르다.

┤중요한 용어├

분자간 힘   수소결합   고분자

참 고 문 헌

[1] "Still the Fabric of Our Lives." J. Berrye Worsham, III, CEO/PresidentCotton Incorporated, Cotton Growers, February 2002, http://www.cottoninc.com/reprints/homepage.cfm?PAGE=3107

7.9 눈물 안 흘리는 샴푸는 어떻게 만들까?

샴푸 제조업자들은 소비자의 선호도를 만족시키기 위하여 여러 가지 제품을 제공하고 있다. 마일드 샴푸와 '눈물 안 흘리는' 저자극성 샴푸에는 어떤 종류의 화학 성분들이 들어 있을까?

화학적 원리

샴푸의 중심 기능은 머리카락을 청소하는 것이기 때문에 샴푸의 성분은 세탁제(계면활성제)다. 많은 샴푸들, 특히 유아용과 어린이용은 눈에 들어가도 맵거나 따갑지 않다고 광고하고 있다. 계면활성제의 성질을 조심스럽게 조절하여 '눈물을 안 흘리는' 조성이 만들어졌다. 특히 눈과 피부의 따가움을 최소화하기 위하여 이온성이나 '하전된' 부분을 갖는 계면활성제의 종류와 농도를 조절한다.

화학적 구성

계면활성제는 양쪽성이 특징인 분자이다. 양쪽성이란 한 분자가 친수성(물을 좋아하는)과 소수성(기름에 녹는) 부분, 또는 극성 부분과 무극성 부분을 모두 갖는 것이다. 분자의 친수성 부분을 계면활성제의 머리라고 부르고 소수성 부분을 계면활성제의 꼬리라고 부른다. 꼬리 부분은 직선형 도데실기($-C_{12}H_{25}$)와 같은 기다란 직선형 탄화수소 사슬이다. 치환된 벤젠이나 다른 방향족 고리가 달린 다른 소수성기도 가능하다. 극성 머리는 일반적으로 4가지 유형 중에서 한 가지를 갖는다. 4가지 유형에는 음이온성, 양이온성, 비이온성, 양쪽성 이온이 있다.

음이온성 계면활성제는 음전하를 가진 머리가 있으며 뛰어난 세척, 거품, 수용성 성질을 가지기 때문에 샴푸로도 매우 유용하다. 또

음이온성 계면활성제는 잘 헹궈지기도 한다. 또 음이온성 계면활성
제는 비교적 값이 싸고 쉽게 합성할 수 있다. 이런 이유 때문에 음이
온성 계면활성제는 개인 위생용품에서 가장 흔한 계면활성제다. 그
럼에도 불구하고 음이온성 계면활성제는 눈과 머리 표피를 자극하
고 꺼칠하게 만드는 것으로 알려져 있다. 황산라우릴나트륨(그림
7.9.1), 황산라우릴암모늄(그림 7.9.2), 황산라우릴트리에탄올암모늄
(그림 7.9.3) 같은 황산알킬류가 가장 흔하게 이용되는 음이온성 계면
활성제이다.

양이온성 계면활성제는 양전하를 가진 머리를 가지며 보통 머리
카락을 다루기 쉽게 만들고 정전기를 감소시키기 위해 사용하는 컨
디셔너로 쓰인다. 양이온성 계면활성제는 고농도로 사용하면 특히

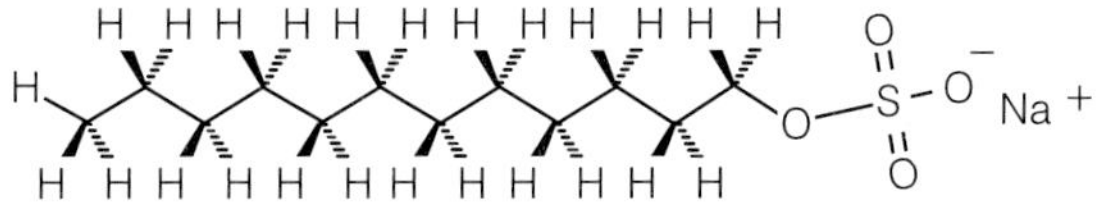

그림 7.9.1 음이온성 계면활성제인 황산라우릴나트륨의 분자 구조.

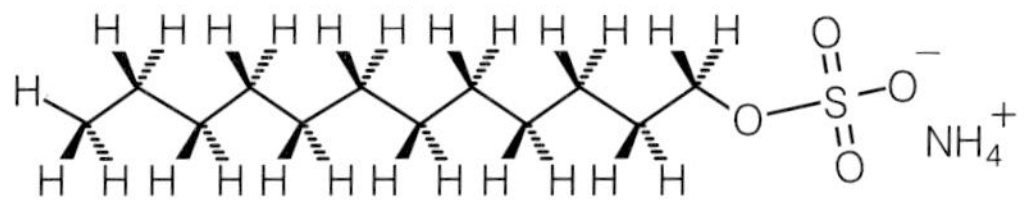

그림 7.9.2 음이온성 계면활성제인 황산라우릴암모늄의 분자 구조.

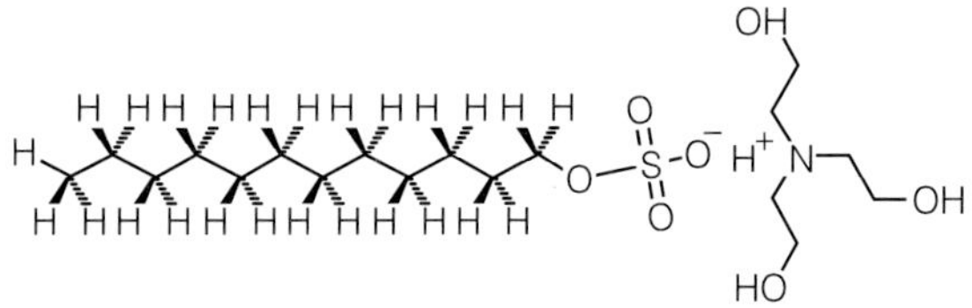

그림 7.9.3 음이온성 계면활성제인 황산라우릴트리에탄올암모늄(TEA)의 분자
구조.

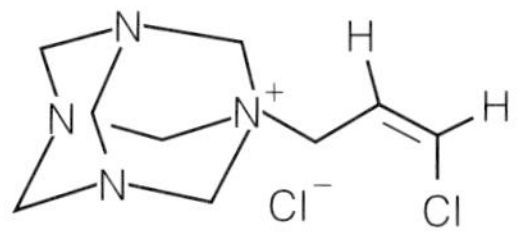

그림 7.9.4 양이온성 계면활성제인 쿼터늄 15(염화클로로알릴메탄아민).

눈에 자극을 주는데 소량으로 사용하면 안전하고 유용하다. 쿼터늄 15(염화클로로알릴메탄아민, 그림 7.9.4)는 양이온성 계면활성제로서 샴푸 조성에 컨디셔너 능력까지 가지고 있다. 비이온성(즉 중성) 계면활성제는 세척 성질 때문에 사용되는 것이 아니라 샴푸 조성의 용해성, 거품 작용, 컨디셔너 작용을 향상시키기 위하여 사용된다. 눈의 따가움을 감소시키는 데 특히 효과적인 비이온성 세탁제는 트윈 20 폴리소르베이트 20(그림 7.9.5)이다.[1] 양쪽성(쯔비터 이온성) 계면활성제(양이온과 음이온을 모두 가짐)는 거품이 적게 일고 자극성이 거의 없기 때문에 사용된다. 온순하고, '눈물을 안 흘리는' 샴푸는 양쪽성 계면활성제를 많이 함유하고 있다. 샴푸에 사용되는 양쪽성 계면활성제로는 라우르아미도프로필베테인(그림 7.9.6) 등이 있다. 계

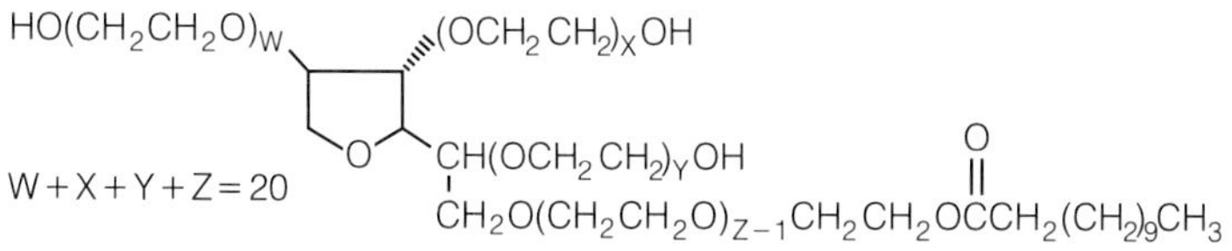

그림 7.9.5 음이온성 계면활성제인 트윈 20 폴리소르베이트 20.

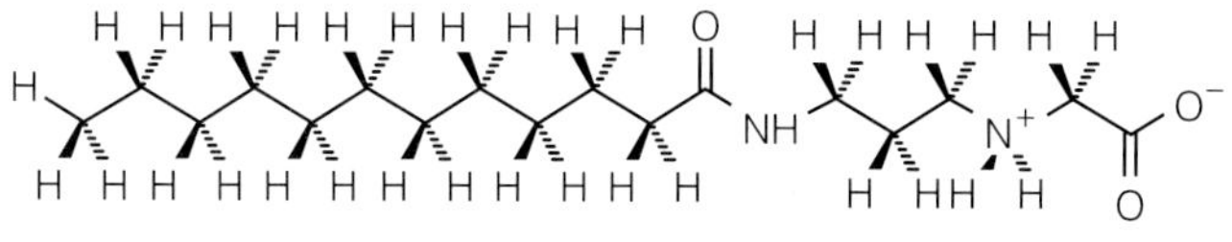

그림 7.9.6 양쪽성 계면활성제인 라우르아미도프로필베테인.

면활성제의 머리에 있는 알짜 전하는 눈의 자극성에 영향을 미치는
한 가지 인자다. 실험들은 눈의 자극성과 계면활성제 농도 사이에도
관계가 있다는 것을 보여 준다.[2]

┤ 중요한 용어 ├
계면활성제

참 고 문 헌

[1] "Personal Care: Shampoos." Uniqema,
    http://surfactants.net/formulary/ uniqema/pcm6.html
[2] G.Y Patlewicz, R.A. Rodford, G. Ellis, and M.D. Barratt, "A QSAR model for the
    Eye Irritation of Cationic Surfactants." *Toxicology in Vitro* 14 (2000), 79-84.

7.10 카푸치노 커피의 우유는 어떻게 거품을 일으킬까?

어린 머펫양이
얕은 의자에 앉아서
엉긴 우유덩이와 유청을 먹었네
거미가 내려와
그녀 곁에 앉았네
머펫양은 깜짝 놀라 도망가네

- 『어미 거위』(어린이 동화책)에서, 케이트 그린어웨이, 1881년

화학적 원리

커피 애호가들은 거품이 커피 위에 덮인 진한 크림 커피인 카푸치
노를 즐긴다. 흥미롭게도 '카푸치노'라는 말은 16세기 이탈리아에
서 최초로 사용되었던 것으로[1] 아시시의 성프란체스코가 설립한 카

푸친 수도회 수사가 관습의 일부로 입었던 기다랗고 뾰족한 두건을 가리키는 말이었다. 유럽 종교개혁에서 가톨릭교의 부흥은 1525년 이후 확립된 카푸친 수도회 때문이었다. 더 최근인 1940년대 중반에 카푸치노라는 말은 증기를 쐰 우유나 크림을 혼합하거나 그것을 위에 덮은 에스프레소 커피를 나타내게 되었는데 커피의 색이 카푸친 수도회 수사의 옷 색깔과 비슷하기 때문이었다.[1]

카푸치노 애호가들은 카푸친 수사의 두건처럼 생긴 거품이 훌륭한 카푸치노의 중요한 요소라고 주장한다. 카푸치노 커피를 만들기 위하여 증기로 우유의 거품을 만드는 데는 공기와 증기를 우유에 넣어서 거품을 만들고 거의 끓을 정도로 가열하는 과정이 필요하다.

거품을 만드는 우유의 능력은 안정한 기포를 생성하는 능력과 관련되어 있다. 기포를 안정화시킬 수 있는 한 인자는 기포에 얇은 막을 코팅하는 것이다. 주로 β-락토글로불린인 유장 단백질이 기포 위에 안정화 막을 형성할 수 있다. 보통 상태에서 이 단백질들은 구형이다. 그러나 가열하면 분자간 힘이 파괴되어서 단백질이 변성된다. 즉, 단백질의 접힘이 풀리게 된다. 접히지 않은 유장 단백질은 기포의 표면에 얇은 막을 형성할 수 있다.[2,3] 물의 정상적인 표면장력은 매우 커서 표면에 막보다는 물방울을 형성한다. 단백질 막이 존재하면 물의 표면장력이 작아져서 물 분자 사이의 응집력이 감소하고 따라서 물들이 퍼져서 기포 벽인 막을 형성하게 된다. 단백질 막 코팅은 더 높은 수준의 장력을 제공해 기포가 갈라지지 않도록 해 준다. 따라서 우유에 증기를 쐬는 것은 기포를 형성하는 과정을 쉽게 해 준다. 증기 거품내기는 균질화된 우유를 사용하면 더 향상된다.[4] 균질화는 지방 입자를 2미크론 이하의 입자로 쪼개는 과정이다.[2]

155

우유의 거품 형성 능력을 감소시킬 수 있는 인자는 무엇일까? 그런 인자들 중 하나는 천연적으로 또는 오염된 세균에 의하여 우유 지방이 분해되는 것이다.[4] 우유 지방이 분해되면 모노글리세리드와 디글리세리드라는 자유 지방산들이 생성된다. 이런 지방산들은 계면활성제로 작용하고 유장 단백질과 결합하여 기포 표면에 막을 입히는 유장단백질의 능력을 감소시킨다. 따라서 우유의 거품 형성 능력이 감소한다.

화학적 구성

주요 우유 단백질은 카세인(전체 우유 단백질의 약 80%를 차지)과 유장 단백질이다. 흥미롭게도 유장 단백질은 온도가 증가하면 변성되기 쉽지만 카세인은 열변성이 되지 않는다. 카세인은 일정한 삼차원 공간 배열인 삼차구조를 거의 갖지 않는다. 이런 단백질들은 접히지 않은(변성된) 단백질에서 관찰되는 것과 같이 상당한 수의 '노출된' 소수성 아미노산들을 가진다(이 때문에 열저항성을 갖는다). 유장 단백질은 촘촘하고 구형이며 분자량이 14,000에서 1,000,000 g/mol에 이른다.[2] 흔한 두 가지 유장 단백질이 β-락토글로불린과 α-락탈부민이다. β-락토글로불린은 162개의 아미노산을 함유하며 분자량이 약 18,300 g/mol이다. 이 단백질은 pH에 따라서 구조가 변한다.[5] pH 3.0 이하와 8.0 이상에서는 단위체 형태가 많다. pH 3.1과 5.1 사이에서는 카르복시기를 통하여 단위체들이 결합하여 팔합체를 형성한다. 우유의 pH(약 6.5~6.7)를 비롯한 다른 pH에서는 약 18 Å의 지름을 갖는 구형 이합체가 우세하다.[6] α-락탈부민은 123개의 아미노산으로 구성되어 있으며 분자량이 14,146 g/mol이다.[4] α-락탈부민은 열에 의하여 변성되지만 칼슘이 존재하면 변성에 대한 저항성을 가진다. 이 단백질은 분자가 열 풀림에 대한 저항성을 갖도록 만드는 분자내 이온결합을 형성하기 위하여 칼슘을 이용한다. 다른 유장 단백질에는 분자량이 약 69,000 g/mol인 유장 알부민과 분자량 20,000~25,000인 두 개의 아미노산 사슬과 분자량이 50,000~70,000인 두 개의 아미노산 사슬로 구성된 임무노글로불린이 있다.

---| 중요한 용어 |---

분자간 힘   단백질   콜로이드 분산

참고 문헌

157

[1] "Did You Know That?" koffeekorner.com,
http://www.koffeekorner.com/didyouknow.htm

[2] "Nutrition and Food Management 236: Milk." Oregon State University,
http://osu.orst.edu/instruct/nfm236/milk/index.cfm#b

[3] "Nutrition and Food Management 236: Lecture: Whey Protein Concentrates."
Oregon State University,
http://class.fst.ohio-state.edu/FST822/lectures /WPC.htm

[4] Background Briefing: Steam Frothing of Milk, Dairy Chemistry, The Institute
of Food Science & Technology, Dairy Research and Information Center,
University of California—Davis,
http://drinc.ucdavis.edu/html/dairyc/ index.shtml

[5] "Whey Proteins." Ohio State University, Food Science 822,
http://class.fst.ohio-state.edu/FST822/lectures/Milk2.htm

[6] "Dairy Chemistry and Physics." Dairy Science and Technology, University of
Guelph,
http://www.foodsci.uoguelph.ca/dairyedu/chem.html#acid

7.11 왜 낫세포빈혈증(겸형적혈구 빈혈증)은 '분자병' 일까?

노벨상을 수상한 화학자 폴링은 낫세포빈혈증의 메커니즘과 관련이 있다. 낫세포빈혈증은 헤모글로빈 합성의 유전적 결함으로 생기며 따라서 분자병이라고 최초로 정의된 병이다. 1949년에 발표된 폴링의 획기적인 논문은 「낫세포빈혈증: 분자병」이라는 과감한 제목을 가지고 있었다.[1] 이 발견에 대한 많은 주장들이 분자생물학의 기반을 만들었다. 이 선구적인 업적의 중심에는 어떤 화학이 들어 있을까?

화학적 원리

낫세포빈혈증은 신체의 기관으로 혈액이 흐르는 것을 막아서 적혈구가 필요한 산소를 운반하지 못하는 질병이다. 흔한 증상은 관절이 붓고, 다리에 심한 통증을 느끼며 황달이 나타난다. 폴링은 낫세포빈혈증을 분자병이라고 불렀는데 그 병이 실제로 분자적 손상으로 생기기 때문이었다. 이 병에 걸린 사람은 헤모글로빈이라는 단백질의 긴 아미노산 사슬 중에서 하나의 아미노산이 변한다. 이 단 하나의 차이가 단백질이 혈액에서 산소를 운반하지 못하게 하는 심각한 증상을 일으킨다.

화학적 구성

정상적인 헤모글로빈 분자는 폴리펩티드 사슬(아미노산 사슬) 4개로 구성된 복잡한 삼차원 구조를 가진다. 이 사슬들 중 2개는 알파 소단위체이고 2개는 베타 소단위체다. 알파 소단위체는 각각 141개의 잔기로 구성되고, 베타 소단위체는 각각 146개의 아미노산 잔기로 구성된다. 알파와 베타 소단위체의 아미노산 결합 순서는 서로

다르지만 비공유결합을 통한 접힘으로 비슷한 삼차원 구조를 형성
한다. 폴리펩티드 사슬이 공간에서 스스로 배열되면 즉 접히면 사슬
에서 멀리 떨어진 아미노산들이 서로 가까이 오게 된다. 단백질 분
자의 최종적인 모양은 (1) 사슬의 아미노산 종류 (2) 멀리 떨어진 아
미노산들 사이의 가능한 상호 작용에 영향을 받는다.

헤모글로빈의 베타 폴리펩티드 사슬을 구성하는 아미노산들 중
하나는 글루탐산(그림 7.11.1)이다.

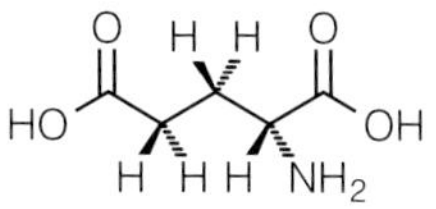

그림 7.11.1 글루탐산의 분자 구조.

글루탐산의 친수성 극성기는 물과 수소결합을 할 수 있고 따라서
정상적인 헤모글로빈이 적혈구 안에서 펼쳐지는 것을 돕는다.

낫세포 헤모글로빈에서는 베타 소단위체의 글루탐산이 다른 아미
노산인 발린(그림 7.11.2)으로 대치된다. 이 하나의 아미노산이 바뀌
었을 뿐인데 그 변화는 심각한 영향을 미친다.

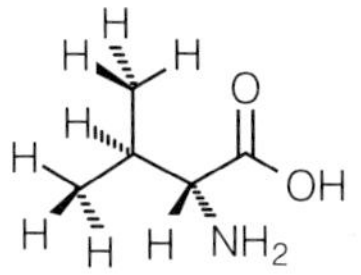

그림 7.11.2 발린의 분자 구조.

발린의 곁사슬은 글루탐산의 곁사슬과 어떻게 다를까? 발린의 곁
사슬인 이소프로필기는 물과 수소결합을 할 수 없는 무극성 소수성
기다. 접혀진 단백질의 표면에 위치한 이 무극성 발린은 이웃한 헤

모글로빈 단백질 분자의 다른 무극성 잔기들과 상호 작용하기를 좋
아한다.[2] 결론적으로 한 아미노산의 변화가 단백질이 물을 반발하
게 만들고 다른 단백질 분자에 끌리게 만드는 것이다. 낫세포빈혈증
헤모글로빈 분자의 돌연변이된 발린 잔기도 다른 소수성 잔기들과
상호 작용하여 구조를 안정화시키려고 한다. 이런 집합은 점점 기다
란 단백질 섬유의 형성을 가져오고 이것이 적혈구의 모양을 찌그러
뜨린다. 정상적으로는 원반 모양인 적혈구는 낫세포 모양이 된다.
이런 찌그러진 세포들이 모세혈관을 막아서 신체 기관으로 운반되
는 혈액의 흐름을 막게 되면(따라서 산소 운반도 막는다) 낫세포빈혈증
이 생기는 것이다.

┤ 중요한 용어 ├

분자간 힘   아미노산   수소결합   소수성

참 고 문 헌

[1] Pauling L., Itano H. "Sickle cell anemia, a molecular disease." *Science* **110**
(1949), 543-548.

[2] "Sickle Cell Anemia Tutorial." University of Illinois,
http://peptide.ncsa.uiuc.edu/tutorials_current/Sickle_Cell_Anemia/

연관된 항목

3.8   무대에서 사용되는 인공 안개나 연기를 만드는 안개 제조기는
어떻게 작동할까?

5.7   무엇이 블루진의 '블루'를 만들까?

13.17   설탕으로 만든 인공 감미료 수크랄로스는 어떻게 칼로리를 전
혀 갖지 않을까?

14.6   하드 콘택트렌즈와 소프트 콘택트렌즈의 차이점은 무엇일까?

상과 상전이의 화학

8.1 기상학자들이 구름의 씨로 이용하는 것은 무엇일까?

'비 만들기'라고 하면 원시적 기우제를 연상시키지만 현대의 기상
학자들은 비를 내리게 하는 데 건전한 화학적 원리를 이용하고 있다.
구름 씨를 만드는 데 작용하는 화학의 기초는 무엇일까?

화학적 원리

구름은 따뜻하고 습기가 많은 공기 덩어리가 대류에 의하여 더 차
가운 지역으로 솟아오를 때 수증기가 액체 물방울이나 얼음 결정으
로 응축되어 생긴다. 정상적으로 응축은 바다에서 오는 소금 입자,
육지의 점토-규산 입자, 산불 같은 연소 과정에서 생기는 연기 입자
같은 공기 중에 현탁된 미세 입자 위에서 일어난다. 이런 입자들을
구름 응축핵이라고 한다. 구름에서 비가 내리는 이유는 무엇일까?
비가 내리는 동안 물방울이나 얼음 입자가 증발되지 않고 대기를 통
과해서 대지에 도달하기 위해서는 충분한 크기로 성장해야 한다. 많
은 구름은 장기간 안정하게 존재하는 수십 미크로미터의 액체 방울
로 이루어져 있다. 작은 방울들이 충돌하고 엉기는 과정에서 더 큰
입자들이 생기는데 이 과정을 유착이라고 한다. 얼음 결정을 가진

구름에서는 이런 입자들이 응축핵으로 작용한다. 기상학자들은 가뭄과 같은 극한적 상황과 싸우기 위해서 기상을 변화시키려고 한다. 물의 어는점 이하로 존재하는 액체 물방울로 만들어진 과냉각 구름이 있으면 구름 씨뿌리기 같은 방법이 효과적이다. 일반적으로 대기 조건에서는 정상적인 물의 어는점보다 훨씬 더 낮은 $-10°C$나 $-20°C$ 정도의 낮은 온도의 구름이 존재한다. 그런 온도에서는 얼음 결정 형성이 일어나면 결정들이 구름에서 떨어져 내리다가 대지 가까운 곳의 높은 온도 때문에 녹는다. 과냉각된 구름에서 비를 유도하려면 주위에 물방울들이 유착하여 응축핵으로 작용할 수 있는 물질을 넣어 주어야 한다.

1946년에 뉴욕에 있는 제네럴일렉트릭 연구소에서 일하던 화학자 랭뮤어(Irving Langmuir)와 섀퍼(J. Schaefer)는 드라이아이스 가루가 냉동고 안에 생긴 물방울 구름에서 얼음 결정을 형성한다는 것을 발견하였다. 얼음 결정은 계속 성장해서 결국 냉동고 바닥으로 떨어져 내렸다. 비행기로 드라이아이스 알갱이를 뿌려 주면 대기에서도 똑같은 효과가 일어날 수 있다. 얼음의 구조와 비슷한 요오드화은(AgI) 같은 다른 물질들도 얼음 결정 응축핵으로 작용할 수 있다. 비행기나 지상에서 쏘아올리는 로켓을 이용하여 이런 물질들을 구름에 뿌려 줄 수 있다. 또, 이런 요오드 염들을 공기 중에서 태우면 작은 연기 입자들이 형성되어 대기의 흐름에 의해서 상층부로 올라갈 수 있다. 흔히 삼림에서 일어나는 산불은 그것이 만든 연기 입자가 씨를 만들고 거기에서 비롯된 비에 의해 꺼진다고 생각된다.

요오드화은으로 씨뿌리기는 적운에서 우박의 형성을 억제하거나 완화시키는 데에도 이용될 수 있다. 우박의 입자 수를 증가시켜서 크기를 줄여 주면 파괴 효과가 감소한다. 요오드화은은 공항에서 얼음 입자를 만들어서 눈을 내리게 해 안개를 없애는 데에도 효과적으로 이용되고 있다. 그러나 허리케인의 세기를 줄이는 계획에서 씨뿌리기의 효과는 아직 일반적인 결론이 나지 않은 상태다.

화학적 구성

구름 씨뿌리기에 가장 효과적인 물질은 고체 이산화탄소와 요오드화은이다. $-77°C$인 고체 이산화탄소(CO_2)를 과냉각된 구름층에 뿌려주면 구름의 물방울이 즉시 얼어붙는다. 얼음 결정들은 계속 성장하여서 결국 비가 되어 내리는 데 적당한 크기가 된다. 고체 요오드화은은 왜 과냉각된 구름에서 얼음 핵을 만드는 데 효과적일까? 그 대답은 요오드화은과 얼음의 결정 구조 사이의 유사성에 있다. 최소한 9가지의 구조적으로 서로 다른 얼음 결정이 알려져 있지만 구름이 형성되는 온도와 압력에서는 정상적인 육각형 얼음이 대부분이다. 정상적인 육각형 얼음은 각 산소 원자가 근접한 정사면체 배열의 4개의 산소 원자로 둘러싸인 구조를 하고 있다. 요오드화은의 한 결정 형태인 β-요오드화은도 얼음과 비슷한 육각형 우르츠광 구조(ZnO 구조)를 가지고 있다(그림 8.1.1).[1] 그러므로 얼음 결정 위에서 얼음이 성장하는 것처럼 요오드화은 씨 결정의 표면에서 얼음 결정이 형성되어 성장할 수 있다.

163

┤ 중요한 용어 ├

과냉각 액체   결정 구조   요오드화은

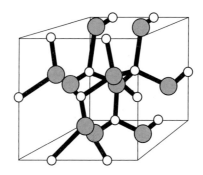

그림 8.1.1 우르츠광(ZnO) 결정 구조. 각 아연 원자에 대하여 산소 원자들이 정사면체로 배열된 것을 보여 준다.

참 고 문 헌

[1] N. N. Greenwood and A. Earnshaw, "Copper, Silver, and Gold," in *Chemisty of the Elements*, 2nd ed. (New York, Pergamon Press: 1997), Chap. 28, p. 1173.

8.2 왜 귤나무가 얼지 않게 하려고 나무에 물을 뿌리는 것일까?

추운 지역에서는 추위 경보가 내리면 농부들이 저온으로부터 농작물을 보호하기 위하여 나무에 물을 뿌린다고 한다. 농부들이 농작물을 보호하기 위해 물을 뿌리는 데는 어떤 화학적 원리가 있을까?

화학적 원리

귤 재배 농가가 서리의 피해를 최소화하기 위해서는 일반적으로 따뜻한 날씨가 필요하다. 그러나 때로는 나무와 과일을 얼지 않게 보호할 방법이 필요하다. 귤 수확은 온도가 $-2°C$ 이하로 4시간 이상 지속되면 위협을 받는다.[1] 서리에 대한 가장 효과적인 보호 방법은 열을 공급하는 것이며 흔히 기온을 올려주기 위하여 히터를 사용한다. 나무 밑에서 분사 장치를 이용하여 따뜻한 물을 줄기에 뿌려서 나무를 따뜻하게 만들기도 한다. 따뜻한 물이 냉각되면 열이 나무 주위의 공기로 방출된다. 물이 따뜻할수록 똑같은 보호 효과를 나타내는 데 필요한 물의 양은 적어진다. 실제로 66°C 정도의 뜨거운 물 시스템은 과수 온도를 같은 조건에서 3°C 정도 올려줄 수 있다.[2] 또한 액체 물이 고체 얼음으로 변화할 때도 열이 발생한다. 따라서 결빙이 일어날 때 나무에 물을 뿌리면 얼음을 만들면서 과수와 과일을 보호하는 데 충분한 열을 내놓는다. 식물과 과일의 얼음 단열층도 과일의 온도를 0°C로 유지하여서 나무를 보호한다.

화학적 구성

응고라고 알려진 액체→고체 상전이는 음의 엔탈피 변화(융해 엔탈피라고 한다), 즉 $\Delta H_{응고} < 0$이다. 일정한 압력에서 응고 과정의 엔탈피 변화는 상전이가 일어나면서 정확하게 똑같은 양의 열을 내놓는다(다시 말해서 $\Delta H_{응고} = q_p =$ 일정한 압력에서 전달되는 열이다.). 응고 과정의 발열 성질은 과수와 과일을 보호하는 데 충분한 열을 발생시킨다.

$$H_2O(l) \rightarrow H_2O(s) \qquad \Delta H_{응고} = -6.01\,\text{kJ/mol}$$

따라서 1 mol의 물이 얼면서 6.01 kJ의 열을 내놓게 되며 이것은 1 g의 물이 334 J의 열을 내놓는 것과 같다.[3]

따뜻한 물을 사용하면 그것이 어는점까지 냉각되면서 열을 내놓게 된다. 방출되는 정확한 열량은 사용한 물의 양과 온도에 따라서 달라지며 다음과 같이 계산할 수 있다.

165

$$\Delta H_{냉각} = C_{p, 물(l)}\Delta T = C_{p, 물(l)}(T_{액체\ 물} - T_{298K})$$

예를 들면 20°C에서 액체 물의 열용량은 $4.2\,J\,g^{-1}\,K^{-1}$이다.[4] 따라서 어는점 위의 온도에서는 매 1°C마다 1g의 물이 냉각되면서 4.2J의 열을 내놓는다.

┤중요한 용어├

상전이   열용량   융해 엔탈피

참 고 문 헌

[1] Mark Wilcox, "Preventing Cold Injury." Yuma County, Cooperative Extension, University of Arizona,
http://ag.arizona.edu/aes/citrusnews/Orchard%20Establishment%20articles/Orchard%201.htm#ColdInjury

[2] Geraldine Warner, "Hot Water Could Protect Trees from Cold Damage." *Good Fruit Grower*, February 15, 1997.

[3] "Enthalpy of Fusion," in *Handbook of Chemistry and Physics*, 74th ed., ed. David R. Lide (Boca Raton, FL: CRC Press, 1993), 6-116, 6-125.

[4] "Properties of Water in the Range 0~100°C," in *Handbook of Chemistry and Physics*, 74th ed., ed. David R. Lide (Boca Raton, FL: CRC Press, 1993), 6-10.

8.3 오래된 전구 안쪽에 생기는 검은 점은 무엇일까?

"내가 처음 상상했던 것보다 더 훌륭한 전등에 우리는 깜짝 놀라고 있다. 이것이 어디에서 멈출지는 신만이 아실 것이다"

- 토머스 에디슨, 1879년 10월

에디슨(Thomas Alva Edison)은 일생 동안 1,093가지 발명을 했지만 백열등이야말로 그의 가장 유명한 발명으로 여겨진다.

1879년 10월 21일 에디슨은 뉴저지의 멘로공원에서 최초의 백열등을 공개하였다. 그 전구는 13시간 반 동안 빛을 냈다. 이 발광 장치의 구성 요소에서 화학은 놀라운 성공에 필수적인 요소였다.

화학적 원리

오래된 전구의 안쪽에 생기는 검은 점은 백열광을 내기 위하여 텅스텐 필라멘트를 가열한 결과로 생긴 승화(고체가 기체로 기화)된 텅스텐 금속이다.

화학적 구성

백열전구는 전기로 가열되어서 빛을 내는 필라멘트와 필라멘트를 싸고 있는 유리구로 되어 있다. 토머스 에디슨이 성공하기 50년 전부터 과학자들은 전등을 발명하려는 실험을 했다. 1878년에 모건(J. P. Morgan)과 밴더빌츠(Vanderbilts)같은 재력가의 도움을 받아서 에디슨 전기회사가 설립되었다. 그 첫 임무는 불을 밝히는 데 필요한 전기를 값싸게 생산하는 것이었다. 에디슨은 그의 전구에 사용할 필라멘트를 찾기 위해 6,000가지 이상의 물질을 실험하였으며 결국 가는 백금선과 백금에 10% 이리듐을 혼합한 것으로 범위를 축소하였다고 한다.[1] 그러나 이 필라멘트의 선택은 성공적이지 못했다. 그런 재료들은 녹아버리기 때문이었다. 에디슨이 최후에 성공한 백열등은 면을 태운 탄소로 된 필라멘트였다. 오늘날의 백열등은 텅스텐 필라멘트를 사용한다. 텅스텐의 어떤 성질 때문에 백열등의 필라멘트로 사용할 수 있을까? 전류에 큰 저항을 갖고 녹는점이 높은 물질이 이상적일 것이다. 저항이 크면 그것이 백열할 때까지 열을 발생시킬 것이기 때문이고, 녹는점이 높으면 그것이 빛을 내며 유지될 수 있기 때문이다. 가열된 금속은 적외선 영역에서는 소량의 빛만 발산하므로 금속 필라멘트는 방출되는 가시광선의 양을 최대화하고 열을 발생하는 적외선을 최소화시킨다.[2]

텅스텐의 어떤 물리적 성질과 화학적 성질이 필라멘트 물질로서 이상적이 될 수 있게 하였을까? 실제적인 면에서 생각하면 텅스텐은 연성을 가지기 때문에 가는 선으로 구성된 필라멘트를 만들 수 있다. 또한 녹는점이 높기 때문에 전류에 의해 발생하는 높은 온도를 견딜 수 있다. 실제로 텅스텐의 녹는점은 $3410°C(3683K)$로 어떤 원소보다도 높다.[2] 전구에는 필라멘트에서 발생하는 열을 전달하기 위해서 흔히 기체(예:아르곤이나 질소)를 채우기 때문에 필라멘트 물질은 이런 기체들과 화학적으로 잘 반응하지 않아야 한다. 텅스텐은 이런 기준을 만족시켜서 이런 기체들과 반응성이 전혀 없다. 반응성이 없는 기체들을 넣어서 텅스텐 필라멘트를 냉각시켜 주면 텅스텐의 손실이 적어진다. 그렇지 않으면 텅스텐이 승화되면서 필라멘트가 가늘어져서 전기 저항이 커지고 필라멘트의 온도가 더 높아질 것이다. 결국 텅스텐 금속을 완전히 승화시킬 수 있는 온도에 도달하는 데 필요한 전류 수준까지 저항이 커지게 된다. 또 다른 이점은 기체들이 압력을 높여서 필라멘트의 승화 정도를 낮춘다는 점이다. 수명이 긴 백열등은 텅스텐 필라멘트의 수명을 연장시키기 위하여 기체들의 조합을 다르게 하여 주입한다.

정상적인 전구가 비활성 기체들로 채워진 반면에 할로겐 전구는 요오드나 브롬 기체로 채워져서 텅스텐과 기체 할로겐 사이의 반응성을 이용하고 있다. 할로겐등이 작동하는 필라멘트 근처의 고온 ($>3000°C$)에서는 텅스텐은 이런 할로겐들과 화학적으로 결합하지 않는다.[3] 그러나 800에서 1000°C 정도로 온도가 더 낮은 전구 유리 부근에서는 기체 할로겐화텅스텐이 생성된다.[3] 결국 생성된 증기는 필라멘트로 이동하고 온도가 높은 필라멘트에서 분해되어 금속 텅스텐과 할로겐 기체가 다시 생성된다. 이때 금속 텅스텐이 필라멘트에 침착된다. 이런 화학 반응과 분해의 순환이 이루어지면 텅스텐 필라멘트는 더 밝고 수명이 긴 전구가 된다.

> 중요한 용어
> 백열　승화

참고문헌

[1] "Adventures in Cybersound, Edison's Incandescent Electric Lamp, 1879." Dr. Russell Naughton,
http://www.acmi.net.au/AIC/EDISON_BULB.html

[2] "Tungsten." Chemicool Periodic Table, David D. Hsu,
http://wild-turkey. mit.edu/Chemicool/elements/tungsten.html

[3] "Scientific American: Working Knowledge: Halogen Lamps." Terry McGowan, July 1996,
http://www.sciam.com/0796issue/0796working.html

8.4　온도계 안의 붉은색 액체와 은색 액체는 무엇일까?

온도가 올라가거나 내려가면 온도계 안의 액체가 오르내리는 것을 볼 수 있다. 이런 액체들은 왜 이런 방법으로 온도에 반응하며 이런 물질들의 정체는 무엇일까?

화학적 원리

일반적으로 온도계는 갈릴레오가 발명했다고 알려져 있다. 16세기 말에 만들어진 갈릴레오의 온도계는 열에 따른 공기의 팽창을 이용하였다. 전통적인 유리 속에 든 액체 온도계는 1630년대에 발명되었으며 오늘날 연구, 의학, 기상 관측의 표준 기구가 되고 있다.

일반적으로 온도계는 좁은 모세관 안에 든 액체를 가지고 있다. 액체의 높이는 주위 온도에 따라서 변한다. 실제로 액체의 부피는 온도에 따라서 달라지며 액체는 모든 방향으로 똑같이 팽창하려고 한다. 액체를 관 안에 담으면 좁은 관의 길이 방향으로만 팽창할 수 있다. 따라서 이 방향으로의 팽창을 온도를 측정하는 데 이용할 수 있다. 대부분의 액체는 온도가 증가하면 부피가 팽창하며, 팽창 비율이 어떤 온도 범위에 걸쳐서 일정하기 때문에 팽창하는 양을 측정하고 보정할 수 있다. 특히 액체 수은과 에탄올은 일상 온도에서 일정하고 측정할 만한 팽창을 보여 준다. 독일의 물리학자이며 과학기구 제작가인 파렌하이트(Daniel Gabriel Fahrenheit, 1686~1736년)는 1709년에 알코올 온도계를, 1714년에 수은 온도계를 발명하였다고 알려져 있다(그의 이름을 딴 온도 척도(화씨온도)도 개발하였다). 이런 액체들은 물의 어는점이나 끓는점 같은 일상적 온도를 측정할 수 있다. 어떻게 이런 특별한 측정이 가능할까? 수은은 물보다 더 높은 끓는점을 가지며 에탄올은 물보다 더 낮은 어는점을 가지고 있다. 수은은 은색이서 온도계에서 액체의 높이를 쉽게 알 수 있지만 에탄올은 무색이어서 보통 붉은 염료를 첨가해서 높이를 쉽게 알아볼 수 있도록 만든다.

화학적 구성

수은이나 에탄올이 채워진 온도계의 유용한 온도 범위는 이런 물질이 액체를 유지할 수 있는 온도 범위에 따라 달라진다. 수은은 대기압에서 어는점(정상 어는점)이 $-38.9°C$, 끓는점(정상 끓는점)이 $356.6°C$이다. 따라서 수은 온도계는 온도가 높은 조건에서 유용하다. 정상 어는점과 끓는점이 $-114.1°C$와 $78.3°C$인 에탄올은 측정해야 할 온도가 물의 어는점보다 낮을 때 유용한 온도계용 액체이다. 온도에 따른 물질의 부피 변화는 다음 식으로 나타낼 수 있다.

$$\Delta V = \beta V_0 (\Delta T) \quad \text{또는는} \quad V_f = V_0 (1 + \beta \Delta T)$$

여기에서 V_0는 초기 온도 T가 $0°C$일 때의 부피이고 β는 부피팽창계수 또는 열팽창계수이다. β의 단위는 온도의 역수인데 β가 섭씨온도당 단위 부피의 증가를 나타내기 때문이다. 수은은 $0\sim100°C$에서 평균 β값이 $1.8169041 \times 10^{-4}°C^{-1}$이고, $24\sim299°C$에서는 평균 β값이 $1.81163 \times 10^{-4}°C^{-1}$이다.[1] 에탄올은 $0\sim80°C$에서 평균 β값이 $1.04139 \times 10^{-3}°C^{-1}$이어서[1], 더 정확하게 보정된 온도계를 만들 수 있다. 알아두어야 할 중요한 점은 일반적으로 액체가 고체보다 훨씬 더 큰 팽창 계수를 갖기 때문에 온도계 용기(보통은 유리) 자체의 팽창이나 수축은 가정용 온도계를 보정할 때는 일반적으로 무시된다는 점이다. 예를 들어 코닝 790 유리는 부피팽창계수가 $2.4 \times 10^{-6}°C^{-1}$이다.[2] 붕소규산질 유리를 함유하는 파이렉스 유리는 열에 매우 강하기 때문에 보통의 규산질 유리보다 3분의 1밖에 팽창하지 않는다. 따라서 파이렉스는 흔히 온도계를 비롯한 화학 기구를 만드는 데 이용된다.

```
┌─┤중요한 용어├──────────────────────────┐
│                                          │
│  정상 끓는점    정상 어는점    부피팽창계수  │
│                                          │
└──────────────────────────────────────────┘
```

참 고 문 헌

[1] "Coefficients of Cubical Expansion for Various Liquids and Aqueous Solutions," in *Lange's Handbook of Chemistry*, 12th ed., ed. John A. Dean (New York, McGraw-Hill: 1979), Table 10-42.

[2] "Coefficients of Cubical Expansion of Solids," in *Lange's Handbook of Chemistry*, 12th ed., ed. John A. Dean (New York, McGraw-Hill: 1979), Table 10-43.

8.5 19세기에 북유럽에 있는 성당의 파이프오르간을 손상시킨 것은 무엇이었을까?

북유럽의 성당에서 19세기 오르간을 복원하던 중에 주석의 부식 때문에 생기는 금속 '병'이 알려졌다. 그러나 화학적으로 말하자면 금속 파이프의 구조 변화는 완전히 다른 현상이다. 특별한 음향을 만들기 위하여 오르간 제작자들은 어떤 화학적 측면을 고려해야 할까?

화학적 원리

오늘날의 파이프오르간은 원하는 음색, 외양, 비용에 따라서 여러 가지 목재(예: 마호가니)와 금속 합금으로 만든다. 대부분의 파이프는 반점 금속이라고 하는 주석과 납의 여러 가지 혼합물로 만들어지지만 구리와 아연으로 만든 파이프도 흔하다.[1] 주석의 함량이 높을수록 음색이 밝아지고 외관이 빛이 난다고 알려져 있다. 역사적으로 주석은 파이프오르간을 만들 때 선호되던 금속이었지만 그 금속의 가격이 항상 문제였다.

순수한 주석은 보통 회색 주석과 백색 주석의 두 가지의 고체 상태를 나타낸다. 13°C 이상의 온도에서 더 안정한 주석의 형태는 밀도가 더 높은 백색 주석이다. 낮은 온도에서는 백색 주석이 천천히 분말형 물질인 회색 주석으로 전환된다. 북유럽의 추운 겨울 기온에 오랫동안 노출되면 많은 성당의 파이프오르간들은 견고성을 잃고 분해되기 쉽다. 구조 전환의 점차적인 진행의 결과로서 표면의 백색 주석이 회색의 분말로 되는 것을 흔히 '주석병', '주석 흑사병'이라고 한다.

화학적 구성

대기압에서 순수한 고체 주석은 온도에 따라서 두 가지 구조(동소체)를 갖는다. 실온에서는 백색 주석이 더 안정하지만 13°C 이하에서는 백색 주석이 회색 주석으로 전환된다. 백색 주석(β-주석이라고도 한다)은 체심입방 정사면체 결정 구조를 가지고 있다(그림 8.5.1). 동소체인 회색 주석(α-주석)은 입방형 다이아몬드 결정 구조를 가진다(그림 8.5.2).

173

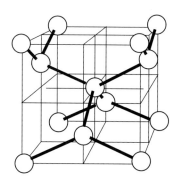

그림 8.5.1 백색 주석이 가지는 체심입방 정사면체 구조.

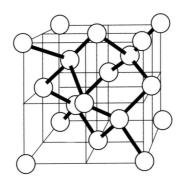

그림 8.5.2 회색 주석이 가지는 입방형 다이아몬드 결정 구조.

┌─ 중요한 용어 ├──────────────────────────────────
│ 동소체   상변화   상그림
└──

 참 고 문 헌

[1] "Front Pipes, Principals, Mixtures & Mutations, Flutes and Strings." F. J. Rodgers Ltd., Craftsman Organ Pipe Makers and Voicers,
http://www.musiclink.co.uk/pipeorgan/flues.html

연관된 항목
3.6 왜 얼음 덩어리의 내부는 뿌열까?

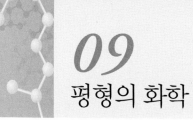

09
평형의 화학

용액

9.1 제산제 알약을 물에 넣으면 '치' 소리가 나는 이유는 무엇일까?

제산제 알약이 물에 녹을 때 내는 치 소리는 알약의 성분이 나타내는 화학반응 때문에 생긴다.

화학적 원리

제산제 알약이 물속에서 발포하는 것은 제산제의 효과에 중요하다. 잘 알려진 제산제인 알카셀처와 브로모셀처는 탄산수소나트륨(베이킹소다, $NaHCO_3$)을 함유하고 있다. 탄산수소 이온은 알약의 또다른 성분인 시트르산과 반응하여 탄산(H_2CO_3)을 만든다. 용액에서 탄산은 물과 이산화탄소(CO_2)로 분해된다. 알약이 녹을 때 치 소리가 나는 것은 이산화탄소 기체의 방울이 용액에서 나오는 소리다(책 앞부분 컬러 사진 9.1.1).

화학적 구성

알카셀처 알약 1개에는 1916 mg의 탄산수소나트륨과 1000 mg의

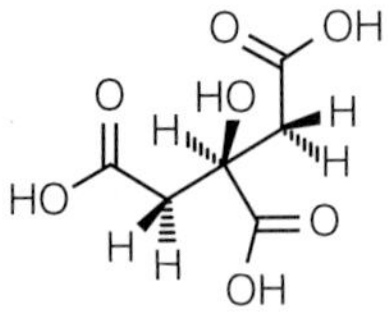

그림 9.1.2 시트르산의 분자 구조.

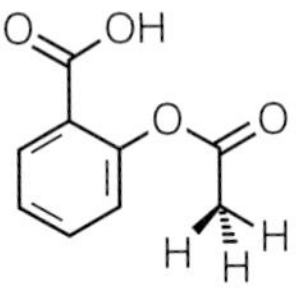

그림 9.1.3 아스피린(아세틸살리실산)의 분자 구조.

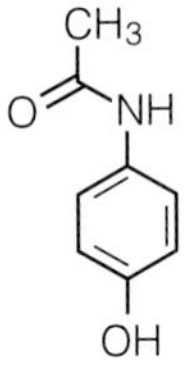

그림 9.1.4 아세트아미노펜의 분자 구조.

시트르산(그림 9.1.2), 325 mg의 아스피린(아세틸살리실산, 그림 9.1.3)
이 들어 있다.[1] 브로모셀처에도 탄산수소나트륨, 시트르산과 아세
트아미노펜(그림 9.1.4)이 들어 있다.

탄산수소에 기반을 둔 제산제 알약의 작용은 몇 가지 평형으로 나
타낼 수 있다. 먼저 탄산수소나트륨은 수용액에 완전히 녹아서 나트
륨 이온과 탄산수소 이온을 생성한다.

$$NaHCO_3(s) \longrightarrow Na^+(aq) + HCO_3^-(aq)$$

물에서 탄산수소 이온은 탄산과 평형을 이룬다.

$$HCO_3^-(aq) + H_2O(l) \rightleftarrows H_2CO_3(aq) + OH^-(aq)$$

$$K_{평형} = Ka(HCO_3^-) = 5.6 \times 10^{-11}$$

평형상수가 작다는 것은 중성 물에서는 탄산이 많이 형성되지 않는 것을 나타낸다. 그러나 산성 조건(알약에 같이 들어 있는 시트르산 때문에 생긴다)에서는 탄산이 매우 잘 생성된다.

$$HCO_3^-(aq) + H_3O^+(l) \rightleftarrows H_2CO_3(aq) + H_2O(l)$$

$$K_{평형} = \frac{1}{K_a}(H_2CO_3) = \frac{1}{4.3 \times 10^{-7}} = 2.3 \times 10^6$$

위산과의 반응에서 생성된 탄산은 용해된 기체상 이산화탄소를 생성하며 분해된다.

$$H_2CO_3(aq) \rightarrow H_2O(l) + CO_2(g)$$

위의 산들이 탄산수소 이온에 미치는 작용에 의해서 생성된 H_2CO_3는 평형을 오른쪽으로 유도하여 이산화탄소 기포를 생성한다.

중요한 용어

평형   평형상수

177

참고문헌

[1] "Alka-Seltzer Original: Back of Package Information." Bayer Corporation, http://www.alka-seltzer.com/as/images/ASoriginal.gif

연관된 항목

3.4 X선용 황산바륨의 독성은 어떻게 조절할까?
3.5 왜 마그네시아 유제는 제산제일까?
9.2 시안화물 중독의 해독제는 무엇일까?

금속 착이온

9.2 시안화물 중독의 해독제는 무엇일까?

시안화물을 함유하는 물질은 맹독성이기 때문에 즉각적으로 의학적 해독제를 처치해야 한다. 이런 종류의 독성과 적당한 해독제에 관련된 간단한 화학적 원리는 무엇일까?

화학적 원리

시안화물(실제로는 시안화 이온)은 매우 유독한 물질이다. 세포 호흡에서 에너지를 제공하는 효소에 함유된 금속과 매우 강한 친화성을 가지고 결합하기 때문이다. 특히 시안화물은 세포의 미토콘드리아에 있는 호흡 효소인 시토크롬 산화효소에 있는 금속 이온(제이철 이온, Fe^{3+} 이온)과 안정한 착물을 형성한다. 제이철 이온이 시안화 이온과 착물을 형성하면 세포의 산소 이용에 필수적 촉매인 시토크롬 산화효소의 기능이 방해를 받는다. 정상적 세포는 세포호흡이 손상되면 기능을 멈추고 죽게 된다. 시안화물 중독의 해독제는 시안화물이 다른 금속 이온과 더 안정한 착물을 형성하게 만들어서 시토크롬 산화효소에 있는 제이철 이온을 정상적으로 작용하게 풀어주는 것이다.

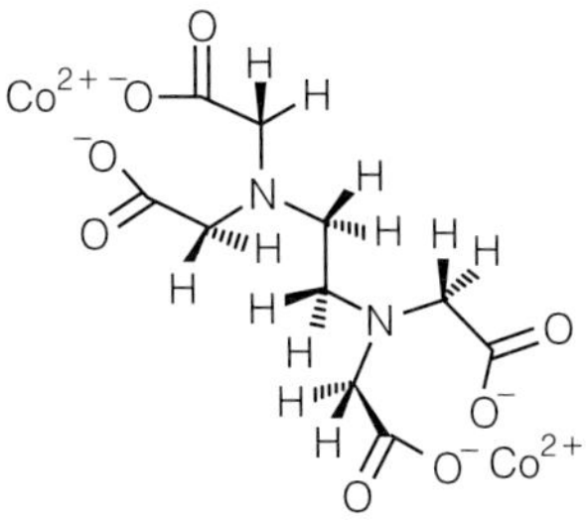

그림 9.2.1 이코발트 EDTA의 분자 구조.

화학적 구성

독성학자와 의사들이 급성 시안화물 중독의 해독제로 사용하는 한 가지 물질은 켈로시아노르라는 상표명의 물질이다. 켈로시아노르 1 앰플에는 300 mg의 이코발트 EDTA(Co$_2$EDTA, 그림 9.2.1)가 들어 있다.[1] EDTA(에틸렌디아민테트라아세트산)는 6쌍의 비공유 전자쌍을 가지는 다가 이온으로서 금속 이온과 6개의 배위공유결합을 형성할 수 있다. 이런 배위 자리 중 4개는 아세트산 리간드의 산소에 있는 비공유 전자쌍을 가지며 2개는 질소 원자에 있는 비공유 전자쌍을 가진다. 중성 물질인 이ㅓ183

코발트 EDTA에서 각 Co^{2+} 이온은 2개의 아세트산 리간드와 배위되어 있다. 이 착물의 생성상수는 매우 크다.[2]

$$2\,Co^{2+} + 4\,EDTA \rightarrow Co_2EDTA$$

$$K_{생성} = 2.0 \times 10^{16}$$

이 물질의 독성학적 활성에 대한 근거는 코발트 이온이 시안화 이온과 반응하여 비교적 무해하고 안정한 이온 착물을 만든다는 것이다. 헥사시아노코발트산 이온은 Co^{2+}를 중심 금속 원자로, 6개의 시안화 이온을 리간드로 가진다. 이 배위착물은 6개의 배위공유결합을 가지며 각 시안화 이온이 중심의 코발트 이온과 공유결합을 하는 데 필요한 전자쌍을 제공한다. 헥사시아노코발트산 이온의 생성상수는 이코발트 EDTA 보다도 더 크다.[3] 따라서 코발트 이온은 EDTA 리간드를 6개의 시안화 이온 리간드로 교환하게 된다.

$$Co^{2+}(aq) + 6\,CN^-(aq) \rightarrow Co(CN)_6^{4-}(aq)$$

$$K_{생성} = 1.2 \times 10^{19}$$

EDTA를 CN^-으로 교환하면 체내의 시안화 이온의 농도가 감소하며 코발트 이온은 독성 시안화 이온의 효과적인 청소부 역할을 한다.

┤ 중요한 용어 ├

착물 형성   착이온   배위공유결합   배위착물

참 고 문 헌

[1] "Antidotes: Kelocyanor." S.E.R.B. Laboratories, Paris, http://www.serb-labo.com/b3_b4_antidote.html

[2] D. A. Skoog, D. M. West, and F. J. Holler, *Analytical Chemistry: An Introduction*, sixth ed. (Philadelphia: Saunders College, 1994), 242.

[3] D. G. Peters, J. M. Hayes, and G. M. Hieftje, *Chemical Separations and Measurements* (Philadelphia: W. B. Saunders, 1974), A.12.

9.3 왜 샐러드드레싱에 EDTA를 넣을까?

많은 샌드위치 스프레드, 마요네즈, 마가린, 샐러드드레싱의 성분
표를 보면 'EDTA'라는 약자가 보인다. 이 물질의 화학적 구조는 이
첨가물이 보존제로서 중요한 역할을 한다는 것을 이해하게 해 준다.

화학적 원리

식품과 음료에는 토양에 존재하던 금속과 식품의 수확과 가공 과
정에서 원하지 않은 금속이 들어가게 된다. 특히 극미량이라도 구
리, 철, 니켈의 오염은 중요한데, 이런 금속들은 식품의 불포화 지방
과 산소와의 반응을 촉매해서 원치 않은 변색과 악취를 만들기 때문
이다. 금속 제거제라는 식품 첨가제를 넣어 주면 식품의 손상을 막
거나 늦출 수 있다. EDTA도 이런 첨가물의 한 가지다. 이런 첨가제
는 소량의 금속들과 단단한 착물을 만들어서 금속 이온의 촉매 작용
을 막아 식품의 손상을 막아 준다. 샐러드드레싱, 마요네즈, 마가린,
가공 과일류와 채소류, 통조림, 탄산음료들은 EDTA가 첨가되는 흔
한 식품들이다.

181

화학적 구성

EDTA(에틸렌디아민테트라아세트산, 그림 9.3.1)의 나트륨이나 칼슘
염은 식품에서 흔한 금속 제거제다. EDTA 이온은 특히 효과적인 금
속 제거제인데 금속 이온과 6개의 배위공유결합을 형성하기 때문이
다. 배위공유결합은 금속 이온과 EDTA 사이의 결합을 형성하는 데
필요한 공유 전자쌍을 한 원자가 모두 제공하기 때문에 붙여졌다.
EDTA에 있는 2개의 아미노기의 질소 원자와 4개의 카르복시기의

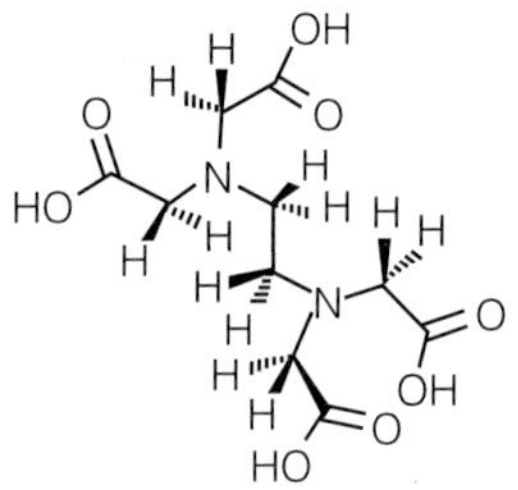

그림 9.3.1 에틸렌디아민테트라아세트산(EDTA)의 분자 구조.

산소 원자는 금속 이온을 제거하기 위한 배위공유결합을 만드는 데 필요한 전자쌍을 제공한다. 금속-EDTA 착물은 1대 1 화학량론을 이루며 중심 금속 이온 주위에 4, 5 또는 6개의 배위자리를 채우게 된다. 금속 양이온을 포함하는 몇 가지 EDTA 착물의 생성 상수(K)를 표 9.1에 나타내었다.[1]

표 9.1 25°C에서 몇 가지 금속 양이온과 EDTA 사이의 착물 형성에 관한 평형 상수

양이온	K	양이온	K	양이온	K
Ag^+	2.1×10^7	Fe^{2+}	2.1×10^{14}	Mn^{2+}	6.2×10^{13}
Al^{3+}	1.3×10^{16}	Fe^{3+}	1.3×10^{25}	Ni^{2+}	4.2×10^{18}
Ca^{2+}	5.0×10^{10}	Hg^{2+}	6.3×10^{21}	Pb^{2+}	1.1×10^{18}
Cu^{2+}	6.3×10^{18}	Mg^{2+}	4.9×10^8	Zn^{2+}	3.2×10^{16}

생성 반응은 다음과 같이 이루어진다.

$$M + \text{EDTA} \rightleftarrows M \cdot \text{EDTA}$$

생성 상수 K의 값이 클수록 $M \cdot \text{EDTA}$가 형성되기 쉽고 남아 있는 자유 금속 이온은 적어진다.

보존제로 사용되는 EDTA의 흔한 형태는 칼슘이나트륨 EDTA (CaNa$_2$EDTA)이다. 어떤 금속이 이런 형태의 금속 제거제에 의해서 효과적으로 제거될까? EDTA 고체가 녹으면 칼슘 이온, 나트륨 이온, EDTA 음이온이 생긴다. 위에 열거한 모든 금속 이온과 은(Ag$^+$), 마그네슘(Mg^{2+})은 칼슘보다 더 효과적으로 착물을 만들기 때문에 쉽게 제거된다.(EDTA의 산 형태와 같이 짝이온인 칼슘이 없는 경우에는 체내에서 칼슘의 킬레이트화가 일어날 수 있다. 실제로 심혈관 질환을 일으키는 혈액 중의 칼슘 침전물을 치료하기 위하여 EDTA를 구강으로 복용하는 것은 FDA 공인 치료법이다.) 시트르산(그림 9.3.3)도 식품의 금속 이온을 제거하는 또 다른 금속 제거제다.

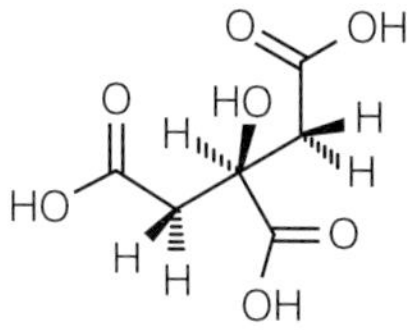

그림 9.3.3 시트르산의 분자 구조.

| 중요한 용어 |

킬레이트제   금속 제거제   배위공유결합

참 고 문 헌

[1] "Fonnation Constants for EDTA Complexes," in *Fundamentals of Analytical Chemistry*, 5th ed., ed. D. A. Skoog, D. M. West, and F. J. Holler (New York: Saunders College, 1988), 261.

9.4 왜 수국은 건조한 지역에서 자라면 분홍색이 되고 습한 지역에서 자라면 푸른색이 될까?

수국은 여름철 내내 생생한 색을 나타내는 흔한 여름꽃이다. 커다란 분홍색과 푸른색의 꽃이 피지만 더 우세한 색은 환경에 따라 달라진다. 이 꽃의 색을 결정하는 데 중요한 역할을 하는 화학은 무엇일까?

화학적 원리

수국은 자라는 환경에 따라서 푸른색에서 분홍색으로 변화하는 능력으로 유명하다. 연구 결과 색 변화의 실제 메커니즘은 꽃에 있는 알루미늄 화합물의 농도 때문이라는 것이 밝혀졌다.[1] 알루미늄이 존재하면 푸른색 꽃이 피고, 알루미늄 화합물이 없으면 분홍색 꽃이 많아진다.

많은 조경 책에는 땅의 산성도가 수국의 색에 영향을 미친다고 되어 있다. 토양의 pH는 토양에서의 알루미늄의 이용 가능성에 영향을 미치며 따라서 간접적으로 꽃의 색에 영향을 준다. 낮은 pH, 즉 산성 조건에서는 푸른색 꽃이 피고, 높은 pH, 즉 알칼리 조건에서는 분홍색 꽃이 핀다. 중간 정도의 pH에서는 보라색 꽃이 핀다. 토탄 이끼(peat moss)가 많은 화분에서는 푸른색 수국이 필 것이다. 비가 많이 오는 지역에서도 푸른색 꽃이 피는데 아마도 빗물의 산성 때문일 것이다. 건조한 지역에서 분홍색 꽃이 피는 것은 토양이 더 염기성이기 때문일 것이다.

화학적 구성

토양의 산성도는 식물의 뿌리가 영양분을 흡수하는 데 영향을 미

친다. 영양분의 용해도는 pH에 민감하다. 토양의 pH에 영향을 주
는 인자들은 무엇일까? 가장 중요한 변수는 강수량, 유기 물질과 특
정 미생물의 양, 비료의 사용, 토양의 조직 등이다. 푸른 수국을 피
게 하는 데 이상적인 pH는 5∼5.5이며 더 높은 pH인 6∼6.5는 분홍
색 수국에 적합하다. 식물이 푸른색 꽃을 피우기 위해서는 자유 알
루미늄 이온(Al^{3+})이 색소 분자와 결합하여 푸른색을 만들 수 있어
야 한다. 낮은 pH에서는 알루미늄 이온이 잘 녹는다. 높은 pH에서
는 토양의 알루미늄 이온이 수산화 이온과 반응하여 수산화알루미
늄을 만들어서 침전되며 따라서 금속이 색소 분자와 착물을 만들 수
없어서 분홍색이 된다.

수국의 색 변화의 원인이 되는 색소는 적색과 청색 안토시아닌이
라는 색소류다. 안토시아닌은 물에 녹으며 꽃잎 액포의 주위 환경에
따라서 색을 나타낸다. 안토시아닌은 산성 용액에서는 그림 9.4.2에
서와 같은 구조로, 산소 원자에 형식 전하를 가지고 이웃한 고리에
두 개의 히드록시기를 가지고 있다.[2]

이러한 조건에서 그림 9.4.3에 나타낸 것과 같이 안토시아닌의 고
리에 오르토 배열로 있는 두 개의 히드록시기와 금속 이온이 결합해
서 안토시아닌의 금속착물(메탈로안토시아닌)이 안정화되면 푸른색
꽃이 피게 된다.[2] 염기성 용액에서는 안토시아닌이 더 이상 오르토

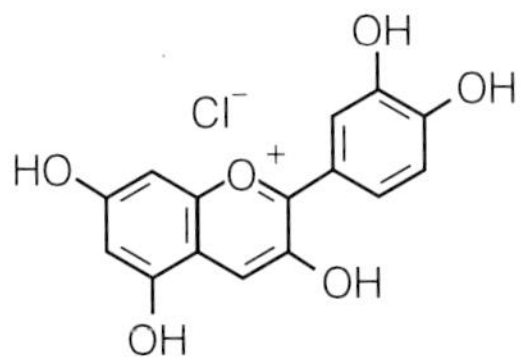

그림 9.4.2 수국에 들어 있는 안토시아닌 색소의 일반 구조.

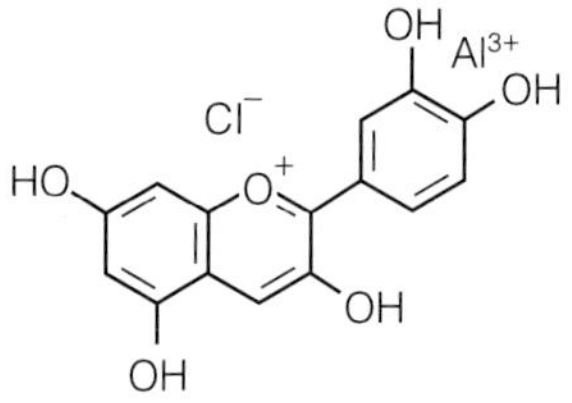

그림 9.4.3 안토시아닌의 금속착물인 메탈로안토시아닌은 금속 이온과 안토시아 닌 고리에서 서로 오르토 관계로 배열된 두 개의 히드록시기 사이의 결합에 의해서 안정화된다.

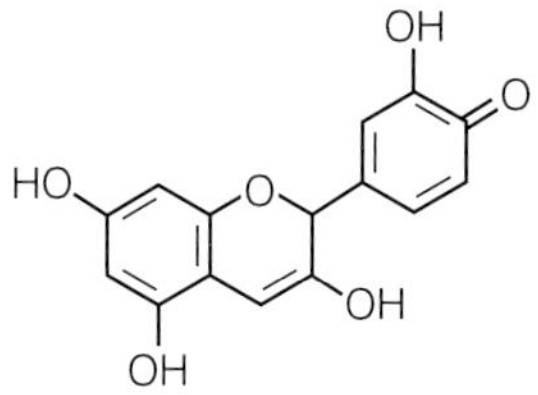

그림 9.4.4 염기성 용액에서의 안토시아닌 색소 구조. 오르토 위치의 히드록시 기가 존재하지 않는다.

배열의 히드록시기를 가질 수 없게 된다(그림 9.4.4). 따라서 금속착 물 형성이 불가능해지고 꽃은 분홍색이 된다.

┤중요한 용어├

산   염기   금속착물 형성

참고문헌

[1] "Growing Bigleaf Hydrangea." Gary L. Wade, Extension Horticulturist, University of Georgia College of Agricultureal and Environmental Sciences, Cooperative Extension Service,
http://www.ces.uga.edu/Agriculture/ horticulture/hydrangea.html

[2] "The molecular basis of indicator color changes." F. A. Senese, Department of Chemistry, Frostburg State University, http://antoine.fsu.umd.edu/chem/senese/101/features/water2 wine.shtml#anthocyanin

9.5 왜 마루 바닥의 왁스는 암모니아 세척제를 사용하면 쉽게 지워질까?

고성능 금속 가교 고분자가 더 오래 지속되는 내구성을 만들어 준다.[1] 금속 가교 마루 마감재는 우주 시대 고분자로 만들어지며 우수한 광택을 오랫동안 유지할 수 있다.[2] 이런 마루 마감에는 어떤 화학이 숨어 있을까?

화학적 원리

현대의 마루 마감재에는 건조되면 투명하고 강력한 코팅이 되는 액체가 함유되어 있다. 대부분의 마루 마감재는 내구성, 광택 유지, 긁힘 방지, 빠른 건조, 쉬운 더러움 제거 같은 원하는 특성을 갖도록 몇 가지 고분자가 혼합되어 있다. 한 종류 이상의 단위체로 만들어진 고분자를 혼성중합체라고 한다.

고분자 표면 코팅은 고분자 사슬들의 교차결합으로 생성된 삼차원 그물망에 의해서 강도와 내구성을 갖게 된다. 마루 왁스가 독특한 성질을 갖게 해 주는 것이 이 그물망 구조이다. 그물망 구조를 만들기 위하여 최신의 제품들은 금속 이온을 이용한다. 이런 금속 이온은 흔히 암모니아 세척제에 녹는다. 따라서 고분자 구조가 파괴되어서 마루 왁스가 벗겨지게 된다.

화학적 구성

가장 흔한 마루 왁스의 고분자는 아크릴류, 아크릴 혼성중합체류, 우레탄류이다. 아크릴 고분자는 아크릴산 에스테르($CH_2=CHCO_2R$)를 비롯한 아크릴산($CH_2=CHCOOH$)과 메타아크릴산($CH_2=C(CH_3)COOH$)의 유도체들과, 아크릴로니트릴($CH_2=CHCN$), 아크릴아미드($CH_2=CHCONH_2$) 등과 같이 니트릴기($-CN$)와 아미드($-CONH_2$)를 함유하는 고분자를 가리킨다. 폴리우레탄은 우레탄($CH_3CH_3OCONH_2$) 단위체가 반복되어서 생긴 직선형 고분자다. 최근에 개발된 '금속 가교 마루 마감재'는 빠르게 건조되고, 내구성이 크지만 쉽게 제거될 수도 있다.[3] 마루 왁스에는 아연이 전이금속 착이온 형태의 $Zn(NH_3)_4^{2+}$로 들어 있다.[4] 액체가 건조되면서 암모니아가 증발하면 아연 이온이 방출된다.

$$Zn(NH_3)_4^{2+}(aq) \rightarrow Zn^{2+}(aq) + 4NH_3(g)$$

아연 이온과 고분자가 교차결합을 하면 마모와 세탁제에 내구성을 가질 정도로 충분한 세기와 밀도가 만들어진다. 마루 마감재는 암모니아 세척제와 아연이 안정한 착물을 형성함으로써 쉽게 제거될 수 있다. 고분자에서 아연이 빠져나가면 고분자는 세척 용액에 녹게 된다.

┤ 중요한 용어 ├

전이금속 착이온   혼성중합체   가교 고분자

참고 문헌

[1] "Floor Finishes." Zim International,
http://chemicals.zim-intl.com/ chemicals/floorfinishes.htm

[2] Floor Care Products, South Carolina Department of Corrections, Division of Industries,
http://www.scprisonindustries.com/detail.asp?ID=158

[3] Floor Care Terminology, Clean Source,
http://www.cleansource.com/floor.html

[4] "So What's the Real Problem with Zinc?" Tom Wright, Technical Director of Betco Corporation, 1991,
http://www.michco.com/HelpStuff/Zinc_ Problem_Help.html

189

9.6 배수관 청소제는 어떻게 막힌 배수관을 뚫을까?

배수관의 내부에 그리스, 비누, 지방, 세탁제들이 쌓이면 물이 점점 느리게 내려가다가 결국 막히게 된다. 트래펑 같은 청소제들은 어떻게 막힌 관을 뚫을까?

화학적 원리

대부분의 가정용 배수관 청소제는 물에 녹으면 염기성(알칼리성)을 나타내는 부식성 물질이다. 보통 그리스라고 부르는 유기 화합물들은 염기성이 매우 강한 물에 녹는다. 따라서 배수구 청소제의 염기성(즉, pH가 7보다 높다.) 때문에 배수관을 막고 있던 그리스들이 녹게 된다. 일부 입자형 배수관 청소제는 고체 알루미늄 입자를 함유하고 있는데 이것이 염기성 용액과 반응해서 수소 기체를 발생하면서 열을 낸다. 화학반응 동안 발생하는 기체와 열은 배수관을 뚫는 또 다른 힘이 된다.

화학적 구성

상업용 배수관 청소제는 그리스를 녹이는 활성 성분으로 수산화 나트륨(NaOH)을 함유하고 있다.[1-5] 입자형 배수관 청소제는 고체 수산화나트륨을 함유하고 액체형 배수관 청소제는 수산화나트륨이 녹아 있는 용액을 함유하고 있다. 또 일부 배수관 청소제는 고운 알루미늄 가루가 강한 염기와 반응할 때 발생하는 기체와 열을 이용하기도 한다.[1,2] 수소 기체가 발생하는 전체적인 반응은 다음과 같다.

강한 염기가 물에 녹는다.

$$NaOH(s) \rightarrow Na^+(aq) + OH^-(aq)$$

수산화 이온과 알루미늄이 반응하여서 수용성 알루미늄 이온과 기체를 생성한다.

$$2\,Al(s) + 6H_2O(l) + 2OH^-(aq) \rightarrow 2\,Al(OH)_4^-(aq) + 3H_2(g)$$

$Al(OH)_4^-(aq)$ 이온을 알루민산 이온이라고 한다. 격렬하게 발생하는 수소 기체는 배수관 벽에 달라붙은 그리스 입자를 물리적으로 제거하는 데 도움이 된다.

┤ 중요한 용어 ├────────────────────

  용해   부식성   염기성

참 고 문 헌

[1] "Material Safety Data Sheet: Drano." Drackett Products Company,
   http://www.sanitarysupplyco.com/m74610050.txt

[2] "Material Safety Data Sheet: Liquid Drano." Drackett Products Company,

http://www.biosci.ohio-state.edu/~jsmith/MSDS/DRANO%20 LIQUID.htm

[3] "Material Safety Data Sheet: Liquid-Plumr." Clorox Company, http://www.biosci.ohio-state.edu/~jsmith/MSDS/LIQUID-PLUMR.htm

[4] "What's the Shiny Stuff in Drano." John T Wood and Roberta M. Eddy, J. Chem. Educ. 1996, 73, 463, http://jchemed.chem.wisc.edu/Journal/Issues/1996/May/abs463.html

[5] "Reference Data Sheet for Chemical and Enzymatic Drain Cleaners." William D. Sheridan, http://www.meridianeng.com/draincle.html

10
열역학의 화학

10.1 컴퓨터 단층 촬영을 위해 요오드 용액을 섭취한 후에는 왜 열이 날까?

컴퓨터 단층 촬영을 하기에 앞서 환자들은 보통 조영제라는 물질을 입이나 주사로 복용한다. 조영제는 좋은 X선 영상을 만들기 위하여 조직의 밀도차를 증가시키는 중요한 역할을 하지만 일부 부작용도 보고되었다. 흥미롭게도 이런 조영제의 화학적 성질은 X선 영상을 증진시키는 것뿐 아니라 환자들의 조영제에 대한 반응을 촉발한다.

화학적 원리

컴퓨터 단층 촬영을 위해서 조영제를 주사한 환자들의 부작용 중 하나는 열이 나고 구토를 느끼는 것이다. 이런 체온 상승의 원인은 무엇일까? 그 해답은 조영제의 이온 구조와 혈액의 모든 물질 농도를 조절하려는 신체의 작용에 있다.

수용성 이온 물질인 조영제를 혈관에 넣으면 혈액 중 입자의 수가 증가한다. 신체는 몇 가지 내부조절계를 가지고 있는데 그것이 주사에 의하여 교란되면 혈액 중 물질의 농도를 주사 전의 '정상' 수준으로 회복시키려고 한다. 계가 다시 평형을 이루기 위해서 물이 모세관 현상에 의해서 주위의 신체 조직 세포로부터 혈장으로 이동한

다. 이런 물의 이동은 삼투압의 한 예다. 삼투압은 막 양쪽 농도의
평형을 이루기 위하여 용매(물)가 반투성 막(혈관)을 통과하여 농도
가 더 진한 용액(혈액)으로 확산하는 것이다. 불어난 물의 부피를 수
용하기 위하여 혈관이 확장되어야 한다. 첨가된 물 때문에 생긴 순
환 혈액의 부피 증가는 신체에 추가적인 에너지 소비를 일으켜서 구
토나 열을 느끼게 만든다. 이 효과는 삼투압 과정의 결과로 생기기
때문에 이것을 삼투 독성이라고 한다. 혈액 부피와 유량의 증가에
수반되는 부작용에는 심한 갈증과 소변량 증가도 있다.

화학적 구성

컴퓨터 단층 촬영에 사용되는 이온성 요오드화 물질에는 아미도
트리아조화물(디아트리조산의 염)과 이오탈람화물(이오탈람산의 염)이
있다.[1] 전형적인 양이온은 나트륨이나 메글루민(N-메틸-D-글루카
민, 그림 10.1.1)이며 공통되는 음이온은 디아트리조산(그림 10.1.2)과
이오탈람산(그림 10.1.3)이다. 이런 수용성 물질은 물질의 유기 부분
에 비하여 비교적 높은 요오드 함량을 가지고 있다. 예를 들면 이오
탈람산의 분자식은 $C_{11}H_9I_3N_2O_4$이며 분자량은 613.92 g mol^{-1}이다.
중량비로 따지면 이오탈람산은 62.0%의 요오드를 함유하고 있다.
높은 요오드 함량은 혈액이나 신체 조직에 소량만 주입해도 X선의

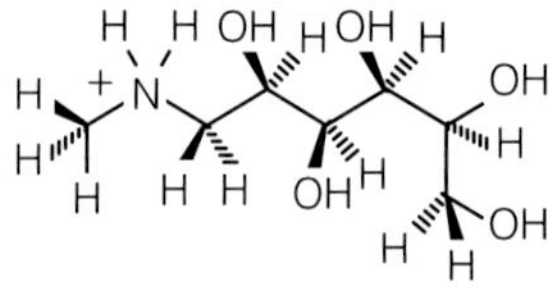

그림 10.1.1 메글루민(N-메틸-D-글루카민) 양이온의 분자 구조.

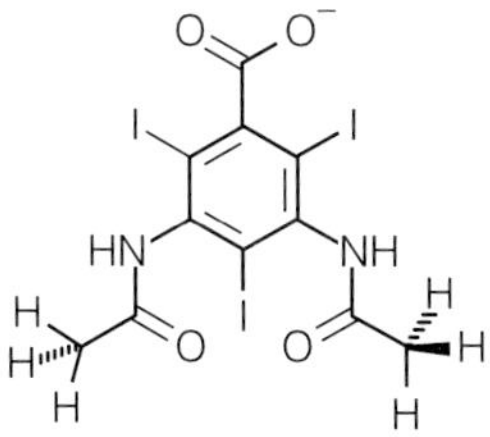

그림 10.1.2 디아트리조산 음이온의 분자 구조.

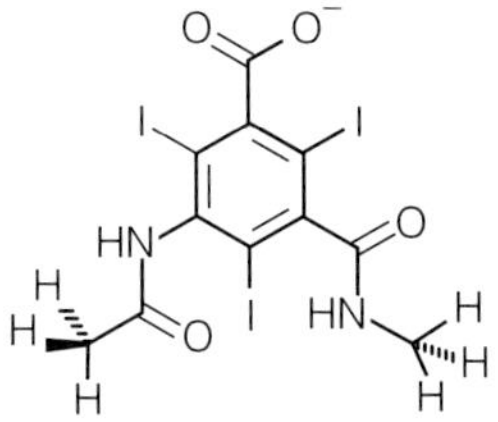

그림 10.1.3 이오탈람산 음이온의 분자 구조.

흡수를 증가시키는 결과를 가져온다.

┤ 중요한 용어 ├

삼투압   용해

참 고 문 헌

[1] "Contrast Media," Dr. Barber, Radiology, VA-MD Regional College of Veterinary Medicine,
http://education.vetmed.vt.edu/Curriculum/VM8544/barber/07/index.html

10.2 이중창과 삼중창에서 단열을 시켜 주는 것을 무엇일까?

단열창은 에너지 비용을 줄이기 위하여 권장된다. 이 에너지 효율 첨단 기술에 사용된 화학은 무엇일까?

화학적 원리

이중창과 삼중창의 유리에는 가시광선은 통과하지만 선택적으로 적외선을 막아주는 특수한 코팅이 되어 있다. 이 양면 차단제는 추운 날에 내부의 열이 빠져나가지 못하게 막아주며 더운 날에는 열이 생성되는 것을 막아준다. 단열 능력은 아르곤, 크립톤, 또는 육플루오르화황 같은 비활성 기체가 유리 사이에 들어가면 더 높아진다. 이런 기체들은 공기 중의 산소나 질소보다 열전도율이 더 낮기 때문에 열을 잘 전도하지 않는다(표 10.1과 10.2).

표 10.1 1atm 300 K에서 백분율로 표시한 공기의 열전도율에 대한 기체의 전도율

	공기	H_2	He	Ar	CO_2	SF_6	CF_4
$K_{기체}/K_{공기}$	100%	695%	563%	67%	62%	50%	62%

표 10.2 1 bar에서 기체의 절대열전도율[1]

	공기	H_2	He	Ar	CO_2	SF_6	CF_4
$K_{기체}$/cal/cm K s	6.18	43.5	36.3	4.23	3.87	3.33	4.06

화학적 구성

기체 분자의 어떤 물리적 성질이 열을 전도하는 능력에 영향을 미칠까? 정량적으로 기체의 열전도율로 나타내면 기체 분자의 비열,

질량, 단면적이다. 자세히 말하면 기체의 열전도율은 기체 분자의 비열 C_V에 직접 비례하며 질량 m의 제곱근에 반비례하고 분자의 단면적 σ에 반비례한다.[1]

$$K_{기체} \propto \frac{C_V}{\sigma\sqrt{m}}$$

| 중요한 용어 |
열용량

참고문헌

[1] "Why Argon." Eric Maiken,
http://www.cisatlantic.com/trimix/emaiken/Argon.htm

197

10.3 인공눈 제조기는 어떻게 작동할까?

멋진 스키를 즐길 수 있는 것은 스키장의 정교하고 복잡한 눈 조절에 달려 있다. 스키 전문가들은 신선하고 마른 눈을 원하지만 스키장 관리인들은 밀도가 높고 젖은 눈이 땅을 더 잘 덮고 훨씬 더 단단한 기반을 만든다는 것을 알고 있다. 과학은 어떻게 믿을 만한 인공눈 제조기를 가지고 겨울을 즐길 수 있도록 도움을 주었을까?

화학적 원리

인공눈 제조기는 압축된 공기와 수증기의 혼합물을 함유하고 있다. 기계를 작동하여 공기와 수증기를 빠르게 방출시키면 탱크와 대기 사이의 커다란 압력 차이 때문에 기체의 급작스런 팽창이 일어난다. 압축된 공기와 수증기를 팽창시키는 데 필요한 에너지가 이 기체들에서 나오면서 온도가 떨어진다. 이 냉각 효과로 수증기가 얼어서 우리가 볼 수 있는 고체인 눈이 된다.

화학적 구성

인공눈 제조기는 열역학 제1법칙이 작용하는 실제적인 예다. 높은 압력(보통 20 atm)으로 압축된 공기와 수증기 혼합물의 급작스런 방출 과정은 단열 과정으로 일어난다. 즉, 빠른 팽창 동안에 주위에서 받거나 주위로 전달하는 열이 전혀 없다. 단열 과정에서 $q = 0$이다. 따라서 열역학 제1법칙에 의하여 기체의 내부 에너지 변화는 기체가 팽창하면서 한 일과 같다.

$$\Delta E = q + w$$
$$\Delta E = w \quad (q = 0 \text{이므로})$$

압축된 기체가 한 일이므로 부호는 음이 된다.

$$\Delta V > 0 \quad \text{그리고} \quad w = -P_{외부}\Delta V$$

이상기체의 경우에 일정한 과정 동안 내부 에너지의 변화와 기체의 온도 사이에는 다음 관계가 있다. $\Delta E = nC_V\Delta T$. $w < 0$이므로 $\Delta E < 0$이고 따라서 ΔT가 음이 되어야 한다. 이런 냉각 효과는 공기의 온도를 낮추고 차가운 공기는 수증기를 눈으로 얼린다.

┤ 중요한 용어 ├
열역학 제1법칙 단열 과정 열 일 내부에너지

10.4 왜 석고가 굳으면 깁스가 따뜻해질까?

깁스 붕대는 흔히 부상을 입은 관절이나 뼈를 제자리에 고정하여 치료를 돕는 데 이용된다. 깁스 붕대가 굳을수록 환자는 깁스 붕대가 따뜻해짐을 느낀다. 이런 현상을 화학이 설명해 줄 수 있다.

화학적 원리

깁스 붕대는 소석고에 물을 가하여 일어나는 화학반응을 통해서 만든다. 이 반응은 석고가 굳으면서 열을 내놓는다.

화학적 구성

소석고, $CaSO_4 \cdot \frac{1}{2}H_2O(s)$를 물과 혼합하면 열을 내놓는 발열 반응을 거쳐 고체인 석고 $CaSO_4 \cdot 2H_2O(s)$가 생성된다. 따라서 석고가 굳어지면서 깁스 붕대는 따뜻해진다.

$$CaSO_4 \cdot \frac{1}{2}H_2O(s) + \frac{3}{2}H_2O(l) \longrightarrow CaSO_4 \cdot 2H_2O(s)$$

우리는 반응물과 생성물의 엔탈피를 사용하여 298K에서의 석고 생성에 대한 반응열 $\Delta H^{\circ}_{반응}$을 계산할 수 있다.

$$\Delta H^{\circ}_{반응} = \sum \Delta H^{\circ}_f(생성물) - \sum \Delta H^{\circ}_f(반응물)$$

$$\Delta H^{\circ}_{반응} = \sum \Delta H^{\circ}_f(CaSO_4 \cdot 2H_2O, \ s) - \Delta H^{\circ}_f\left(CaSO_4 \cdot \frac{1}{2}H_2O, \ s\right)$$

$$- \frac{3}{2}\sum \Delta H^{\circ}_f(H_2O, \ l)$$

$$\Delta H^{\circ}_{반응} = -2021.1\,kJ\,mol^{-1} - (-1575.2\,kJ\,mol^{-1})$$

$$- \frac{3}{2}\left(-285.83\,kJ\,mol^{-1}\right)$$

$$\Delta H^{\circ}_{반응} = -17.2\,kJ\,mol^{-1}$$

199

위의 계산에서 우리는 깁스 붕대를 처음에 25°C에서 시행한다면 붕대가 얼마나 뜨거워질지를 계산할 수 있다. 석고 생성 반응에서 생기는 열이 주위로 전혀 빠져나가지 않을 때 붕대는 가장 뜨거워질 것이다. 반응에서 나오는 모든 열이 생성물을 덥히는 데 사용될 것이기 때문이다. 계산을 위하여 압력이 일정하게 유지되고 $\Delta H^{\circ}_{반응}$와 열용량이 온도에 무관하다고 가정한다. 계산을 위하여 석고의 실제 무게는 전혀 필요하지 않다.

$$\Delta H^{\circ}_{반응} = \Delta H^{\circ}(석고)$$
$$n17.2\,\text{kJ}\,\text{mol}^{-1} = nC_{\text{p}}\Delta T = n(186.2\,\text{J}\,\text{K}^{-1}\text{mol}^{-1})\Delta T$$
$$\Delta T = 92.4\,\text{K}$$
$$T_{최종} = 25°C + 92°C = 117°C$$

와우~!

깁스를 할 때 살갗을 데지 않는 것은 이런 가정들 중 몇 가지가 적용되지 않기 때문이다. 특히 열은 틀림없이 주위로 새나간다. 더욱이 반응은 아마도 완전히 진행되지 않거나 석고에서 열이 점차적으로 생기도록 시간 간격을 두고 일어날 수도 있다. 깁스 붕대를 준비하는 데 과잉의 물(반응식의 화학량론을 맞추는 데 필요한 양 이상의 물)이 사용된다. 과잉의 물은 반응에서 생성되는 열의 일부를 흡수한다. 또한 발생되는 모든 열이 깁스 붕대의 한 점으로 축적되지도 않으며, 넓은 표면적으로 열이 분산된다. 다른 가정들도 아마도 엄격하게는 사실이 아닐 것이지만(예를 들어 열용량과 반응엔탈피는 온도에 따라 달라진다) 이런 가정들이 예측된 최종 온도에 크게 영향을 미칠 것 같지는 않다. 따라서 주위로 열을 잃는 것이 석고의 최종 온도가 가능한 최고값에 도달하지 못하는 가장 중요한 이유인 것 같다.

┤ 중요한 용어 ├

반응엔탈피   열용량   생성엔탈피   단열

10.5 순간 얼음팩을 냉각시키는 것은 무엇일까?

대부분의 구급부품에는 부상과 화상을 치료하기 위하여 순간 얼음팩이 들어 있다. 간단한 화학반응이 냉각 처치에 즉시 이용된다.

화학적 원리

절상, 타박상, 삠, 열상을 위한 냉각 처치를 하기 위하여 순간 얼음팩에서는 열이 필요한 화학반응이 일어난다. 순간 얼음팩은 두 칸으로 구성되어 있다. 한 칸에는 액체 물이 들어 있고 다른 칸에는 고체가 들어 있다. 팩을 찌부러트려서 안쪽의 액체 칸을 싸고 있는 포장을 터뜨리면 두 칸이 합쳐진다. 화학 물질들의 반응이 주위로부터 열을 끌어들이면 얼음팩 내용물의 온도가 낮아진다.

화학적 구성

구급 처치의 순간 얼음팩은 이온성 염이 물에 녹을 때 생기는 흡열 성질을 이용하여 냉각 처치를 한다. 물에 녹으면서 열을 흡수하는 대표적인 두 물질은 질산암모늄과 염화암모늄이다.

$$NH_4NO_3(s) \longrightarrow NH_4^+(aq) + NO_3^-(aq)$$

$$NH_4Cl(s) \longrightarrow NH_4^+(aq) + Cl^-(aq)$$

질산암모늄이 물에 녹을 때의 표준 반응엔탈피는 반응물과 생성물의 생성엔탈피를 이용하여 계산할 수 있다.

201

$$\Delta H^{\circ}_{반응} = \Sigma \Delta H^{\circ}_{f}(생성물) - \Sigma \Delta H^{\circ}_{f}(반응물)$$

$$\Delta H^{\circ}_{반응} = \Delta H^{\circ}_{f}(NH_4^+, aq) + \Delta H^{\circ}_{f}(NO_3^-, aq) - \Delta H^{\circ}_{f}(NH_4NO_3, s)$$

$$\Delta H^{\circ}_{반응} = -132.51 kJ mol^{-1} + (-205.0 kJ mol^{-1}) - (-365.56 kJ mol^{-1})$$

$$\Delta H^{\circ}_{반응} = +28.1 kJ mol^{-1}$$

비슷한 방법으로 염화암모늄이 물에 녹을 때의 반응엔탈피도 구할 수 있다.

$$\Delta H^{\circ}_{반응} = \Sigma \Delta H^{\circ}_{f}(생성물) - \Sigma \Delta H^{\circ}_{f}(반응물)$$

$$\Delta H^{\circ}_{반응} = \Delta H^{\circ}_{f}(NH_4^+, aq) + \Delta H^{\circ}_{f}(Cl^-, aq) - \Delta H^{\circ}_{f}(NH_4Cl, s)$$

$$\Delta H^{\circ}_{반응} = -132.51 kJ mol^{-1} + (-167.2 kJ mol^{-1}) - (-314.43 kJ mol^{-1})$$

$$\Delta H^{\circ}_{반응} = +14.8 kJ mol^{-1}$$

염화암모늄의 엔탈피 변화는 질산암모늄이 물에 녹을 때의 약 절반이다. 얼음팩에 의하여 이를 수 있는 온도는 존재하는 물과 염의 양을 알고 염이 완전히 녹는다는 가정에서 계산할 수 있다.

예를 들어 75.0 ml의 물과 25.0 g의 질산암모늄이 들어 있는 얼음팩을 생각해 보자. 우리는 25 g의 질산암모늄이 모두 액체인 물에 녹는다고 가정할 것이다(비록 존재하는 물의 양이 작을 때는 제한을 받겠지만 NH_4^+ 이온은 용해성이다.).

$$NH_4NO_3의\ mol수 = 25.0 g / (80.04\ g/mol) = 0.312\ mol$$

그러면

$$\Delta H^{\circ}_{반응} = 0.312\ mol \times 28.1 kJ mol^{-1} = 8.76 kJ$$

흡수되는 모든 열이 일정한 압력에서 물로부터 흡수된다고 가정하면($\Delta H^{\circ}_{반응} = q_p$) $75.0\,\text{m}l$의 물이 냉각된다. 이때 물에서 열이 질산 암모늄으로 전달됨에 따라서 $\Delta H^{\circ}_{반응}$ 또는 q_P의 부호가 변화한다는 것을 기억해야 한다. 결국 우리는 모든 열이 주위로부터 물로 전달된다고 가정하고 계산하는 것이다.

물의 밀도가 $1.00\,\text{g}/\text{m}l$라고 가정하면 $75.0\,\text{g}$의 물이 존재한다.

$$n(\text{H}_2\text{O}) = 75.0\text{g}/(18.0\text{g}/\text{mol}) = 4.17\,\text{mol}$$
$$C_P(\text{H}_2\text{O, l}),\ 25\text{℃} = 75.29\,\text{J}/\text{K mol}$$
$$\Delta H^{\circ}_{반응} = nC_P\Delta T = (4.17\,\text{mol})(75.29\,\text{J}/\text{K mol})\Delta T$$
$$= -8.76\,\text{kJ}$$
$$\Delta T = -27.9\,\text{K}$$

203

298K에서 시작하였다면 마지막 온도는 270K, 즉 -3℃ 부근이 될 것이다. 우리의 계산은 반응엔탈피가 온도에 무관하며 물의 열용량도 온도에 무관하다는 것과 같은 여러 가지 가정을 포함하고 있다. 또 우리는 물이 얼지 않는다고(얼면 약간의 열을 내놓을 것이다) 가정하였다. 그럼에도 불구하고 계산 결과는 순간 얼음팩의 냉각 처치를 가능하게 해 주는 온도 저하에 대한 꽤 그럴듯한 값을 보여 준다.

┤ 중요한 용어 ├

흡열반응 반응엔탈피 용해 생성엔탈피

연관된 항목

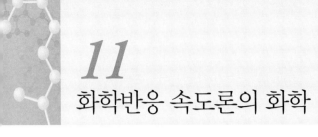

11 화학반응 속도론의 화학

11.1 왜 건전지를 냉장고에 보관하면 더 오래 갈까?

건전지를 냉장고에 보관하는 것이 정말로 도움이 될까?

화학적 원리

건전지의 화학 에너지를 전기 에너지로 전환하는 과정을 방전이라고 한다. 모든 건전지는 시간이 지남에 따라서 천천히 전하를 잃는(건전지의 자동 방전이라고 한다) 특징을 가지고 있다. 또 일부 건전지의 구성 성분은 시간이 지나면서 손상되거나(아연-탄소 건전지에서 아연의 부식과 같이) 휘발된다(증발을 통해서 물이 빠져나가는 것과 같이). 모든 반응에서의 반응 속도의 특징과 마찬가지로 이 반응의 속도상수는 온도에 따라서 변화한다. 반응 메커니즘이 하나의 속도 결정 단계를 포함한다면 단일 단계의 속도상수는 아레니우스 법칙에 따라 행동할 것이다. 이 법칙은 반응 속도 증가와 온도 증가의 관계를 정량적으로 나타내 준다. 일반적으로 보관 온도가 높아질수록 용량 보존은 나빠진다. 따라서 일부 건전지에서는 건전지를 사용하지 않을 때 저온에 보관함으로써 자동 방전과 손상 반응을 상당히 늦출 수 있다. 니켈 금속 건전지(NiMH)는 자동 방전 속도가 20°C에서는

0.8%/day이지만 45°C에서는 6%/day나 된다.[1] 아연-탄소나 알칼리-망간계 일차건전지(재충전 불가능)의[2,3] 보관 기간은 저온에 보관함으로써 상당히 연장된다.

화학적 구성

1887년에 스웨덴의 화학자 아레니우스는 화학반응이 일어나기 전에 충돌을 하는 분자들이 어떤 최소한의 운동 에너지를 가져야한다고 제안하였다. 만일 이 임계값보다 더 작은 에너지를 가진 두 분자가 충돌하면 화학반응을 일으키지 못하고 다시 흩어질 것이다. 이 가해진 위치 에너지가 '활성화에너지(E_a)'라는 어떤 임계값보다 더 크다면 반응물들은 생성물로 진행할 것이다. 초기에 아레니우스는 경험적으로 온도의 변화에 따른 반응 속도의 변화를 유도하였다.

그의 속도상수 k와 켈빈으로 나타낸 온도 T 사이의 관계식은 상수 A와 활성화에너지 E_a를 포함하고 있다.

$$k = Ae^{-E_a/RT} \qquad \ln k = \ln A - E_a/RT$$

┤ 중요한 용어 ├─────────────

아레니우스식   반응 속도   활성화에너지   속도상수

참 고 문 헌

[1] "Inside the Battery: An Electrochemical Background." IMREs Lapcenter, http://ural2.hszk.bme.hu/~ki023/psibatt/insidethebattery.htm

[2] Rayovac Battery Solutions, http://www.rayovac.com/busoem/oem/ specs/clock5b.shtml

[3] "Self-Discharge of Batteries as a Function of Temperature."

http://www.corrosion-doctors.org/Batteries/self-compare.htm

 연관된 항목

12.1 왜 야광 막대는 빛이 날까?

14.1 지속성 약품은 어떻게 작용할까?

12
빛의 화학

12.1 왜 야광 막대는 빛이 날까?

축제나 전시회에서 야광 막대가 환상적으로 빛나는 것이 복잡한 화학반응 때문이라는 것을 아는 사람은 거의 없다. 특별한 화학 구조를 갖는 다양한 성분의 화학 팔레트가 이런 신기한 무지개 색을 만든다.

화학적 원리

야광 막대를 포함한 다른 야광 물건들은 반딧불이나 번개와 비슷한 현상을 일으킨다. 이런 현상을 화학 발광이라고 한다. 이것은 화학반응에 의하여 생성된 화학 에너지가 빛에너지로 전환되는 것이다. 반딧불에서 빛을 만드는 화학반응은 효소라는 촉매에 의하여 촉발된다. 번개에서는 대기의 전기 방전이 하늘에서 불빛을 만드는 일련의 반응을 시작한다. 야광 막대에서는 막대를 구부리고, 툭툭 치고, 흔들면 플라스틱 관 안에 따로 들어 있던 물질들이 섞이면서 화학반응이 시작된다. 반응 동안에 생성된 에너지는 야광 막대 안에 들어 있는 염료 분자들로 전달된다. 염료 분자는 열을 내지 않고 색깔을 지닌 빛 형태로 에너지를 방출한다.

공연장이나 경기장의 응원에 흔히 사용되는 야광 막대는 초기의 장난감과 신기한 물건을 넘어서서 광범위하게 응용되고 있다. 화학 야광 막대가 만드는 차갑지만 강력한 빛은 비상 불꽃, 교통 신호, 위험 표지에 적합하다. 골프공, 축구공, 하키 퍽, 배드민턴 공을 비롯한 수많은 스포츠 용품은 혁신적인 야간 활동을 위하여 야광 막대를 이용한다. 석양 후에 나가보면 거의 모든 놀이 공원에서 어둠 속에 빛나는 목걸이, 팔찌, 머리띠를 볼 수 있을 것이다. 미국과 연합군은 사막 폭풍 작전 동안 수중 작전, 야간 개인 구별, 선박 구분, 위험 구획 표지와 부대, 자동차, 장비의 색 구별 표지에 야광 막대를 사용하였다. 상업적 선단은 참치와 갈치 같은 심해어류가 밤에 수면에서 헤엄칠 때 야광 막대에서 나오는 빛에 유인된다는 것을 발견하였다. 특히 원양어업에서는 길이가 129킬로미터나 되고 3,000개 이상의 낚시를 가진 외줄로 된 기다란 줄을 표시하기 위하여 야광 막대를 사용한다(책 앞부분 컬러 사진 12.1.1). 야광 막대는 색, 광도, 발광 시간에 따라서 다른 산업에서도 여러 가지로 응용되고 있다.

화학적 구성

우리가 볼 수 있는 색, 광도, 발광 시간은 야광 막대의 조성에 따라서 달라진다. 화학 조성이 야광 막대의 성질에 어떻게 영향을 미치는지 알아보자.

야광 막대의 원래 성분들 사이의 화학반응에서 나오는 에너지의 양은 빛의 색을 결정한다. 많은 양의 에너지를 발생하는 화학반응은 짧은 파장의 파란색이나 보라색 빛을 낸다(에너지 ∝ 1/파장). 더 적은 에너지를 발생하는 반응은 더 긴 파장을 가지는 붉은색이나 오렌지색을 낸다. 화학반응에서 빛이 에너지로 전환되는 효율은 발생하는 빛의 세기를 결정하는 한 가지 인자가 된다. 전환이 효율적일수록 막대의 빛은 밝아진다. 각 화학반응은 특징적인 에너지 발생량 이외에도 자체의 효율을 가지고 있다.

야광 막대의 세기는 온도에도 민감하다(책 앞부분 컬러 사진 12.1.2). 온도가 높아지면 화학반응의 속도가 가속되어서 일정한 시간 동안 염료에서 발생될 수 있는 빛의 양이나 세기가 증가한다. 마찬가지 원리로 야광 막대를 냉동고에 보관하면 수명을 연장시킬 수 있다. 낮은 온도에서는 화학반응이 느려지고 단위 시간당 생성하는 에너지양이 줄어들어서 더 약한 빛을 더 오랫동안 지속시킬 수 있다. 여러 온도에서 빛의 세기를 측정하면 아레니우스의 법칙을 증명할 수 있다(세기 $\propto$ 속도 $\propto e^{-1/T}$). 야광 막대가 빛을 내는 시간은 관 안에 들어 있는 화학반응물의 양에 따라서 결정된다. 어떤 온도에서 야광 막대 안에 들어 있는 원래의 화학 물질이 반응에 의하여 소모되면 화학 발광이 더 이상 불가능하게 되어 야광 막대는 어두워진다.

야광 막대의 화학 발광에 대한 일반적인 화학반응을 좀 더 자세히 살펴보자. 야광 막대 안쪽의 얇은 유리 앰플에 들어 있는 수용액의 주요 성분은 과산화수소(H_2O_2)다. 야광 막대의 플라스틱 관을 구부리면 얇은 과산화수소 유리병이 깨져서 과산화수소가 주위의 페닐옥살산에스테르(($COOC_6H_5)_2$)와 형광 염료와 혼합된다. 에스테르와 과산화수소는 여러 단계의 반응을 거쳐서 매우 에너지가 높은 C_2O_4 중간 물질을 생성한다(그림 12.1.3).[1]

옥살산에스테르의 페닐 고리에 여러 가지를 치환시키면 C_2O_4 중간 물질의 생성률에 영향을 미치게 된다. 중간 물질의 높은 에너지는 아마도 4원자 고리가 가지는 상당한 각무리 때문에 생겨날 것이

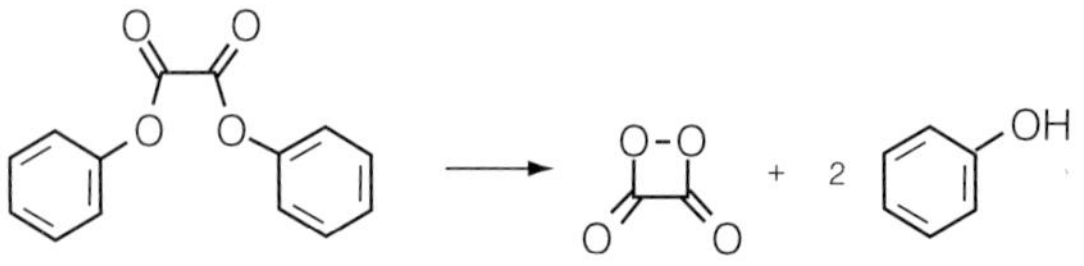

그림 12.1.3 매우 에너지가 높은 C_2O_4 중간체를 형성하는 옥살산페닐에스테르와 과산화수소의 반응.

다. 평면인 sp^2-혼성화 탄소의 이상적인 각은 $90°$가 아닌 $120°$이기 때문에 각무리가 생긴다. 중간 물질의 화학 에너지가 형광 염료의 전자 에너지로 전환되는 화학 전자 단계는 그림 12.1.4와 같이 나타낼 수 있다.

그림 12.1.4 화학 전기 단계(중간체의 화학 에너지가 형광 염료의 전자 에너지로 전환되는 단계). 여기에서 C_2O_4 중간체는 에너지를 방출하면서 두 분자의 이산화탄소로 분해된다. 에너지는 같이 존재하던 형광 염료로 전달되어서 염료는 들뜬상태가 된다.

염료 분자나 형광 물질로 에너지가 방출되는 것은 C_2O_4 중간 물질의 형태적 불안정성(납작하게 커다란 무리를 가지고 있는 C_2O_4는 2개의 직선형 이산화탄소 분자가 되려고 한다) 때문에 촉진된다. 형광체*로 표시한 민감해진 형광체는 빛을 방출하고 원래의 바닥상태로 돌아온다.

$$형광체^* \rightarrow 형광체 + h\nu$$

가시광선과 근적외선에 걸친 다양한 발광 파장이 형광 염료에 따라서 다르게 얻어진다. 예를 들어 9,10-디페닐안트라센(그림 12.1.5)은 청색을 만들고, 9,10-비스(페닐에티닐)안트라센(그림 12.1.6)은 최

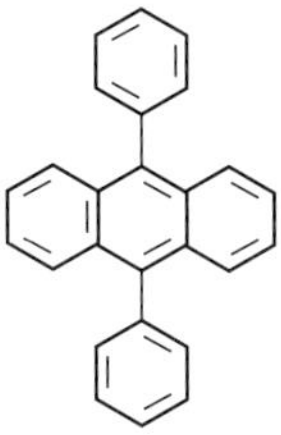

그림 12.1.5 9,10 - 디페닐안트라센의 분자 구조.

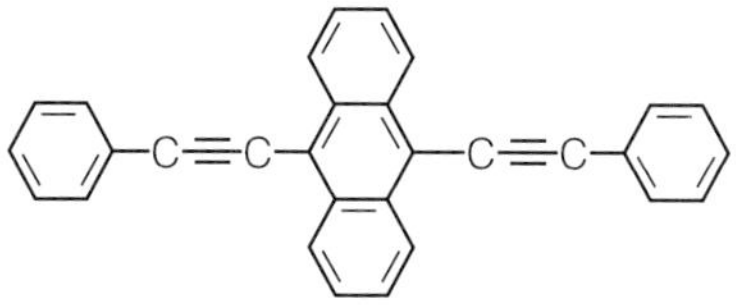

그림 12.1.6 9,10 - 비스(페닐에티닐)안트라센의 분자 구조.

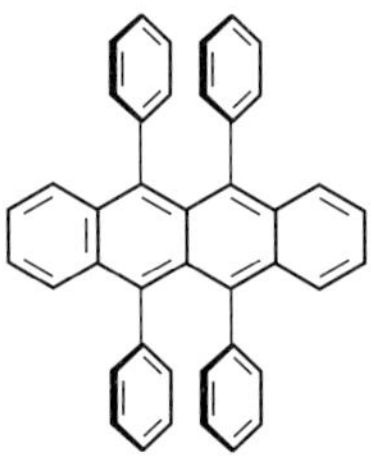

그림 12.1.7 루브렌 (5,6,11,12 - 테트라페닐안트라센)의 분자 구조.

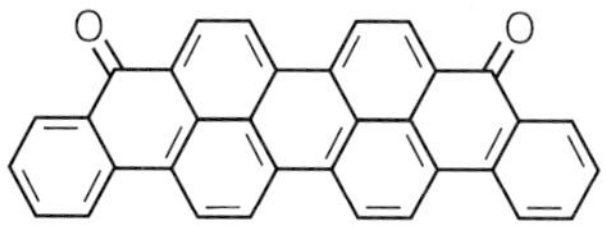

그림 12.1.8 비올안트론의 분자 구조.

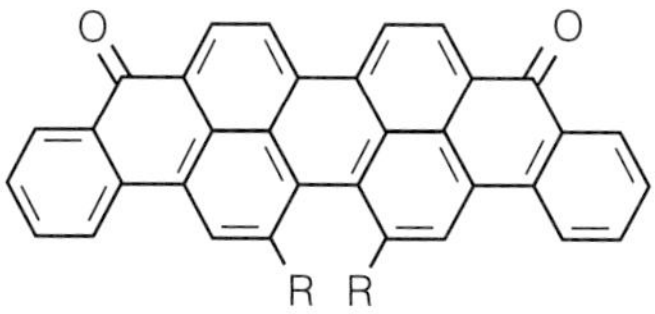

그림 12.1.9 16,17 - (1,2 - 에틸렌디옥시)비올안트론(R···R = −OCH$_2$CH$_2$O−)과
16,17 - 디헥실옥시비올안트론(R = −OC$_6$H$_{13}$)의 화학 구조.

대 출력이 486 nm에서 나타나는 노랑-녹색 발광을 하며, 루브렌 (5,6,11,12-테트라페닐안트라센, 그림 12.1.7)은 550 nm의 오렌지-노랑 빛을 만들고, 비올안트론(그림 12.1.8, $R \cdots R = -OCH_2CH_2O-$)은 630 nm에서 빛나는 오렌지색, 16,17-(1,2-에틸렌디옥시)비올안트론 (그림 12.1.9, $R \cdots R = -OCH_2CH_2O-$)은 680 nm의 붉은색을, 16,17-디헥실옥시비올안트론(그림 12.1.9, $R = -OC_6H_{13}$)은 725 nm에서 빛나는 적외선 발광을 한다.

┤ 중요한 용어 ├──────────────────────────

화학발광   화학반응속도   아레니우스 법칙   파장과 빛에너지

참 고 문 헌

[1] B. Z. Shakhashiri, *Lightsticks in Chemical Demonstrations: A Handbook for Teachers of Chemistry*, Volume 1 (Madison: Univ. of Wisconsin Press, 1983), 146-152.

12.2 왜 우주 비행사의 보안경은 그렇게 반사가 심할까?

우주에서 활동하는 우주 비행사의 사진을 보면 우주 비행사의 보안경에 햇빛이 강하게 반사되는 것을 볼 수 있다. 보안경의 화학은 그 심한 반사의 성질을 밝혀 준다.

화학적 원리

우리는 거울과 친숙하다. 거울은 반사의 법칙에 따라서 빛을 반사하는 빛나는 표면을 가지고 있다. 고대에는 주석, 청동, 구리, 금, 은의 빛나는 표면이 거울로 이용되었다. 현대의 거울은 뒷면에 알루미

늄이나 은의 얇은 층을 침착시킨 유리판으로 되어 있다. 따라서 유리는 덧칠이 입혀지는 물질로서 작용한다. 알루미늄과 은은 빛나는 흰 광택 때문에 도금의 덧칠로 선택되었다. 은의 장식적 아름다움이 수세기 동안 알려져 왔지만 거울을 만드는 은도금은 1835년 독일의 화학자 리비히(Justus von Liebig)에 의하여 발견되었다.

전형적인 거울은 가시광선과 근적외선을 모두 반사한다. 그러나 은 층의 두께에 따라 거울의 기능은 더 다양해진다. 가시광선이 투과한다면 우리는 은거울을 통해서 볼 수도 있을 것이다. 우주 비행사의 보안경 덧칠은 도금과 투과 보호경의 두 가지 역할을 하도록 되어 있다. 매우 얇은 금박으로 덧칠하면 적외선은 보안경의 표면에서 반사되고 가시광선은 투과될 수 있다(책 앞부분 사진 12.2.1). 반사와 투과의 상대적인 양은 막의 두께에 따라서 조절된다. 금박 보안경은 우주 비행사를 우주 공간에서 태양의 적외선으로부터 보호하는 데 절대적으로 필요하다. 일반인들도 이 기술의 혜택을 보고 있는데 일부 유명 선글라스에서는 금박 렌즈가 유행이다. 유리 이외의 표면도 적외선으로부터 보호하기 위해서 금으로 처리된다. 예를 들면 금박 테이프는 제미니-타이탄 4호 우주 비행사들이 우주선에 생명줄로 연결되어서 우주 유영을 하는 동안 생명줄을 감싸주었다. 우주에서 적외선을 받아서 가열되는 것을 조절하기 위해서 인공위성에도 얇은 금박 덧칠을 한다. F-16 전투기의 캐노피 외부도 아주 얇은 금박으로 처리하는데 비행기의 레이더 신호를 감소시키기 위해서일 것이다(비록 조종실의 금박 처리 목적이 공식적으로는 기밀로 취급되고 있지만).

화학적 구성

우주 비행사의 보안경에는 얇은 금박이 씌워져 있다. 이 얇은 막은 보안경으로 들어오는 적외선의 98%를 반사시켜서 우주 비행사가 태양열에 과도하게 노출되지 않도록 보호한다. 똑같은 원리가 사무실 빌딩의 유리창 표면에 금박 필름(20피코미터 정도로 얇음)[1]을 입히는 이유를 설명해 준다. 이것은 겨울철의 열손실을 감소시키고 여름철의 적외선과 열을 반사시킨다. 금은 다른 금속보다도 전성과 연성이 크기 때문에 얇은 필름으로 만들 수 있으며 열전도율이 크기 때문에(금보다 열전도율이 더 큰 것은 은과 구리뿐이다)[2] 효율적으로 냉각시킬 수 있다. 또한 금은 적외선을 매우 효율적으로(98%) 반사하기 때문에[3] 보안경이나 유리에 침착된 금 덧칠은 복사선의 흡수를 최소화시킬 수 있다.

┤중요한 용어├

금 적외선 열전도율 반사 투과 은도금

참고문헌

[1] N. N. Greenwood, and A. Earnshaw, "Copper, Silver, and Gold," in *Chemistry of the Elements*, 2nd ed.(New York: Pergamon Press, 1997), Chap. 28, pp. 1173-1200.

[2] "Thermal and Physical Properties of Pure Metals." *Handbook of Chemistry and Physics*, 74th ed., ed. David R. Lide (Boca Raton, FL: CRC Press, 1993), **12**-134 to **12**-137.

[3] "Metallic Reflector Coatings, Oriel Instruments, http://www.oriel.com/ netcat/VolumeIII/pdfs/v36metct.pdf

12.3 왜 북극의 오로라는 그렇게 색깔이 아름다울까?

> 밤하늘은 빠르게 움직이며 떨리는 불꽃 같은 빛으로 살아있는 것 같았다. 호박색, 장밋빛, 자주색으로 빛나는 오팔과 금을 가진 것 같았다. 그것은 거대한 큰 낫처럼 하늘을 베어가기도 하고 쐐기처럼 떨리기도 하였다. 은처럼 빛나는 밤하늘은 금빛 가장자리를 두른 것 같았다. 은빛 삼각기가 흔들리며 느린 광고가 지나가는 것 같았다. 갑자기 검이 번쩍이는 것 같기도 하고 창을 던지는 것 같기도 하였다. 우리는 두려움으로 쪼그려 앉아 치켜 뜬 맨눈으로 하늘의 전쟁터에서 일어난 불꽃들을 보았다.

> — 로버트 서비스(Robert W. Service), 『북극광의 춤』

화학적 원리

북극광(북극 오로라)이 움직이는 것을 본적이 있는지? 밤하늘에 보이는 색색의 오로라 고리들과 빛들은 놀라운 장관을 연출한다. 오로라는 로마 신화의 새벽의 여신이며 북극과 남극의 오로라는 각각 '북쪽의 새벽'과 '남쪽의 새벽'을 의미한다. 실제로 오로라는 태양에서 시작된 사슬 반응의 최종 단계다. 태양의 불꽃은 에너지를 가진 입자들을 방출하며, 입자들은 매우 빠른 속도(400 km/s)로 우주 공간을 여행한다.[1] 이런 입자는 전하를 가지고 있기 때문에 지구의 자기장에 붙잡힌다. 입자들이 지구의 자극으로 이동하면서 지상에서 $60 \sim 1,000$ km 위의 대기 중에서 산소(이원자의 O_2) 또는 질소(이원자의 N_2) 기체와 충돌한다. 충돌 결과 에너지가 기체 분자들로 전달되어서 분자가 이온화되거나(예, $O_2 + e^- \rightarrow O_2^+ + 2e^-$), 개별적 원자로 분리된다(예, $O_2 + e^- \rightarrow 2O + e^-$). 에너지를 가진 분자, 이온, 원자들은 얻은 에너지를 빛의 형태로 내놓으면서 더 에너지가 낮은 상태로 되돌아온다. 내놓는 빛의 색은 에너지를 방출하는 종의 종류에 따라서 달라진다.

화학적 구성

오로라는 태양 표면의 홍염 같은 폭발적 활동에서 발산된, 에너지를 가진 입자들(대부분은 전자)의 흐름에 의해서 생긴다. 높은 고도에서 태양풍이 지구의 자기장과 상호 작용을 하게 된다. 오로라의 특징적인 파장은 태양 입자로부터 전달된 에너지와 생성된 에너지가 높은 종들의 화학적 종류에 따라 달라진다. 에너지가 매우 높은 전자는 대기를 뚫고 투과하며 에너지가 낮은 전자는 열권의 상층부까지만 도달한다. $391.4\,nm$와 $470.0\,nm$의 파장을 가진 보라색과 청색 빛은 주로 낮은 대기층에 존재하는 N_2^+ 에 의해서 나온다. 사람 눈의 감수성은 쉽게 청색 빛을 검출하지 못한다. $630\,nm$의 적색 빛은 O_2^+에서 나온다. $557.7\,nm$의 녹색 빛(고에너지)과 $630.0\,nm$와 $636.4\,nm$의 진한 붉은색 빛(저에너지)은 모두 자외선에 의해서 이원자 산소가 분해되어서 생긴 산소 원자의 특징이다. 녹색 빛 오로라는 에너지가 센 전자가 투과하는 낮은 고도에서 생긴다. 저에너지 전자들의 거대한 흐름과 고도가 높은 곳($350\,km$)의 산소가 만나면 드물게 보이는 온통 붉은색의 오로라가 된다. [2]

┤ 중요한 용어 ├

빛의 파장   에너지   방출   이온화   분해

참 고 문 헌

[1] "The Sun." NASA Goddard Space Flight Center,
    http://www-spof. gsfc.nasa.gov/Education/Isun.html

[2] "The Rare Red Aurora." Article 918, Carla Helfferich , *Alaska Science, Forum,* March 22, 1989,
http://www.gi.alaska.edu/ScienceForum/ASF9/918.html

12.4 진주빛 광택이 나는 페인트는 어떻게 만들까?

많은 페인트, 잉크, 화장품 중에 진주빛 광택을 내는 것들이 있다. 진주빛 색소 기술은 이런 오팔색을 내기 위하여 보통 광물을 이용한다.

화학적 원리

진주빛 색소는 광물인 운모의 작은 박편이나 작은 조각들을 함유하며, 작은 조각에는 매우 얇은 이산화티탄 층이 입혀져 있다. 작은 조각들로 만들어진 많은 층에서 동시에 빛이 반사되면 광택이나 번쩍임이 생긴다. 운모 입자 표면의 코팅 두께를 조절함으로써 진주빛 색의 효과를 조절할 수 있다.

219

화학적 구성

진주빛 색소는 $1\sim2\mu$m 의 두께와 180μm 정도의 지름을 가지는 미세 운모 박편으로 만든다. 운모는 쉽게 매우 얇은 박편으로 쪼개지는 결정 구조를 가지는 규산알루미늄으로 이루어져 있다. 실제로 운모의 일반 구조식은 $AB_{[2-3]}(Al, Si)Si_3O_{10}(F,OH)_2$이다.[1] 일반적으로 A는 금속 칼륨(K)을 나타내고 B는 알루미늄(Al)을 나타낸다. 그러나 일부 운모는 A로 칼슘(Ca), 나트륨(Na) 또는 바륨(Ba)을 함유하기도 하고 B로 리튬(Li), 철(Fe) 또는 마그네슘(Mg)을 함유하기도 한다. 이런 규산 물질류는 이차원 평면상에서 다른 고리에 공유된 산소로 결합된 SiO_4 정사면체 고리를 함유하고 있다. 이런 결합의 배열은 판상 구조를 형성하여 잘 쪼개지는 평평하고 판판한 결정을 만든다.[1]

진주빛 색소에서 운모가 존재하는 것은 색소의 모양을 일부만 설명해 준다. 이산화티탄(TiO_2) 또는 산화철(Fe_2O_3) 또는 이 두 가지 모두의 얇은 무기산화물 층이 운모 박편에 코팅되어 있다. 여러 가지색과 진주빛 효과는 이산화티탄 층에서 굴절되거나 반사되는 빛에서 만들어진다. 매우 얇은 박편은 반사가 잘되고 투명하다. 칠을 하면 그것들의 판상 모양 때문에 박편들은 쉽게 평행한 층들로 배열된다. 입사광의 일부는 맨 위층에서 반사되고 일부는 그 아래층까지투과한 뒤에 반사된다. 진주빛 광택은 많은 미세판들에서 여러 가지로 반사되는 빛 때문에 생긴다. 운모 입자의 크기가 작을수록 더 부드러운 광택이 나고 입자의 크기가 클수록 더 번쩍거리는 효과를 낸다. 또 산화층의 두께는 나타나는 색깔을 결정한다. 빛의 다중 굴절과 반사는 파장의 보강 간섭과 상쇄 간섭을 가져온다. 산화층 두께는보강 간섭을 하는 빛의 파장을 좁은 범위로 제한하며 따라서 특별한

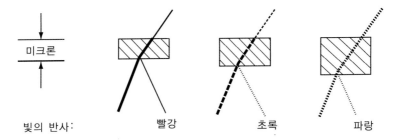

빛의 반사: 빨강   초록   파랑

그림 12.4.1 서로 다른 두께를 가진 미세 산화물 층들에서 빛의 다중 반사가 생기고, 이 때문에 파동의 보강 간섭과 상쇄 간섭이 생겨서 특정한 색효과가 나타난다. 두께가 다르면 다른 색을 반사한다.

색 효과가 나타난다. 다른 모든 파장의 빛들은 상쇄 간섭이 일어나서 색이 나타나지 않는다. 그림 12.4.1에 이런 개념을 요약해 놓았다.

┤ 중요한 용어 ├
간섭   무기   산화물

참 고 문 헌

[1] The Silicate Class, The Mineral Gallery,
   http://www.galleries.com/ minerals/silicate/class.htm

12.5 왜 미국의 돈을 '지폐'라고 부르는 것은 옳지 않을까?

221

모든 미국인은 미국 지폐의 앞면에 들어 있는 워싱턴(1달러), 제퍼슨(2달러), 링컨(5달러), 해밀턴(10달러), 잭슨(20달러), 그랜트(50달러), 프랭클린(100달러) 초상화에 익숙하다. 동전과 마찬가지로 미국 재무부는 미술협회와 협의하여 지폐에 들어갈 디자인을 선택한다. 그러나 지폐의 디자인과 인쇄를 책임지는 기관은 워싱턴과 텍사스 주의 포트워트에 있는 화폐제조국이다. 미국 지폐의 인쇄 모양은 지난 몇 년 동안 상당히 바뀌었지만 '종이'의 화학은 별다른 변화 없이 유지되고 있다.

화학적 원리

지폐가 계속적으로 유통되기 위해서는 내구성이 있는 고품질의 물질이 필요하다. 1861년에 최초로 발행된 지폐 이래로 미국 지폐는 한 번도 종이에 인쇄된 적이 없으며 리넨의 함량이 25±5%인 면-리넨 섬유에 인쇄되었다. 흔히 이 섬유를 면리넨 국지라고 한다. 위조지폐를 방지하기 위하여 면-리넨 용지에 의류 제조에서 생기는 붉은색과 파란색의 명주실 보푸라기를 집어넣는다. 매사추세스 주의 돌턴에 있는 크레인사가 1879년 이래로 이 국지를 제조해 오고 있으며 다른 사람이 이것이나 이것과 유사한 것을 제조하거나 소유하거나 사용하는 것은 불법이다. 크레인사의 역사는 흥미롭다.[1] 크레인 가문과 미국 지폐와의 관계는 1775년에 스티븐 크레인이 매사추세스만 식민지의 최초 통화를 만들기 위한 종이를 폴 리베레에게 판매하면서 시작되었다. 아버지에게서 종이 제조 기술을 배운 제나 크레인은 1801년에 가업을 이어받아서 매사추세스주 돌턴의 하우사토닉강가에 종이 공장을 세웠다. 다음은 1800년에 《피츠필드 선》 신문에 실린 광고문이다.[2]

> 미국인이여
> 여러분의 공장을 격려해 주십시오. 곧 이용할 수 있을 것입니다. 숙녀 여러분은 해진 조각들을 모아 주십시오. 여러분이 기대하시는 바와 같이 올 봄에 돌턴에 제지 공장이 건립될 것이며 이것은 사회에 크게 기여할 것입니다. 여러분이 자랑스럽게 생각해 주는 것이 곧 격려가 될 것입니다.
>
> - Henry Marshall, Zenas Crane, and John Willard

이 광고문에서 나타나듯이 해진 헝겊 조각은 펄프를 고품질의 국지로 만드는 기초 원료가 된다. 제나 크레인은 1842년에 은퇴하였지만 그의 아들 제임스 크레인과 제나 마셜 크레인은 사업을 이어받아 지폐, 채권, 수표용 종이를 만들기 시작하였다. 2세대가 지난 1879년에 머리 크레인은 미국지폐 제조권을 획득하였다. 크레인사는 미국 재무부와 독점적으로 계약을 맺고 특수하게 실을 넣은 면과 리넨 지폐용지를 생산하게 되었다. 이 회사는 매우 안정적인 이 사업 이외에 캐나다, 멕시코, 인도네시아, 우크라이나의 지폐를 위한 용지도 생산하고 있다.[3]

화학적 구성

고대 이집트에서는 갈대 같은 파피루스 식물의 섬유와 풀 수액 등이 종이를 만드는 중요한 구성 성분이었다. 기원 1세기에 중국에서는 뽕나무 같은 다른 나무도 사용하였다. 유럽에서는 제지 공장이 14세기에 이미 등장하였고 리넨과 면 지스러기는 18세기까지 기본적 원료 역할을 하였다. 종이 수요에 비하여 원료가 부족하였기 때문에 흔히 제지공장은 원료 물질을 공개적으로 수집하였다. 목재 펄프로 종이를 제조하는 것은 1800년부터 시작되었으며 제지공업을 면과 리넨 지스러기로부터 해방시켜 주었다. 그러나 오늘날에도 강도, 내구성, 영속성, 고운 조직을 필요로 하는 지질을 위해서는 섬유와 의류 제단에서 남은 면과 리넨 섬유를 이용한다.

종이 제조 과정의 마지막 단계들 중 하나는 여러 가지 효과를 나타내기 위하여 종이면을 코팅하는 것이다. 예를 들어 코팅은 인쇄가 고르게 되기 위한 균일성을 증진시키고 종이의 흰색과 불투명성을 증진시킨다. 모든 미국 지폐와 다른 많은 종이들을 희게 하고 불투명하게 하기 위해서는 이산화티탄(TiO_2)이 사용된다.[4] 왜 이산화티탄이 종이를 희게 하는 데 가장 적절한 코팅제로 선택되었을까? 사람의 눈은 어떤 물체가 모든 파장의 빛을 분산시키면 그 물체를 흰색으로 인식한다. 따라서 종이면이나 코팅이 빛을 분산시키는 것이 그 불투명도와 밝기를 결정할 것이다. 빛을 분산시키는 한 가지 방법은 굴절이다. 이산화티탄의 고굴절률은 빛을 효과적으로 분산시킨다. 굴절은 빛이 공기 같은 한 매질에서 다른 매질로 진행할 때 그 경로가 꺾이는 것을 말한다. 두 매질 간의 굴절률의 차이가 클수록 빛이 꺾이거나 굴절되는 정도도 커진다. 흔히 사용되는 이산화티탄의 결정형들(예추석과 금홍석)은 모두 매우 큰 굴절률을 가지고 있어서 작은 부피의 시료로도 밝기를 달성하는 데 적당한 이상적인 상업용 색소다.[5]

┌┤ 중요한 용어 ├──────────────────────────────┐
│   │
│ 굴절   │
│   │
└──┘

참 고 문 헌

[1] "The State of One Small Family Business: Crane & Co." Mary Furash, Inc. Online,
http://www.inc.com/incmagazine/archives/27961141.html

[2] "Crane Museum, Dalton, Massachusetts 01226."
http://www.berkshireweb.com/themap/dalton/museum.html

[3] "Opening up Money Supply Worries Dalton Paper Firm." Jeff Donn, Associated Press, The Standard-Times,
http://www.s-t.com/daily/04-97/04-13-97/f03bu299.htm

[4] "Basics: Why is TiO2 Used in Paper?" Millenium Chemicals,
http://www.millenniumchem.com/Products+and+Services/Products+by+Type/Titanium+Dioxide+-+Paper/r_Paper+Basics/

[5] "DuPont Ti-Pure: Paper: Rutile and Anatase."
http://www.dupont.com/tipure/paper/anarut.html

12.6 미국 지폐의 앞면에 있는 수직선 모양의 투명한 띠의 목적은 무엇일까?

워싱턴에 있는 화폐제조국에서는 미국의 지폐를 만든다. 잉크와 종이 산업의 발달에 힘입어서 오늘날 미국의 지폐에는 몇 가지 특수한 디자인이 들어 있다. 그런 물질에 대한 매우 정교한 화학은 위조를 방지하기 위한 효과적 억제책이다.

화학적 원리

미국 지폐를 자세하게 관찰한 적이 있는지? 흔히 명칭, 초상화, 서명을 찾아볼 수 있다. 재무부 인장, 연방준비은행 인장, 미국 재무부 장관 서명, 구호, 일련번호도 쉽게 찾아볼 수 있다. 그러나 몇 가지 디자인 특징은 쉽게 찾아볼 수 없다. 그런 특징들 중 하나가 1990년에 지폐에 도입된 것으로 지폐의 종이 안에 들어 있는 투명띠다. 이것은 위조에 대한 안전 장치이다. 이 안전띠는 폴리에스테르로 만들어졌으며 그 안에 지폐의 명칭이 인쇄되어 있다. 띠와 인쇄된 글씨는 불빛에 비추면 지폐의 앞면과 뒷면에서 모두 볼 수 있다. 고액권인 100달러와 50달러짜리에는 각각 "USA 100 USA 100"과 "USA 50 USA 50"이라는 문구가 반복되어 인쇄되어 있다. 그 다음 세 종류 지폐(20달러, 10달러, 5달러)에는 띠를 따라서 "USA TEN"과 같이 "USA"라는 문구 뒤에 돈의 명칭이 대문자로 반복되어 인쇄되어 있다. 1달러짜리 지폐에는 안전띠가 들어 있지 않다. 1996년에 발행된 지폐부터는 지폐의 명칭에 따라서 안전띠의 위치가 다르게 조정되었는데 지폐의 명칭을 나타내는 곳에 위치하게 되었다. 또 1996년 3월 25일부터 새로 발행된 100달러짜리의 안전띠는 어두운 곳에서 자외선을 쬐면 붉은색의 형광이 나타나도록 재설계되었다. 안전띠

225

는 프랭클린 초상화의 타원형 바로 왼쪽에 위치하고 있다. 1997년 10월 27일부터 발행된 새로운 50달러짜리 지폐의 안전띠는 그랜트의 초상화 오른쪽에 있으며 어두운 곳에서 자외선을 비추면 노란색으로 빛난다. 인쇄 문구는 "USA 50" 이외에 미국 국기도 들어 있다. 새로 설계한 20달러 화폐는 1998년 5월에 등장하였으며 그해 가을부터 유통되었다. 수직 안전띠가 잭슨 초상화에서 멀리 떨어진 왼쪽(연방준비 은행 인장의 왼쪽)에 위치하고 있다. 불빛에 비추면 "USA TWENTY"와 미국 국기를 양면에서 모두 볼 수 있다. 미국 국기의 별 부분에 "20"이라는 숫자가 나타난다. 자외선을 비추면 녹색으로 빛난다. 1999년 여름부터 발행된 새로운 10달러짜리의 설계 특징은 아직 잘 알려지지 않았다. 새로운 안전 장치의 도입이 항상 실수 없이 이루어지는 것은 아니다. 1996년 11월에 미국 화폐제조국 관리들은 새로 설계한 460만 달러어치 100달러짜리에서 고분자 안전띠와 내비치는 무늬가 서로 바뀌어 있는 것을 발견하였다. 즉 안전띠가 프랭클린 초상화의 오른쪽에 나타났고 내비치는 무늬가 왼쪽에 나타났다.[1] 이런 잘못 인쇄된 지폐는 여전히 법적으로 유효한 통화이지만 수집가들 사이에서는 액면가보다도 훨씬 더 가치가 높다. 미국 재무부가 왜 지폐에서 안전띠의 위치를 서로 다르게 만들었는지 궁금할 것이다. 위조 지폐범들은 흔히 낮은 금액의 지폐를 탈색시켜서 그 종이에 더 높은 금액의 지폐를 인쇄하려고 한다. 그러나 안전띠의 위치가 다르면 그런 유형의 위조는 쉽게 드러난다.

라트비아 은행도 안전 장치로서 눈에 보이지 않는 형광 섬유를 지폐에 넣고 있다. 미국 지폐의 안전띠처럼 라트비아 안전띠도 자외선 아래에서 세 가지 다른 색으로 빛난다. 또 지폐의 앞면 위쪽 중심에 위치한 붉은색의 일련번호를 인쇄한 잉크도 자외선을 쬐면 빛을 낸다. 싱가포르의 지폐도 자외선을 받으면 빛을 내는데, 검은색의 일련번호는 녹색으로, 붉은색의 재무부 인장은 오렌지색으로 빛을 낸다. 홍콩 달러, 말레이시아 달러, 대만 유엔, 인도네시아 루피아에는 명칭 숫자, 인장과 다른 그림들에 형광 잉크가 사용되고 있다. 독일의 마르크, 네덜란드의 굴덴, 벨기에의 프랑에는 종이 제조 과정에서 특별한 형광 섬유가 들어간다. 스위스프랑과 캐나다달러에서도 형광 반점들이 나타난다. 들어 있는 형광 안전띠를 검출할 수 있는 많은 기기들이 생산되고 있다.[2]

(우리나라에서 2007년에 발행된 만 원권과 2006년에 발행된 오천 원권을 빛에 비추어 보면 오른쪽의 초상과 숫자 사이에 숨은 은선이 있고 여기에 '한국은행 10000 BANK OF KOREA' 또는 '한국은행 5000 BANK OF KOREA'가 인쇄되어 있다. 또 지폐 가운데 부분을 빛에 비추어 보면 '만 원' 뒤쪽에 가로로 된 숨은 막대 2개가, '오천 원' 뒤쪽에 가로로 된 숨은 막대 3개가 나타난다. 2007년에 발행된 천 원권의 중앙에는 홀로그램('한국은행BOK')이 새겨진 얇은 플라스틱 필름 띠가 삽입되어 일정한 간격으로 부분 노출되어 있다.―옮긴이)

화학적 구성

1990년도 지폐부터 도입된 안전띠는 얇은 금속이 들어 있는 폴리에스테르 조각으로서 폭이 1.4~1.8 mm이고 두께가 10~15 미크론이다.[3] 폴리에스테르 띠는 표준적인 합성섬유로서 수많은 단위체로부터 직선형 또는 교차결합을 가진 형으로 중합된 것이다. 단위체는 그림 12.6.1과 같은 에스테르 결합을 통해서 연결된다. 폴리에스테

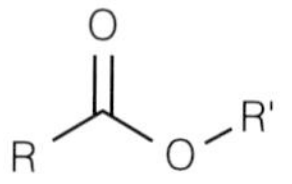

그림 12.6.1 단위체들을 연결하여 폴리에스테르라는 고분자 분자를 형성하는 에스테르 결합.

르는 흔히 글리콜과 이염기산의 두 가지 단위체를 같은 양으로 넣어서 만든다. 글리콜은 두 개의 히드록시기(−OH기)를 가진 유기 화합물이고 이염기산은 두 개의 카르복시기(−COOH)를 가진 유기 화합물이다.

┤ 중요한 용어 ├

형광   폴리에스테르   에스테르   결합   글리콜   이염기산

참 고 문 헌

[1] "Officials report $100 printing error." National/World News, March 29, 1997, TH On-Line, Telegraph Herald of Dubuque, IA, http://www.thonline.com/ th/news/032997/National/52409.htm

[2] "Ultraviolet Applications." UVP Products, Inc., Upland, CA, http://www.uvp.com/html/bulletins.html

[3] "Description and Assessment of Deterrent Features," in *Counterfeit Deterrent Features for the Next-Generation Currency Design*, National Materials Advisory Board (Washington, DC: National Academy Press, 1993), Chap. 4.

12.7 왜 새로 나온 미국 지폐의 오른쪽 아래 귀퉁이에 있는 문자를 다른 각도로 보면 녹색에서 검은색으로 변할까?

거의 4세대만에 미국의 화폐는 몇 가지 진보된 기술을 이용하여 주목할 만한 외관 변화를 갖게 되었다. 특히 지폐의 오른쪽 아래 귀퉁이에 있는 문자를 인쇄하는 데 사용된 잉크는 복잡하고 혁신적인

화학을 포함하고 있다. 미국 지폐를 기울이면서 보면 녹색에서 검은
색으로 변하는 것은 시각의 착시일까 아니면 잉크의 색의 변화일까?

화학적 원리

컬러복사기, 스캐너, 프린터의 진보 때문에 통화의 안전성을 유지
하기가 점점 어려워지고 있다. 1990년 이래로 미국 재무부는 위조
지폐를 방지하기 위하여 새로운 통화에 많은 특징들을 첨가하였다.
1996년 이후 발행된 지폐에 도입된 새로운 특징 중 하나가 지폐의
오른쪽 아래 귀퉁이에 있는 숫자에 광학적 가변성 잉크(시변각 잉크
라고도 한다.)를 사용한 것이다. 지폐를 가볍게 기울이면 숫자가 녹색
으로 나타나지만 다른 각도로 보면 검은색으로 보인다.

이 기술은 캘리포니아 주 산타로사에 있는 플렉스사의 기술 담당
자인 필립스(Roger Phillips)와 업티컬코팅사의 두 동료 히긴스(Pat
Higgins)와 버닝(Peter Berning)이 발명한 것이다. 원래는 위조 방지 수
단으로 미국 지폐에 이용할 수 있는 광학적 가변성 얇은 막을 만들
려고 한 것이었다. 연방준비은행은 처음에는 이 아이디어와 관련하
여 생산품을 만들기 위하여 1700만 달러를 투자하였다. 그러나 그
과정에서 새로운 기계를 도입해야 했기 때문에 1985년에 관리들은
새 기술을 포기하기로 결정하였다. 회사가 대량 해고에 직면하게 되
자 필립스는 그 아이디어를 새로운 값비싼 기계를 도입하지 않아도
되는 인쇄 기술에 적용하기로 하였다.

미국 정부가 광학적 가변성 잉크를 안전 장치로 사용하는 유일한
정부는 아니다. 40개국 이상이 이 색소 기술을 사용하고 있다. 프랑
스 은행에서 발행된 피에르 퀴리와 마리 퀴리가 나오는 500프랑 지
폐의 아원자 세계, 에펠이 나오는 200프랑 지폐의 에펠탑 단면, 세

229

잔이 나오는 100프랑 지폐의 세잔의 팔레트, 생텍쥐페리가 나오는 50프랑 지폐의 '보아뱀을 잡아먹은 코끼리' 그림에 녹색을 청색으로 변화시키는 가변성 잉크가 사용되고 있다. 라트비아 은행이 발행한 500라트 지폐에는 광학적 가변성 잉크가 지폐 뒷면의 왼쪽 귀퉁이 액면가가 인쇄된 부분의 색 변화 효과를 만들고 있다. 광학적 가변성 안전장치는 아일랜드 중앙은행에서 발행한 지폐에도 이용되었다. 영국도 최근에는 영국 여왕과 필립공의 결혼 50주년을 기념하는 일종 우표에 광학적 가변성 잉크를 사용하였다. 보는 각도를 변화시키면 여왕의 머리가 금색에서 녹색으로 변한다.

필립스는 이 광학적 가변성 잉크 기술을 자동차 공업에까지 확장시켰다. 1993년에 그는 다른 각도에서 보면 다른 색으로 보이는 자동차용 내구성 도료를 개발하였다.

(우리나라에서 2007년에 발행된 만 원권과 2006년에 발행된 오천 원권에는 홀로그램이 붙어 있는데 보는 각도에 따라서 우리나라 지도, 태극과 '10000' 또는 '5000', 4괘가 번갈아 나타난다. 뒷면의 오른쪽에 있는 숫자에는 색 변환 잉크가 사용되어서 보는 각도에 따라서 숫자가 황금색에서 녹색으로 변한다. 2007년에 발행된 천원권에는 뒷면의 오른쪽에 있는 숫자에 색 변환 잉크가 사용되어서 보는 각도에 따라 숫자가 녹색에서 청색으로 변한다. http://www.bok.or.kr/newbanknotes/index.jsp를 참고하기 바란다.— 옮긴이)

화학적 구성

광학적 가변성 잉크를 개발하는 과정에는 매우 얇은 금속을 함유한 색소를 정밀한 두께로 코팅한 후 코팅을 작은 박편으로 연마하는

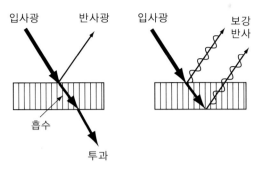

그림 12.7.1 색을 만드는 빛의 반사, 흡수, 간섭 현상. 반사되는 빛의 어떤 파장
에서 생기는 색은 보강 간섭을 통해서 선택적으로 강화되고 다른 파
장의 빛들은 상쇄 간섭을 통해서 소멸된다.

과정이 포함되어 있다. 박편은 보통 두께가 1, 지름이 2~20로서 평
균 종횡비(반지름과 두께의 비)가 10 대 1이다.[1] 색 변화를 일으키는
이 박막의 조각들을 보통 잉크에 혼합한 후 그 잉크를 표면에 칠한
다. 높은 종횡비 때문에 박편들은 잉크의 표면에 평행하게 배열된
다. 빛이 박편을 비추면 빛이 반사된다. 금속판들이 마구잡이로 위
치하고 있기 때문에 어떤 빛의 파장은 선택적으로 강화되며(보강 간
섭) 어떤 파장들은 소멸된다(상쇄 간섭). 색 회절이라고 하는 이 현상
은 굴절을 통해서 색이 나타나게 만든다(그림 12.7.1).

다른 각도에서 보았을 때 특별한 색이 보이는 것은 박막 코팅의
두께에 따라서 결정된다. 생산하는 과정에서 막 두께를 조심스럽게
조절하는 정밀한 기계가 필요하다. 광학 효과의 크기는 잉크 안에
박편의 밀도가 얼마인지에 따라서 달라지며 광학 효과의 질은 이 박
편들이 종이 면에 대하여 얼마나 정확하게 배열되었는가에 따라서
달라진다.

색을 변화시키는 박편을 만드는 데 사용되는 대표적 물질에는 어

떤 것들이 있을까? 박편들이 잉크 표면의 위쪽이나 아래쪽으로 배열될 수 있기 때문에 흡수체-유전체-반사체-유전체-흡수체의 대칭적인 층 배열이 이용된다. 흡수체의 역할은 보는 각을 변화시켰을 때 나타나는 잉크색의 변화를 강화시키거나 변형시키기 위하여 특별한 파장의 빛을 흡수하는 것이다. 유전체는 빛을 흡수하지 않고 낮은 굴절률을 가진 물질이다. 그런 물질들의 경계면 색들은 각에 따라서 매우 민감하게 달라진다.[2] 반사체는 빛의 반사를 통해서 독특한 광학적 효과를 내는 물질이다. 다층 구조에 사용되는 대표적인 물질들로는 흡수체로 크롬, 유전체로 플루오르화마그네슘 또는 이산화규소, 반사체로 알루미늄을 사용한다.($Cr/MgF_2/Al/MgF_2/Cr$과 $Cr/SiO_2/Al/ SiO_2/Cr$) 전형적으로 층 두께는 각각 50$Å$, 4000$Å$, 900$Å$, 4000$Å$, 50$Å$이다.[1] 광학적 가변성 박편들에 대한 몇 가지 다른 물질들의 조합을 그림 12.7.2에 나타냈다.

부분적으로 반사	Al	Cr	MoS_2	Fe_2O_3	Fe_2O_3
거의 반사 않음	SiO_2	MgF_2	SiO_2	SiO_2	SiO_2
내부 반사체	Al	Al	Al	Al	Fe_2O_3
거의 반사 않음	SiO_2	MgF_2	SiO_2	SiO_2	SiO_2
부분적으로 반사	Al	Al	MoS_2	Fe_2O_3	Fe_2O_3

그림 12.7.2 색이 변화하는 잉크의 광학 효과를 만드는 데 사용되는 흡수체(부분적으로 반사)-유전체(반사를 거의 않음)-반사체(내부 반사체)-유전체-흡수체의 층 유형.

┤중요한 용어├
반사   흡수체   유전체   반사체 잉크

참고문헌

[1] "Description and Assessment of Deterrent Features," in *Counterfeit Deterrent Features for the Next-Generation Currency Design*, National Materials Advisory Board (Washington, DC: National Academy Press, 1993), Chap. 4.

[2] "Luster Pigments with Optically Variable Properties." Raimund Schmid, Norbert Mronga, Volker Radtke, Oliver Seeger, BASF Corporation, http://www.coatings.de/articles/schmid/schmid.htm

12.8 광학적 증백제란 무엇일까?

"하얗게 더 하얗게! 밝게 더 밝게!" 세탁제 광고에서 이런 말을 많이 들었을 것이다. '광학적 증백제'라는 첨가물의 분자 구조는 이런 우수한 세탁제를 가능하게 해 주는 필수 요소다.

화학적 원리

울과 비단 같은 천연섬유와 셀룰로오스를 함유하는 종이들은 흔히 노르스름한 빛을 띤다. 이런 물질들이 노란색을 띠는 것은 그 보색(파장이 400nm 부근인 보라색에서 청색 사이의 빛)을 흡수하기 때문이다.(보색은 원형의 색상표에서 서로 반대쪽에 위치한 색이다.) 직물과 셀룰로오스의 천연색소가 그런 흡수를 하는 것이다. 직물과 종이를 희게 만드는 것은 표백제를 사용하면 되지만 이런 처리는 흔히 물질을 손상시킨다. 대신에 손실된 청색-보라색(섬유가 흡수하여 우리 눈으로 전달되지 않는다)을 보충하기 위하여 광학적 증백제를 첨가할 수 있다. 광학적 증백제는 자외선을 흡수한 후 곧 청색 가시광선을 방출하여(형광 발광) 청색-보라색을 보충하는 기능을 수행하는 화합물이다. 광학적 증백제에서 방출된 청색광은 섬유가 흡수한 청색광을 보충해 준다. 따라서 색 스펙트럼의 모든 파장을 함유하는 '완전한' 백색광을 만들어 준다. 광학적 증백제의 추가적인 증백 작용은 자외선을 가시광선으로 전환하는 것보다 약간의 과잉 형광 물질을 첨가할 때 생긴다. 광학적 증백제의 양은 조심스럽게 조절되어야 한다. 광학적 증백제가 너무 많으면 청색광의 발광 때문에 직물이 푸른빛을 띠게 된다.

화학적 구성

많은 상업용 광학적 증백제는 산업 비밀이지만 대부분의 이런 형광 화합물은 하나 이상의 고리계를 함유하며 스틸벤(그림 12.8.1), 쿠마린(그림 12.8.2), 이미다졸(그림 12.8.3), 트리아졸(그림 12.8.4), 옥사졸(그림 12.8.5), 바이페닐(그림 12.8.6)의 유도체다. 단일결합과 이중결합이 교대되는 연속된 사슬('콘쥬게이션 이중결합')이 이런 화합물이 자외선을 흡수하고 청색 영역의 가시광선을 방출하는 데 기여한다. 그런 화합물 중 하나인 7-아미노-4-메틸쿠마린(그림 12.8.7)은 350nm 부근에서 빛을 흡수하고 430nm에서 빛을 방출한다. 그림 12.8.8에 나타낸 것과 같은 이 화합물의 표준화된 흡수와 발광 스펙

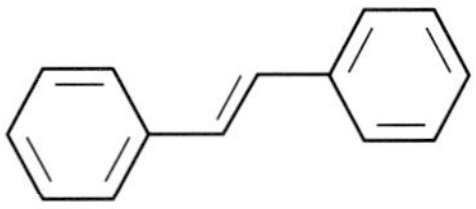

그림 12.8.1 스틸벤의 화학 구조.

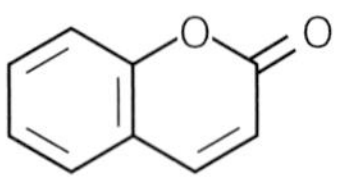

그림 12.8.2 쿠마린의 화학 구조.

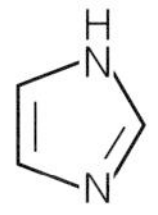

그림 12.8.3 이미다졸의 화학 구조.

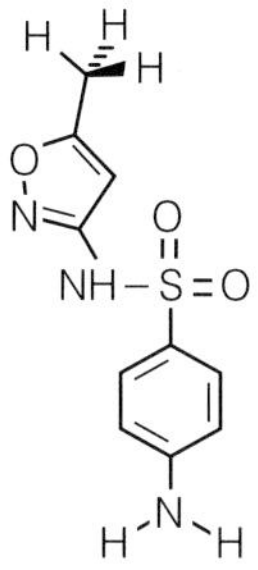

그림 12.8.4 트리아졸의 화학 구조.

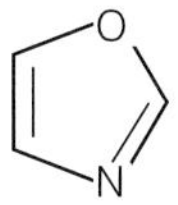

그림 12.8.5 옥사졸의 화학 구조.

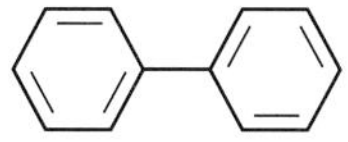

그림 12.8.6 바이페닐의 화학 구조.

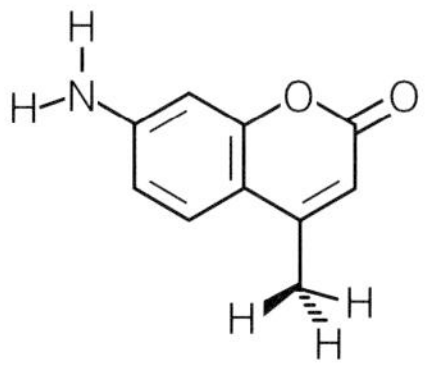

그림 12.8.7 7-아미노-4-메틸쿠마린의 화학 구조.

235

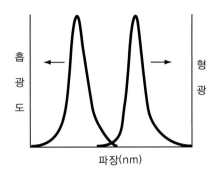

그림 12.8.8 표준화된 7-아미노-4-메틸쿠마린의 흡수 스펙트럼과 방출 스펙트럼.

트럼에서[1] 이런 광학적 변수들이 분명하게 나타난다. 흡수 스펙트럼은 물체가 어떤 특별한 색의 빛을 얼마나 흡수하는가를 색(파장)의 함수로서 기록한 것이다. 최대 흡수파장(~350 nm)이 전자기 스펙트럼의 자외선 영역에 존재한다. 주로 이 파장에서 빛이 흡수되면 430 nm 부근에서 최대 파장을 가진 청색광이 방출된다.

┌─| 중요한 용어 |──────────────────────────┐
│ 자외선   흡수   방출   형광   │
└────────────────────────────────────┘

참 고 문 헌

[1] "Spectra: 7-Amino-4-methylcoumarin." Molecular Probes, Inc., http://www.probes.com/servlets/spectra?fileid=191ph7

12.9　햇볕화상방지제와 햇볕차단제의 차이점은 무엇일까?

　　태양의 자외선은 즉각적이거나 장기적으로 햇볕화상, 발진, 조로
성 주름, 피부암 형태로 피부 손상을 일으키는 원인이 된다. 우리는
과다한 노출을 피하기 위하여 햇볕화상방지제(sunscreen)와 햇볕
차단제(sunblock)를 발라서 피부 건강을 보호할 것을 권유받는다.
이 두 가지의 조성은 화학적으로 분명하게 구별되며 제품의 화학 구
조는 이런 물질이 얼마나 잘 작용할지를 결정한다.

화학적 원리

　햇볕차단제는 들어오는 광선을 반사하거나 분산시키는 피부 보호
막을 만들어서 보호 작용을 하는 산화아연, 이산화티탄, 산화철과
같은 불투명한 물질이다. 간단히 말하면 햇볕차단제는 가시광선과
자외선을 모두 포함한 햇볕에 노출되는 것을 물리적으로 보호한다.
햇볕화상방지제는 피부의 맨 위층에서 자외선을 화학적으로 흡수해
서 아래 층들을 보호한다.

　가시광선은 파장 범위가 400~700nm이다. 태양에서 오는 자외
선 스펙트럼은 파장이 200~400nm에 이르며 3가지로 분류된다.[1]
UVA 광선은 파장이 가장 길며(320~400nm) 1년 내내 거의 일정하고
피부 깊숙한 곳까지 침투한다. 더 파장이 짧은 UVB(290~320nm)는
여름철에 더 강하며 이때에는 더 파장이 긴 UVA보다도 더 강하다.
UVB 광선은 고도가 더 높은 지역이나 적도에 더 가까운 지역에서
는 더 강해진다. 파장이 200~290nm로 가장 짧은 UVC는 성층권의
오존층에 의해서 흡수되며 지표면에 도달하지 않는다.(성층권에서 오
존이 고갈되어 이런 파장 범위의 자외선이 지표면에 도달하면 노출된 피부
에 커다란 문제를 일으킬 것이다.) 햇볕화상방지제의 특별한 화학 구조

에 따라서 그것이 잘 흡수할 수 있는 자외선 파장이 결정된다.

화학적 구성

산화아연, 이산화티탄, 산화철 같은 햇볕차단제는 피부에 흡수되지 않는 무기 화합물이다. 이런 물질은 가시광선과 자외선을 반사하는 불투명한 입자들로 구성되어 있다. 더욱이 산화아연은 거의 모든 UVA와 UVB 스펙트럼을 차단해 주며[1] 따라서 전체적인 보호 작용을 제공한다. 햇볕차단제의 입자상 성질은 햇볕을 반사하는 효율을 높여 준다. 입자 크기가 작을수록 반사에 이용될 수 있는 표면적은 더 커져서 햇볕 보호 작용도 더 커진다.[2]

햇볕화상방지제는 투명한 유기 물질로서 피부 속으로 침투하며 자외선을 흡수한다. 흔한 햇볕화상방지제로는 벤조페논류, PABA 유도체류, 신남산류, 살리실산류, 디벤조일메탄류가 있다.[3] 벤조페논류의 일차적 보호 범위는 UVA 범위이며 그중 옥시벤존(그림 12.9.1)은 270~350 nm, 디옥시벤존(그림 12.9.2)은 206~308 nm, 술리소벤존(그림 12.9.3)은 250~380 nm에서 보호 작용을 한다. PABA와

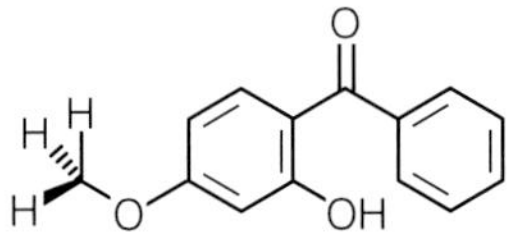

그림 12.9.1 옥시벤존의 분자 구조.

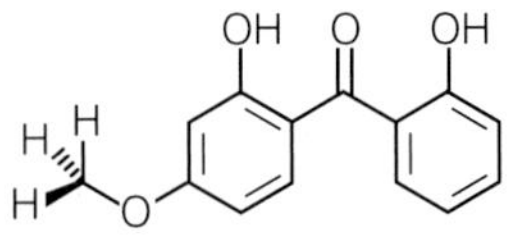

그림 12.9.2 디옥시벤존의 분자 구조.

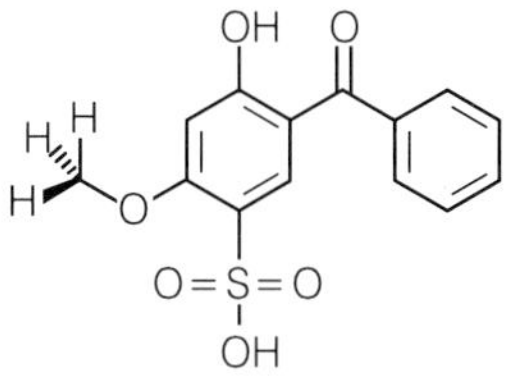

그림 12.9.3 술리소벤존의 분자 구조.

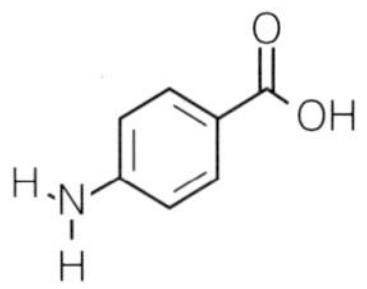

그림 12.9.4 PABA의 분자 구조.

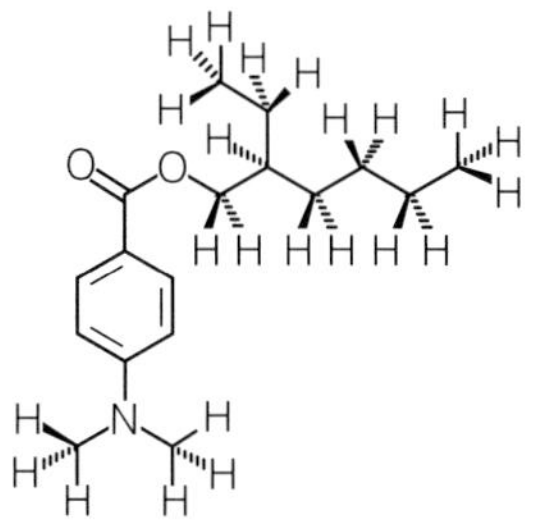

그림 12.9.5 파디메이트 O(옥틸디메틸 PABA)의 분자 구조.

PABA에스테르들은 주로 UVB 영역(290~320 nm)에서 보호 작용을 하는데 PABA(그림 12.9.4)는 260~313nm, 파디메이트 O(그림 12.9.5, 옥틸디메틸 PABA)는 290~315 nm, 파디메이트 A는 290~315 nm, 아미노벤조산글리세롤(그림 12.9.6)은 260~315nm에서 보호 작용을 한다. 신남산류는 신남온의 유도체들로 주로 UVB 영역(290~320 nm)에서 보호 작용을 한다. 예를 들면 메톡시신남산옥틸(그림 12.9.7)은 280~310 nm, 시녹산(그림 12.9.8)은 270~328 nm 범위이다. UVB 영역(290~320 nm)에서 보호 작용을 하는 살리실산류에 속하는 호모살

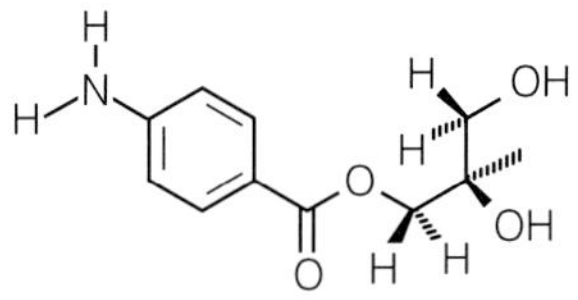

그림 12.9.6 아미노벤조산 글리세롤의 분자 구조.

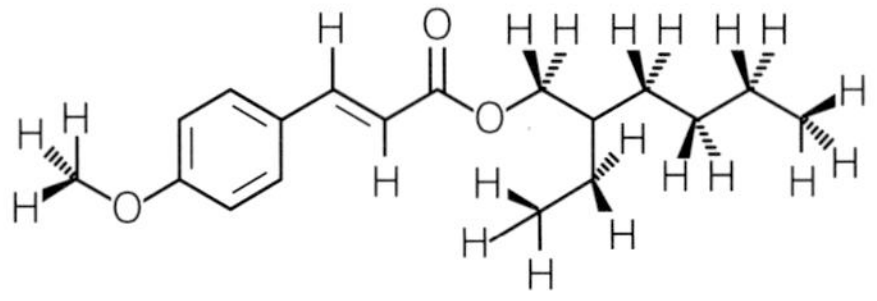

그림 12.9.7 메톡시신남산 옥틸의 분자 구조.

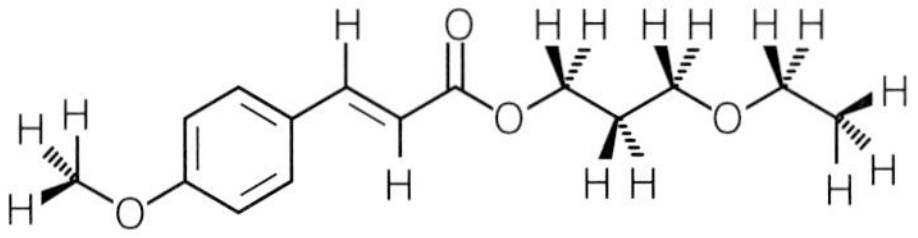

그림 12.9.8 시녹산의 분자 구조.

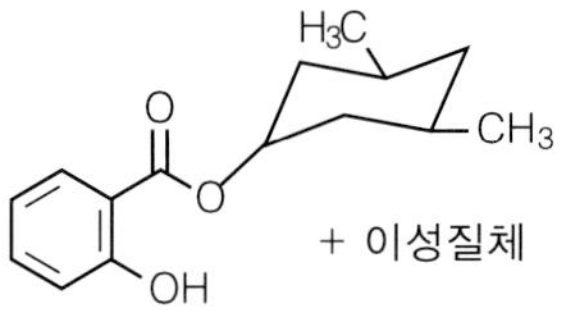

그림 12.9.9 호모살리실산의 분자 구조.

리실산(그림 12.9.9)은 290~315 nm, 에틸헥실 살리실산(그림 12.9.10)
은 260~310 nm, 살리실산트리에타올아민(그림 12.9.11)은 269~
320 nm에서 보호 작용을 한다. 디벤조일메탄류는 UVA 영역(320~
400 nm)에서는 가장 좋은 보호 작용을 하지만 UVB는 전혀 방어하지
못한다. 이런 물질에는 4-tert-부틸-4′-메톡시디벤조일메탄(그림
12.9.12)이 310에서 400nm, 4-이소프로필디벤조일메탄(그림 12.9.13)

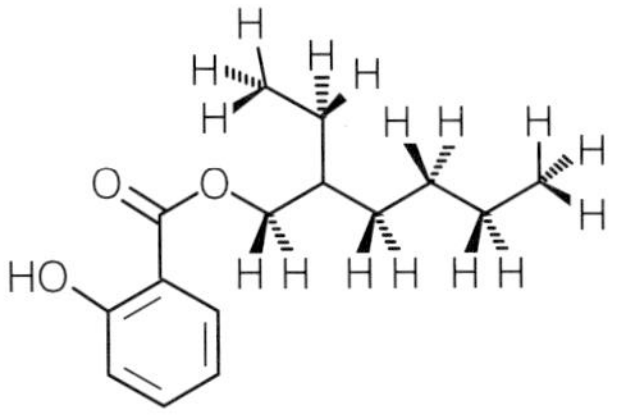

그림 12.9.10 살리실산에틸헥실의 분자 구조.

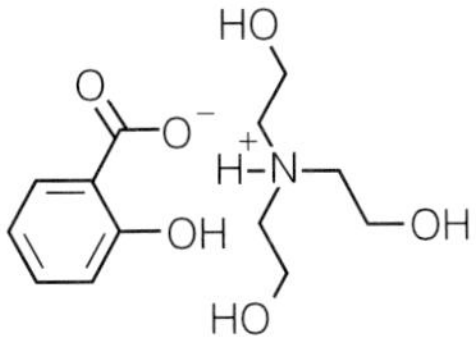

그림 12.9.11 살리실산트리에탄올아민의 분자 구조.

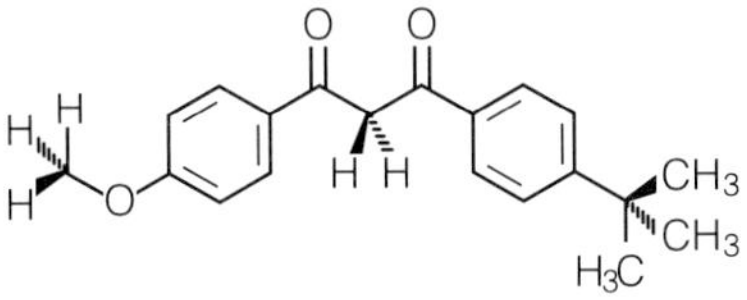

그림 12.9.12 4-tert-부틸-4′-메톡시디벤조일메탄의 분자 구조.

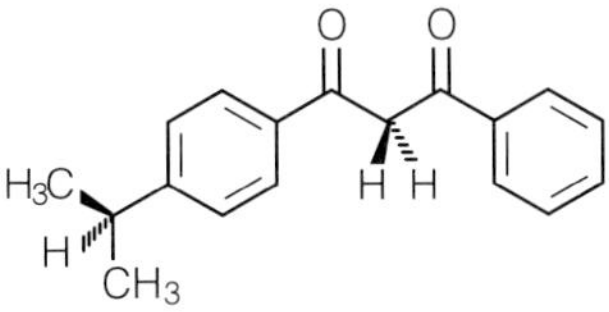

그림 12.9.13 4-이소프로필디벤조일메탄의 분자 구조.

이 310~400 nm에서 보호 작용을 한다.

이런 모든 분자들이 자외선을 흡수할 수 있기 위하여 공통으로 가지고 있는 것은 무엇일까? 한 가지 공통되는 구조 요소는 방향족(벤젠) 고리 구조다. 방향족 고리는 자외선을 흡수할 수 있는 원자들의 작용기인 햇볕화상방지제의 발색단이다. 벤젠(C_6H_6)은 280 nm에서 자외선을 흡수한다. 벤젠 고리에 어떤 치환체가 존재하면 고리의 전자 분포가 변화하여서 흡수 파장을 변화시킨다. 또 콘쥬게이션 이중결합들($C=C-C=C$나 $C=C-C=O$처럼 이중결합과 단일 결합이 번갈아 존재한다.)은 흡수 파장을 상당히 크게 이동시킬 수 있다. 벤조페논류에서는 방향족 고리에 히드록시기($-OH$)와 추가적인 콘쥬게이션이 존재해서 흡수가 장파장 쪽으로 이동하는데 특히 UVB 영역까지 이동한다. 아미노 치환기($-NH_2$)와 카르복시기($-COOH$)도 흡수 파장을 증가시킨다. 햇볕화상방지제는 자외선을 흡수하는 기능에 들어맞는 화학 구조를 가지고 있다.

┤ 중요한 용어 ├

자외선   발색단   콘쥬게이션

참고문헌

[1] "The Protective Role of Zinc Oxide: Sunscreens." Mark Mitchnick, sunSmart Inc.,
    http://www.iza.com/zhe_org/Articles/Art-09.htm

[2] "TiO$_2$ sperse? Ultra: Product Profile, Collaborative Laboratories,
    http://www.collabo.com/tioultra.htm

[3] "Sunscreens."
    http://www.geocities.com/HotSprings/4809/sunscr.htm# ACTIVE
    INGREDIENTS IN SUNSCREENS

연관된 항목

1.2   왜 가스레인지 불꽃은 물이 끓어 넘치면 노랗게 될까?

5.4   왜 과산화수소는 진한 색깔의 플라스틱 병에 보관할까?

5.20   왜 수영장 관리인은 아침이 아니라 저녁에 수영장에 염소를 넣을까?

유기반응

13.1 봉합사는 어떻게 녹을까?

역사에 의하면 봉합사는 그 기원이 서기 150년경 그리스 의사인 갈렌까지 거슬러 올라간다. 그는 부상당한 검투사들을 치료하여 명성을 얻었다.[1,2] 오늘날 외과 의사들은 생체 적합성, 장력을 갖고 신체의 자연스런 작용에 의하여 녹는 봉합사로 어떤 물질을 사용할까?

화학적 원리

충분한 시간 동안 상처를 붙잡아주었다가 시간이 지나면 녹아버리는 봉합사가 어떤 물질인지 궁금한 적이 있었는지? 이상하게 여긴 적은 없는지? 또 의사들이 매듭을 지을 수 있도록 유연성을 가져야 하는 문제는 어떨까? 합성 생분해성 고분자는 이런 기능들을 수행하는 데 필요한 역학적 성질과 화학적 성질을 모두 가지고 있다. 일부 생분해성 고분자는 가수분해(물에 의한 반응)에 의하여, 나머지는 효소에 의하여 분해된다. 분해 과정의 생성물은 신체에 무해하다.

화학적 구성

의학적으로 쓰이는 일반적인 생분해성 고분자는 직선형 지방족 폴리에스테르로 만들어진다. 내부 봉합사로 흔히 사용되는 한 가지 물질은 폴리글리콜산(PGA)이다. 폴리글리콜산은 글리콜산의 이합체로부터 만들어진다(그림 13.1.1).[1]

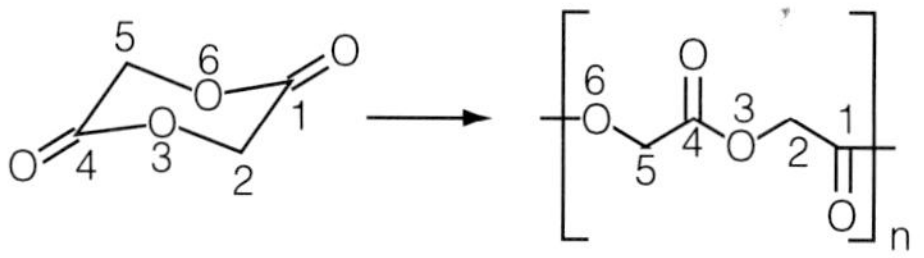

그림 13.1.1 글리콜산의 이합체로부터 폴리글리콜산(PGA)의 합성.

폴리글리콜산은 가수분해에 의하여 이산화탄소와 글리콜산을 생성하며(그림 13.1.2) 이것은 배설되거나 효소에 의하여 다른 대사 종으로 전환된다. 락트산(그림 13.1.3)도 중합되어서 폴리락트산(PLA)을 생성하며 상업적 봉합사로 발전하였다. 폴리락트산은 락트산의 고리형 디에스테르로부터 고리를 여는 중합 반응에 의하여 합성된다(그림 13.1.4).[1]

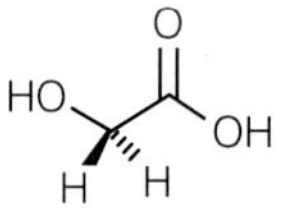

그림 13.1.2 글리콜산의 분자 구조.

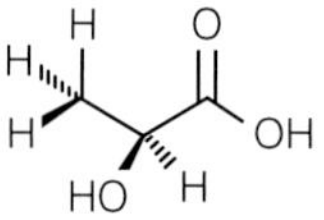

그림 13.1.3 락트산의 분자 구조.

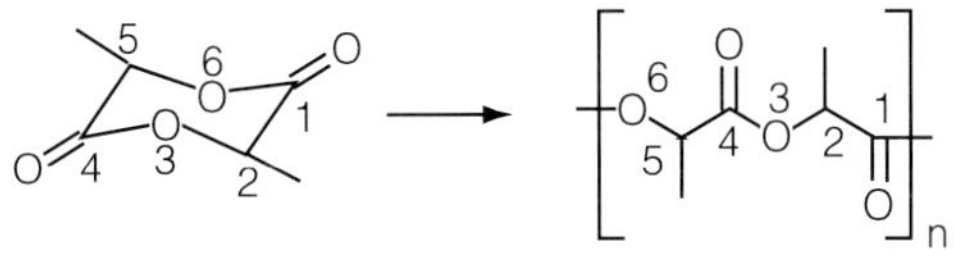

그림 13.1.4 락트산의 고리형 디에스테르가 중합되어 형성되는 폴리락트산 (PLA)의 합성.

폴리락트산의 가수분해에 의해서 생성되는 락트산은 신체의 정상적인 대사 회로에 들어가서 이산화탄소와 물로 배출된다. 글리콜산과 락트산의 혼성중합체도 흔히 폴리글리콜산보다는 센 강도를 가지며 폴리락트산보다는 더 느리게 분해되는 생분해성 봉합사로 사용된다.

245

┤ 중요한 용어 ├
고분자   가수분해

참 고 문 헌

[1] "Bioadsorbable Polymers." BMEn 5001, *An Introduction to Biomaterials*, William B. Gleason, University of Minnesota, Site Index, http://www.courses.ahc.umn.edu/medical school/BMEn/5001/

[2] "Biomedical Applications of Textiles: Sutures." Alice Baker, Will Fowler, Sophie Guevel, Allen Smith, North Carolina State University, http://www.bae.ncsu.edu/bae/research/blanchard/www/465/textbook/biomaterials/projects/textiles/fowler/project1.html

13.2 과산화수소와 탄산수소나트륨의 혼합물은 어떻게 스컹크의 냄새를 없애 줄까?

한 애완동물 소유자가 스컹크 냄새를 없애는 다음과 같은 간단한 방법을 내놓았다. 1/4컵의 베이킹소다와 1 찻숟가락의 액체 세탁제를 1/의 과산화수소에 넣는다. 그 용액을 걸레에 묻혀서 냄새가 나는 지역에 뿌리고 닦아낸다.[1] 여기에 작용하는 화학은 무엇일까?

화학적 원리

스컹크의 냄새는 많은 고약한 냄새가 나는 화합물의 부류에 속하는 물질로부터 생긴다. 이 부류는 티올과 메르캅탄이라고 하는데 갓 끓인 커피의 향(그 성분을 푸르푸릴티올이라고 함), 썩은 달걀의 냄새(이 물질을 황화수소라고 함), 천연가스 누출 경고용 냄새(그 성분을 2-메틸-2-프로판티올이라고 함) 등이 여기에 속한다. 이런 화합물에 대한 사람 코의 민감도는 흔히 10억 분의 20 수준이며 그 이상에서 고약한 냄새를 판단하게 된다. 티올 화합물을 화학적으로 다른 화합물로 전환하면 불쾌한 스컹크 냄새를 없앨 수 있다.

화학적 구성

스컹크는 티올(−SH기를 함유하는 화합물)과 티올의 아세트산 유도체(−SC(O)CH₃기를 가진다)로 분류되는 7가지 중요한 휘발성 화합물을 함유하는 액체를 방출해서 포식자들을 괴롭힌다. 특히 그중에서도 2가지 고약한 스컹크 냄새를 내는 물질은 2-부텐-1-티올(그림 13.2.1)과 3-메틸부탄-1-티올(그림 13.2.2)이다.[2]

스컹크 냄새를 묻혀온 애완견으로부터 스컹크의 냄새를 없애기 위해서는 고약한 냄새의 화합물을 냄새가 없는 화합물로 전환시켜

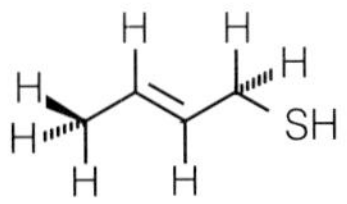

그림 13.2.1 스컹크 분비물의 냄새 성분 중 하나인 2-부텐-1-티올.

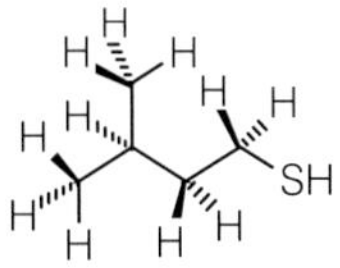

그림 13.2.2 스컹크 분비물의 냄새 성분 중 하나인 3-메틸부탄-1-티올.

야 한다. 탄산수소나트륨과 3% 과산화수소의 염기성 용액을 사용하면 티올 화합물(R-SH로 표시)은 이황화화합물로 산화된다.

$$2RSH \rightarrow RS\text{-}SR + 2\,H^+ + 2e^-$$

또 세탁제와 같은 알칼리 물질이 존재하면

$$2RSH + 2\,OH^- \rightarrow RS-SR + 2H_2O + 2e^-$$

여기에서 과산화수소는 산화제로 작용한다.

$$H_2O_2(aq) + 2e^- \rightarrow 2\,OH^-(aq)$$

결국 전체 반응은 다음과 같이 쓸 수 있다.

$$2RSH + H_2O_2(aq) \rightarrow RS-SR + 2H_2O$$

고약한 냄새   냄새 없음

┤ 중요한 용어 ├

티올   산화-환원

참 고 문 헌

[1] "Skunk Odor Removal." Cooperative Extension in Lancaster County, Penn State,
http://lancaster.extension.psu.edu/Family/newsletters/HomeLlfe
JulAug.htm#Skunk_Odor

[2] "Chemistry of Skunk Spray." Professor William F. Wood, Department of Chemistry,
Humboldt State Univeristy,
http://sorrel.humboldt.edu/~wfw2/ chemofskunkspray.html

13.3 법화학자들은 범인을 잡기 위하여 어떻게 눈에 보이는 얼룩을 이용할까?

도둑 검출 분말은 범인을 찾아내고 도둑맞은 물건을 확인하기 위하여 고안된 것이다. 일단 표시된 물건을 만지면 분말은 피부에 매우 강한 색의 얼룩을 만든다. 범죄를 수사하는 데 이용되는 검출 분말 화학은 어떤 것일까?

화학적 원리

도둑을 잡기 위하여 검출 분말을 점점 더 많이 사용하고 있다. 도둑 검출 분말은 금고, 현금이나 귀중한 서류 같은 도둑맞기 쉬운 물체의 표면에 뿌리도록 만들어졌다. 다른 방법으로는 그 분말을 손잡이나 들어갈 때 만져야 하는 기구에 뿌릴 수도 있다. 그 분말이 피부에 닿으면 분말 속의 시약이 신체의 아미노산과 작용하여서 눈에 잘 띄고 오래 지속되는 자주색 얼룩을 만든다. 그 얼룩은 즉시 사라지지 않지만 하루 정도 지나면 점차 옅어진다.

화학적 구성

검출 분말과 지문 감식 키트에는 보통 연노랑이나 노랑색의 닌히

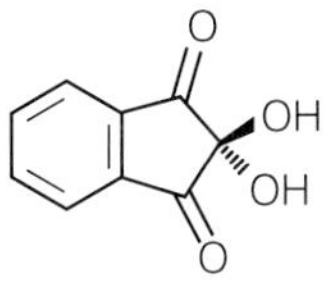

그림 13.3.1 닌히드린의 분자 구조.

드린 결정이나 닌히드린이 녹아 있는 용액이 들어 있다. 닌히드린 (다른 이름으로 1,2,3-인단트리온 일수화물, 2,2-디히드록시-1,3-인단디온, 트리케토히드린덴 일수화물, 트리케토히드린덴 수화물이라고도 한다.) 은 그림 13.3.1과 같은 구조를 가지고 있다. 닌히드린은 자유 아미노기($-NH_2$)와 작용한다. 이 작용기는 모든 아미노산에 들어 있으며 닌히드린 분석법은 흔히 아미노산의 존재를 확인하는 데 이용된다. α-아미노산($NH_2-CHR-COOH$의 구조를 가지는 아미노산)이 닌히드린과 반응하면 환원된 닌히드린의 특징적인 진한 청색이나 보라색이 나타난다. 이 산화-환원 과정에 관련된 반응을 그림 13.3.2에

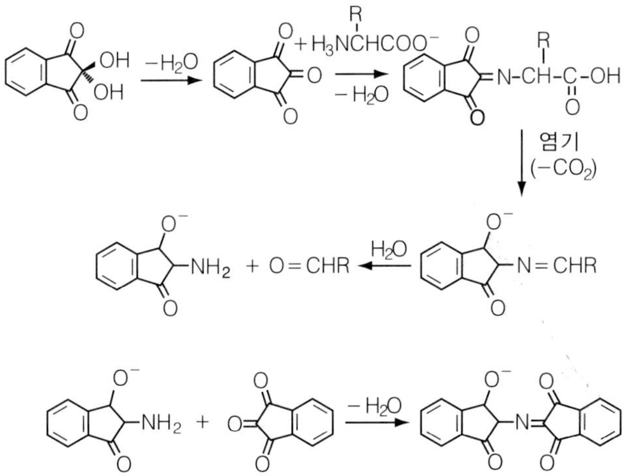

그림 13.3.2 닌히드린이 환원되어서 청색을 생성하는 반응 순서.

나타냈다.

┤중요한 용어├
α-아미노산   아민

참 고 문 헌

[1] "Ninhydrin Reaction with Amino Acids, Biochemistry Survey Lecture." D. S. Moore,
Department of Chemistry, Howard University,
http://www.chem.howard. edu/~dmoore/biochemlecs/Lec
11/Ninhydrin.html

13.4 왜 버드나무 껍질은 '천연 아스피린'으로 알려졌을까?

1763년 6월 2일에 왕립협회는 옥스퍼드에 있는 치핑노턴의 스톤
(Reverend Edmond Stone)으로부터 다음과 같은 편지를 받았다.[1]

"이 시대가 만든 많은 유용한 발견들 중에서 제가 지금 제시하려
는 것보다 공공의 주의를 받을 만한 가치가 있는 것은 거의 없을 것
입니다. 제가 경험적으로 발견한 영국의 한 나무껍질은 강력한 수렴
제이며 학질과 간헐열에 매우 효험이 있습니다."

화학적 원리

아스피린(아세틸살리실산)은 진통을 감소시키고 열을 내리는 데 세
계적으로 가장 광범위하게 이용된다. 아스피린에 대한 1899년의 최
초의 의학적 문헌은 류마티스열의 치료에 관한 것이었지만, 살리실
산이라고 알려진 아스피린과 비슷한 더 간단한 유도체는 열을 조절
하고 통풍과 관절염을 치료하는 데 효과적이라고 그전에(1876년) 이
미 소개되었다. 심지어 그전에도(1763년) 동종요법 치료사들은 버드

나무 껍질을 씹는 것이 말라리아를 치료하는 데 효과적이라고 보고하였다. 버드나무 껍질을 추출하면 가수분해되고 산화되어 살리실산이 될 수 있는 화합물인 살리신이 나온다는 것이 나중에야 알려졌다.

화학적 구성

아세틸살리실산은 일반식 RCOOR′을 갖는 유기 화합물 종류인에스테르의 한 예다. 에스테르는 알킬기(R)와 알콕시기(OR′)가 결합되어 있는 카르보닐기로 구성된 '에스테르 결합'을 함유하고 있다(그림 13.4.1). 산성이나 염기성 조건에서 또는 어떤 효소가 존재하

251

$$\underset{R}{\overset{\displaystyle O}{\|}}\underset{OR'}{}$$

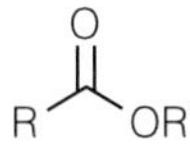

그림 13.4.1 에스테르의 일반 구조.

는 조건에서 에스테르는 가수분해 반응을 하여 에스테르 결합이 분해되고 에스테르 구조는 카르복시산과 알코올이라는 더 작은 두 화합물로 분해된다.

$$\text{에스테르} + \text{물} \xrightarrow{\text{H}^+ \text{또는 OH}^- \text{또는 효소}} \text{카르복시산} + \text{알코올}$$

살리실산(그림 13.4.2)은 일반식 R − COOH를 가지는 카르복시산의 한 예다. 이 부류의 유기 화합물에서 카르보닐기(C=O)는 알킬기

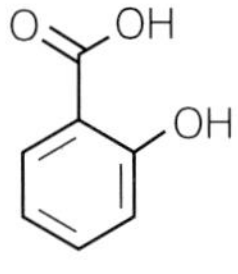

그림 13.4.2 살리실산의 분자 구조.

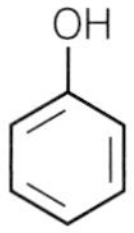

그림 13.4.3 페놀의 분자 구조.

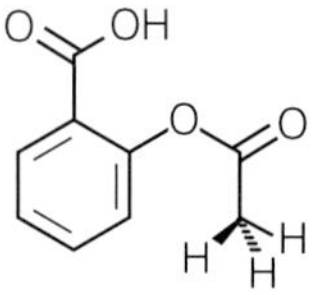

그림 13.4.4 아스피린, 아세틸살리실산의 분자 구조.

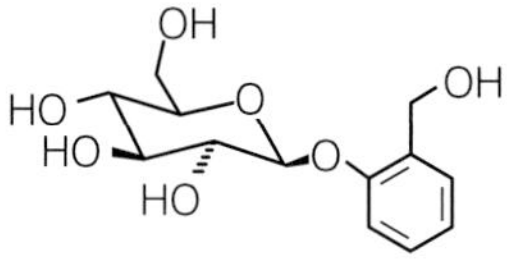

그림 13.4.5 살리신의 분자 구조.

(또는 수소 원자)와 히드록시기 모두와 결합되어 있다. 살리실산의 의학적 활성은 주요한 진통제가 아세틸살리실산(그림 13.4.4)이 아니라 페놀 선구체(페놀, 그림 13.4.3)라는 것을 암시해 준다.

반면에 살리신(그림 13.4.5)은 에테르라는 유기 화합물 부류에 속한다. 에테르는 산소 원자(에테르 결합)를 함유하며 그것에 두 개의 알킬기(또는 그 유도체들)가 결합되어 $R-O-R'$의 구조를 가진다. 에테르는 두 알코올의 축합반응을 통하여(에테르와 물 분자를 만들며) 생성된다. 역반응도 가능하다. 에테르는 분해반응을 하여 두 개의 알코올을 생성한다. 산화 조건(예를 들어 공기나 산소 또 다른 산화제가 존재하면)에서 일차 알코올($1°$)은 알데히드로 산화되고 더 산화되면 카르복시산이 된다. 일차 알코올은 다른 탄소 원자 한 개와 결합된 탄소 원자에 히드록시기(−OH)가 결합되어 RCH_2OH의 구조를 가진다. 이차 알코올($2°$)은 일반식 $RCHR'OH$를 가지며 삼차 알코올($3°$)은 일반식 $RCR'R''OH$의 구조식을 갖는다. 그리고 각각 두 개또는 세 개의 탄소와 결합된 탄소에 히드록시기를 가진다.

에테르의 분해는 다음과 같다.

$$\text{에테르} + \text{물} \xrightarrow{\ H_2SO_4\ } \text{알코올 \#1} + \text{알코올 \#2}$$

일차 알코올의 산화반응은 다음과 같다.

$$\text{일차 알코올} \xrightarrow{\ O_2, K_2Cr_2O_7 \ \text{또는}\ KMnO_4\ } \text{알데히드}$$
$$\xrightarrow{\ O_2, K_2Cr_2O_7 \ \text{또는}\ KMnO_4\ } \text{카르복시산}$$

살리신(2-(히드록시메틸)페닐-β-D-글루코피라노시드)이 분해되면글루코오스 (여러 개의 $1°$, $2°$, $3°$ 히드록시 작용기를 가지는 화합물, 그림13.4.6)와 1-OH-2-CH_2OH-벤젠(일차 알코올, 그림 13.4.7)이라는두 개의 알코올이 생긴다. 1-OH-2-CH_2OH-벤젠이 더 산화되면

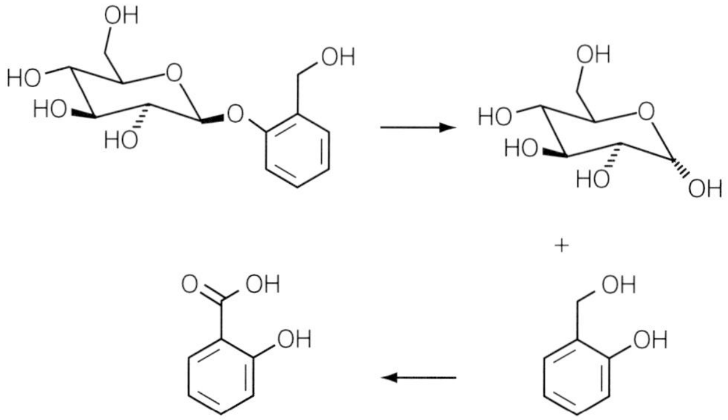

그림 13.4.6 버드나무 껍질에서 얻은 천연 생성물 살리신으로부터 살리실산이생성되는 반응 순서.

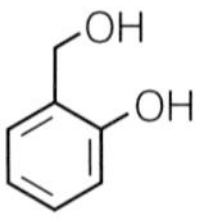

그림 13.4.7 1-OH-2-CH$_2$OH-벤젠의 분자 구조.

살리실산이 생긴다.

$$ 살리신 \xrightarrow{\text{H}_2\text{O, H}^+} 2\ 알코올 \xrightarrow{\text{O}_2\ 또는\ 효소} 살리실산 $$

$$ 에테르 \rightarrow 글루코오스 + 1\text{-OH-2-CH}_2\text{OH}-벤젠(일차\ 알코올) \rightarrow 살리실산 $$

┤ 중요한 용어 ├

에스테르   가수분해 반응   에테르   알코올

참고문헌

[1] G. Weissmann, "NSAIDs: Aspirin and Aspirin Like Drugs," in *Cecil Textbook of Medicine*, 19th ed., ed. J. B. Wyngarden, L. H. Smith, J. C. Bennett (Philadelphia: W. B. Saunders, 1988), 114.

13.5   왜 발삼 식초는 감미로운 맛을 낼까?

식초라는 말은 '신 포도주'를 의미하는 프랑스 어 'vine aigre'에 서 유래하였다. 그렇다면 왜 발삼 식초는 감미로운 맛을 낼까?

화학적 원리

식초는 박테리아(Acetobacter aceti)에 의하여 알코올 용액(포도주, 맥 주 또는 사과술)이 아세트산으로 전환된 것이다. 매우 다양한 식초가 존재한다. 예를 들어 사과술 식초는 발효된 사과술로부터, 백색 식초는 곡정 혼합물로부터 만들어진다. 적포도주 식초와 백포도주 식초는 예상할 수 있듯이 적포도주와 백포도주로 만든다. 맥아 식초는 싹틔운 보리에서, 쌀 식초와 사탕수수 식초는 각각 곡물인 쌀과 사탕수수로 만든다. 발삼 식초는 전통적인 서구 식초들 중에서 발효된 술로 만들지 않고 발효되지 않은 트레비아노 백포도즙이나 포도액으로 만들기 때문에 독특하다. 이 숙성된 포도에서는 단즙이 나온다. 포도즙을 거의 시럽 상태까지 끓인 후 나무로 만든 통 안에서 천연 발효 과정을 거치면 알코올이 생성된다. 공기 중의 아세토박터 박테리아의 도움을 받아서 일어나는 두 번째 발효에서 아세트산이 생긴다. 그 다음에 이 식초를 걸러서 나무로 만든 통에 넣고 10~30년 동안 숙성시킨다. 트레비아노 포도의 남은 설탕과 발효 과정에서 생성된 아세트산에서 오는 신맛의 복잡한 균형을 이룬 감미로움이 발삼 식초의 훌륭한 맛을 나타낸다.

화학적 구성

아세토박터 박테리아는 산소성 발효를 통해서 에탄올(일차 알코올)을 아세트산(카르복시산)으로 전환하여, 포도주를 식초로 만든다.

$$\text{에탄올} + \text{산소} \longrightarrow \text{아세트산} + \text{물}$$
$$CH_3CH_2OH + O_2 \longrightarrow CH_3COOH + H_2O$$

수크로오스를 함유한 용액의 발효 과정에서 효모에 들어 있는 전화효소가 수크로오스를 글루코오스와 프룩토오스의 1 대 1 혼합물로 전환하는 촉매 작용을 한다. 따라서 수크로오스는 어떤 박테리아가 존재할 때 가수분해되면 글루코오스와 프룩토오스를 생성하는 이당류이다. 수크로오스의 에테르 결합은 두 개의 알코올을 생성하며 분해된다.

$$C_{12}H_{22}O_{11} + H_2O \xrightarrow{\text{전화효소}} C_6H_{12}O_6 + C_6H_{12}O_6$$
$$\text{수크로오스} \qquad\qquad\qquad \text{글루코오스} \quad \text{프룩토오스}$$

그 다음에 생성된 글루코오스와 프룩토오스는 효모에 존재하는 또 다른 효소인 지마아제에 의하여 에탄올과 이산화탄소로 전환된다.

$$C_6H_{12}O_6 \rightarrow 3CH_3CH_2OH + 2CO_2$$

┤ 중요한 용어 ├

카르복시산　　알코올　　산화　　이당류

13.6 탐지견은 어떻게 마약과 폭발물을 탐지할까?

마약과 폭발물을 탐지할 수 있는 개는 법집행기관에서는 매우 유용하다. 이런 개들이 범죄자를 체포하는 경찰에게 믿을 만한 도움을 줄 수 있는 데는 어떤 화학이 작용할까?

화학적 원리

개(실제로는 대부분의 동물들)는 10억 분의 1(ppb) 수준에서 어떤 물질을 검출할 수 있는 날카로운 후각을 가지고 있다. 개들은 불법 물질을 탐지할 때 어디에 초점을 맞추는 것일까? 많은 개들이 여러 가지 표적 약품들의 냄새를 맡을 수 있지만 일반적으로 여러 가지 약품-분해 생성물이나 약품 제조와 관련된 용매를 감지하는 경우가 많다. 일반적으로 이런 물질은 약품 그 자체보다도 더 높은 증기압을 가져서 더 쉽게 검출되기 때문이다.

화학적 구성

예를 들어 코카인을 탐지하도록 훈련된 개는 흔히 벤조산메틸을 탐지한다.[1] 벤조산메틸은 코카인이 습기를 가진 공기에 노출되었을 때 생기는 부분적 분해 생성물이다.[2] 코카인(그림 13.6.1)은 두 개의 에스테르 결합을 가지며 이 에스테르 결합들의 카르보닐탄소가 그림에 별표로 표시되어 있다. 에스테르의 가수분해에서는 카르복시산과 알코올이 생성된다. 코카인의 가수분해에서는 벤조산메틸(*1로 표시한 카르보닐 탄소의 분해 생성물)과 메탄올(*2의 에스테르결합의 분해로 생김)이 생성될 수 있다. 이 두 가지 부산물은 결합하여 새로운 벤조산메틸이라는 에스테르를 생성한다.

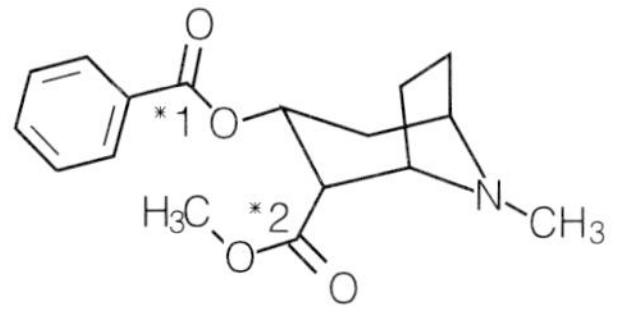

그림 13.6.1 코카인의 분자 구조.

헤로인은 흔히 아세트산 증기의 존재로 검출된다. 아세트산이 헤로인의 정상적인 분해 생성물이기 때문이다.[2] 또 불법 마약 제조 시설에서 모르핀(그림 13.6.2)에 무수아세트산을 처리하면 흔히 부산물로 아세트산이 생성된다. 헤로인(그림 13.6.3)을 형성하면서 모르핀의 히드록시기가 아세틸화된다는 것에 주목하라.(즉 −OH기가 아세틸기 −OCOCH_3로 전환된다.) 이 반응은 알코올(−OH 작용기를 가진

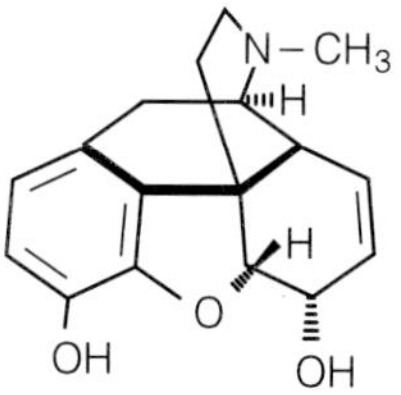

그림 13.6.2 모르핀의 분자 구조.

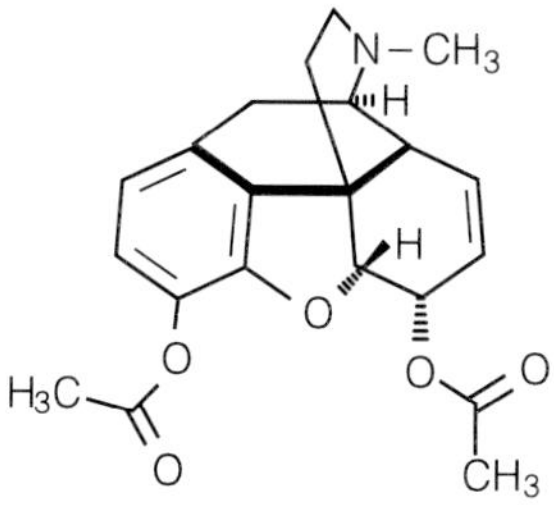

그림 13.6.3 헤로인의 분자 구조.

다.)과 카르복시산(즉 아세트산)이 에스테르와 물을 생성하는 에스테르화 반응이다.

불법 마약을 합성하는 동안 용매 세척의 결과로서 톨루엔, 아세톤, 벤젠 그리고 여러 가지 아밀과 부탄올이 미량으로 존재하게 된다. 이런 용매에 대한 개의 민감성은 흔히 마약을 검출하는 수단이 된다.

어떤 용매를 구별하는 개의 능력에 대한 또 다른 예로, 표적 물질로서 폭발물 C-4를 수색하는 개는 폭발물 그 자체보다 시클로헥사논을 검출할 수 있다. 시클로헥사논은 C-4를 정제하는 과정의 휘발성 용매이다.[3]

┤중요한 용어├
에스테르   가수분해 반응   휘발성

참고문헌

[1] "Scent as Forensic Evidence and Its Relationship to the Law Enforcement Canine," Charles Mesloh,
http://www.uspcak9.com/training/forensicScent.pdf

[2] "Chemistry and Biology based Technologies for Contraband." *SPIE Proceedings*, Vol. 2937,
http://www.spie.org/web/abstracts/2900/2937.html

[3] "Cargo Inspection Technologies." *SPIE Proceedings*, Vol. 2276, 1994,
http://www.spie.org/web/abstracts/2200/2276.html

13.7 왜 페니실린을 먹었을 때는 산성 음식물을 피해야 할까?

259

"이 약은 식사 1시간 전 공복에 먹거나 식사 2시간 후에 먹고 이 치료를 받는 동안은 다음 음식물을 섭취하지 말 것. 토마토, 피클, 귤, 오렌지 주스, 커피, 콜라, 식초, 포도주." 왜 음식물이 페니실린 같은 약품에 영향을 미칠까?

화학적 원리

페니실린은 산성 조건에서 매우 불안정하다. 산성 조건에서 페니실린 분자는 여러 가지 가수분해 반응의 대상이 되며, 치료에 도움이 되지 않는 성분을 만든다. 위는 매우 산성이며(pH 약 1~3) 이것은 들어온 박테리아를 파괴하며 효소 펩시노겐을 활성화시켜서 단백질 소화를 시작한다. 산성 음식물의 소화에서 생기는 위 내용물의 산성도 증가는 치료에 도움이 안 되는 페니실린 형태를 생성할 것이다.

화학적 구성

산성 조건에서 일어나는 반응들 중 한 가지는 페니실린에 있는 아미드결합의 가수분해 반응이다. 페니실린(그림 13.7.1)의 구조는 두 개의 아미드결합을 보여 주고 있다. 아미드는 물과 수소 이온이 존재하면 반응하여 카르복시산과 아민을 생성한다.

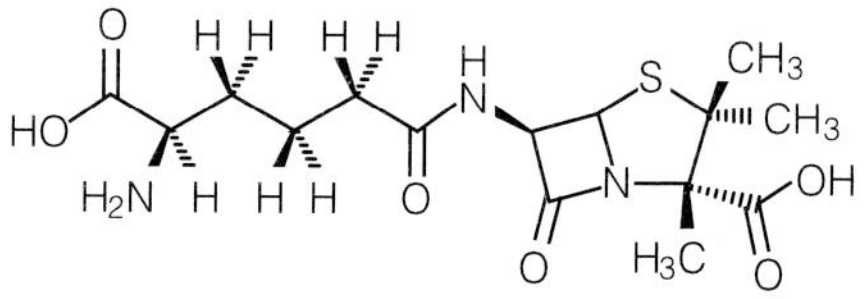

그림 13.7.1 페니실린의 분자 구조.

$$\text{아미드} + \text{물} \xrightarrow{\text{산}} \text{카르복시산} + \text{아민}$$

페니실린의 β-락탐 고리(4원자 고리)는 상당한 수준의 고리 무리 에너지를 갖고 있으며 따라서 일반적 아미드(알킬기와 β-락탐기 사이의 아미드 작용기)보다 친핵성 공격을 받기 쉽다. 고리 무리는 친핵체가 카르보닐기를 공격하면 감소된다. 4원자 고리의 결합각은 억지로 약 $90°$로 되어 있으며 이것이 상당한 각무리를 가져오고 따라서 분자를 불안정하게 만들 수 있다는 것을 기억하자.

| 중요한 용어 |

아미드   가수분해 반응   카르복시산   아민

 연관된 항목

7.7   방탄조끼는 어떻게 작용하고, 그 조성은 무엇일까?

유기화합물의 종류

13.8 천연가스는 냄새가 없지만 가스가 새면 냄새를 맡을 수 있는 이유는 무엇일까?

깨끗하고, 믿을 만하고, 효율적인 에너지, 냄새도 없고 색도 없이 연소가 가능한 에너지, 이것은 천연가스라는 에너지 형태를 정확하게 나타내는 말이다. 그럼에도 불구하고 우리는 새는 곳을 찾기 위해 가스의 냄새를 맡는다. 천연가스의 화학적 조성을 조사해 보면 이런 모순점을 해결할 수 있다.

화학적 원리

천연가스는 지각에 존재하는 몇 가지 연소가 가능한 기체들의 혼합물이다. 천연가스는 저분자량의 탄화수소(탄소와 수소의 두 가지 원소로 구성된 화합물) 혼합물로서 주로 메탄(CH_4), 에탄(C_2H_6)으로 구성되어 있다. 이런 기체들은 실제로 냄새와 색이 없다. 그러나 천연가스에는 더 고약한 냄새를 가진 성분이 있다. 이런 기체의 일부는 기체 매장원에 원래 존재하던 것으로서 수백만 년 전에 천연가스가 만들어질 때 식물과 동물 화석에 있던 유기 물질이 부패되어서 생긴 것이다. 그러한 기체 중 하나인 황화수소는 메르캅탄(티올)족의 하나로서 달걀 썩는 냄새를 가지고 있다. 다른 냄새가 나는 물질들은 실내외의 가스 누출을 쉽게 검출할 수 있도록 가스 공급 회사들이 의도적으로 첨가한 것이다.

화학적 구성

천연가스 매장원의 탄화수소 혼합물은 주로 저분자량의 기체 화

261

합물인 메탄(CH_4)이나 에탄(C_2H_6)으로 구성되어 있으며 두 가지 모두 대기 조건에서 기체다. 프로판(C_3H_8), 부탄(C_4H_{10}), 펜탄(C_5H_{12}), 헥산(C_6H_{14}) 같은 더 무거운 기체들도 존재한다.[1] 지하에서는 높은 압력이 존재하기 때문에 펜탄과 헥산도 액체로 존재하며(정상적 대기 조건에서는 기체다), 이것을 액화석유기체라고 한다. 이런 물질들은 지표로 올라오면 낮은 압력 때문에 기화되어서 가스를 생성한다.

천연가스 매장원에 흔히 존재하는 다른 종류의 기체로는 수소, 질소, 이산화탄소가 있다. 화산 활동과 유기 물질의 부패에서 소량의 황화수소도 생성된다. 비활성 기체인 아르곤과 헬륨도 존재하는데 방사성 동위원소 칼륨의 붕괴(Ar), 토륨과 우라늄의 붕괴(He)에서 생긴 것이다. 이런 구성 기체들 중에서 소량만 존재해도 냄새를 맡을 수 있는 것은 황화수소(H_2S)이다. 사람의 코는 티올 부류(−SH 작용기를 가짐)의 황을 함유하는 화합물에 민감하다. 9개의 티올 분자에 의해서 40개의 수용체 분자만 활성화되어도 냄새를 맡는 데 충분하다.[2] 알고 있는 대로 천연가스에는 새는 것을 검출하기 위하여 냄새가 나는 물질을 첨가한다. 에탄티올(그림 13.8.1, CH_3CH_2SH)과 2-메틸-2-프로판티올(그림 13.8.2, 삼차-부틸메르캅탄이라고도 함)은 천연가스의 냄새를 내서 경고를 하는 대표적 예다. 이런 물질들은 실온의 대기압에서는 액체지만(에탄티올과 2-메틸-2-프로판티올의 정상 끓는점은 각각 35°C와 64°C)[3], 압력이 낮아지면 기체로 존재할 수 있다.

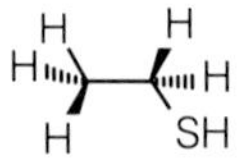

그림 13.8.1 천연가스의 냄새를 나게 해서 경고 작용을 하는 에탄티올(CH_3CH_2SH).

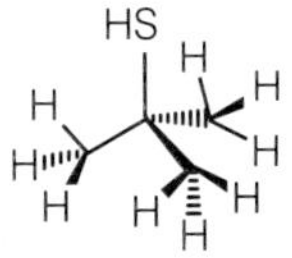

그림 13.8.2 천연가스의 냄새를 나게 해서 경고 작용을 하는 2-메틸-2-프로판 티올(삼차-부틸메르캅탄).

중요한 용어

탄화수소   티올

참 고 문 헌

[1] "Natural Gas, Manufactured Gas & Liquefied Gas Analysis: Part I — Background." Atlantic Analytical Laboratory, Inc., http://www.test-lab.com/ gasone.htm

[2] "Smell Seeing: A New Approach to Artificial Olfaction." K. S. Suslick, M. E. Kosal, N. A. Rakow, and A. Sen, School of Chemical Sciences, University of Illinois at Urbana Champaign, http://www.scs.uiuc.edu/suslick/pdf/ eurodeur2001.pdf

[3] ChemFinder, Cambridge Soft Corp., http://chemfinder.camsoft.com/

13.9 왜 암모니아 세척제와 표백제를 혼합하면 안 될까?

암모니아와 표백제는 모두 녹을 제거하고, 표면을 소독하고, 때를 제거하는 데 유용한 가정용품이다. 그러나 이 두 가지 용품에는 항상 이런 경고가 붙어 있다. "주의: 표백제와 암모니아 세척제를 혼합하지 마시오!"

화학적 원리

일반적으로 액체로 된 표백제는 하이포아염소산나트륨의 5% 수

용액이다. 그리고 암모니아 세척제(일반적인 가정용 세척제, 왁스 제거
제, 유리 세척제, 오븐 세척제를 포함하는)는 5~10%의 암모니아(NH_3)
수용액이다. 표백제와 암모니아가 들어 있는 세척제를 혼합하면 클
로라민(chloramines)이라는 매우 유독한 화합물이 생긴다. 이 유독성
기체는 점막을 손상시키는 자극성을 가진다. 더구나 표백제 냄새 때
문에 이 유독한 기체의 냄새를 맡지 못하게 되기가 쉽다.

화학적 내용

암모니아(NH_3)와 하이포아염소산 이온(OCl^-)은 결합하면 세 가
지 클로라민을 생성한다. 클로라민은 암모니아의 유도체로서 암모
니아의 수소들이 염소 원자로 치환된 것들이다. 염소가 치환된 정도
에 따라서 클로라민은 모노클로라민(NH_2Cl), 디클로라민($NHCl_2$),
삼염화질소(NCl_3)로 나타낸다.

$$OCl^- + NH_3 \rightarrow OH^- + NH_2Cl$$
$$OCl^- + NH_2Cl \rightarrow OH^- + NHCl_2$$
$$OCl^- + NHCl_2 \rightarrow OH^- + NCl_3$$

클로라민의 자극적이고 톡 쏘는 냄새를 흔히 수영장의 염소 냄새
와 혼동하기 쉽다. 수영장에서는 하이포아염소산나트륨(물을 소독하
기 위하여 넣는다)과 사람들의 분비물에 들어 있는 질소를 함유하는
화합물로부터 클로라민이 생성된다.

과량의 암모니아가 존재하면 하이포아염소산 이온과 암모니아가
반응하여 히드라진(N_2H_4)을 생성할 수 있는데 이것도 역시 독성이
며 폭발성까지 갖는다.

$$OCl^- + NH_3 \rightarrow NH_2Cl + OH^-$$

$$NH_2Cl + NH_3 + OH^- \rightarrow N_2H_4 + Cl^- + H_2O$$

히드라진을 공업적으로 만드는 방법도 이 방법에 기초를 두고 있다. 즉 하이포아염소산나트륨의 염기성 수용액과 암모니아를 반응시키는 것이다. 라쉭(Raschig) 과정이라고 하는 이 공법은 1907년에 도입되었다.

│ 중요한 용어 │
클로라민   히드라진

265

13.10 알파히드록시산이란 무엇일까?

많은 화장품 회사들이 기적의 성분이라면서 알파히드록시산을 함유한 노화 방지 크림과 피부 재생 제품들을 판매하고 있다. 간단한 화합물 명명법만 안다면 이 특별한 성분을 로션의 성분들 중에서 쉽게 확인할 수 있다.

화학적 원리

많은 주름살 방지 크림과 로션에는 햇볕에 의한 피부의 손상과 노화 효과를 막아준다는 히드록시산이 들어 있다. 이런 제품은 대부분 노화된 피부 외부층(표피)을 새로운 세포로 보충하는 자연적 과정을 가속시켜서 피부의 외관과 조직을 향상시켜 준다. 피부를 벗겨냄으로써 아래층의 '건강해 보이는' 피부를 내보여서 피부의 외관을 일시적으로 좋아 보이게 하는 것이다. 피부 제품의 노화 방지 성분, 그

농도, pH(산성도), 다른 성분의 존재 같은 화학적 본질은 산이 박리
제로 작용하는 효과를 결정해 준다.[1]

　알파히드록시산(AHA)은 수용성 물질이며 따라서 맨 바깥 피부 표
층을 투과한다.[2] 반대로 베타히드록시산(BHA)은 지용성이며 표면
에서 1～5mm 아래에 있는 피부의 아래층을 투과할 수 있다.[3] 대부
분의 알파히드록시산은 식물성 물질과 해양성 원천에서 나온다. 흔
히 사용되는 알파히드록시산에는 말산(사과에 존재), 아스코르브산
(많은 과일에 흔히 존재하는 성분), 글리콜산(사탕수수의 한 성분), 락트
산(우유의 한 성분), 시트르산(감귤류에 천연적으로 풍부하게 존재), 타르
타르산(적포도주에 존재)이 있다. 흔한 베타히드록시산에는 살리실산
(아스피린의 성분)이 있다.

화학적 구성

　알파히드록시산은 카르복시기의 알파 위치(카르복시기에 이웃한 탄
소)에 히드록시기를 가지고 있는 유기 카르복시산이다. 그림 13.10.1
은 일반적 알파히드록시산의 구조를 나타내고 있다. 베타히드록시
산은 그림 13.10.2에 나타낸 구조처럼 베타 위치(카르복시 작용기로부
터 두 번째로 떨어져 있는 탄소 원자)에 결합된 히드록시기를 가지고 있

$$R_1 - \underset{\underset{OH}{|}}{\overset{\overset{R_2}{|}}{C}} - \overset{\overset{O}{\|}}{C} - OH$$

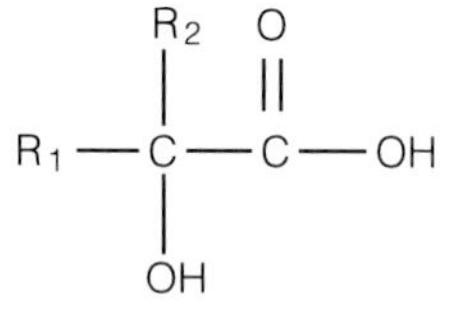

그림 13.10.1　알파 위치에 추가적인 히드록시기(-OH)가 존재하는 유기 카르복
시산인 알파히드록시산의 구조. 알파 위치는 카르복시기(-COOH)
에 이웃한 탄소를 가리킨다.

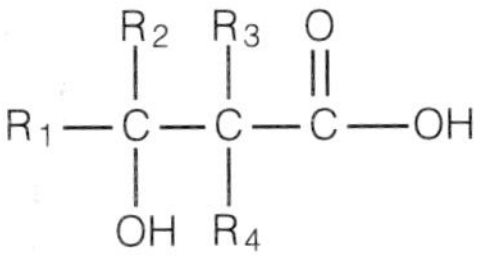

그림 13.10.2 베타 위치에 히드록시기가 결합된 카르복시산인 베타히드록시산의 구조. 베타 위치는 카르복시산기로부터 두 번째에 위치한 탄소를 가리킨다.

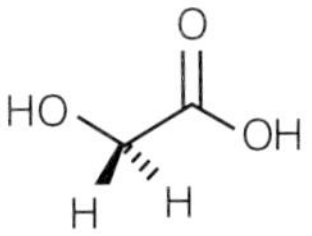

그림 13.10.3 글리콜산(알파-히드록시에탄산)의 분자 구조.

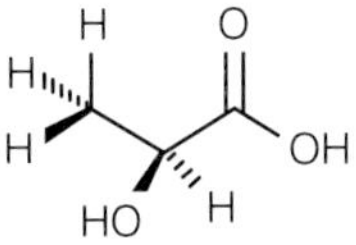

그림 13.10.4 락트산의 분자 구조.

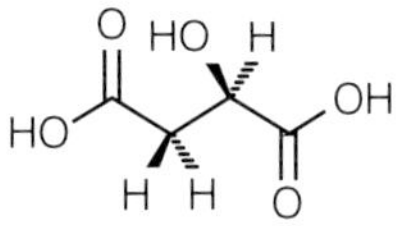

그림 13.10.5 말산의 분자 구조.

는 치환된 카르복시산이다. 몇 가지 흔한 알파히드록시산에는 글리콜산(그림 13.10.3, 알파-히드록시에탄산), 락트산(그림 13.10.4), 말산(그림 13.10.5), 시트르산(그림 13.10.6), 만델산(그림 13.10.7), 아스코르브산(그림 13.10.8)과 타르타르산(그림 13.10.9)이 있다. 시트르산도 베타히드록시산으로 분류할 수도 있지만 살리실산(그림 13.10.10)이 가장 흔한 베타히드록시산이다.

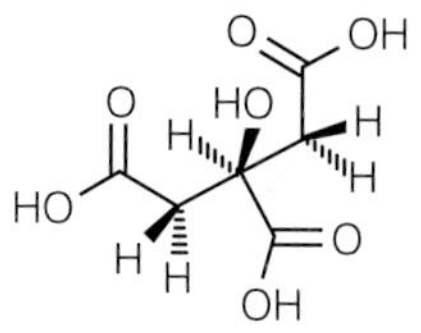

그림 13.10.6 시트르산의 분자 구조.

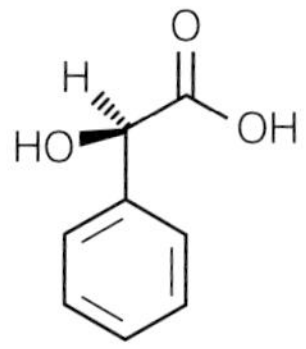

그림 13.10.7 만델산의 분자 구조.

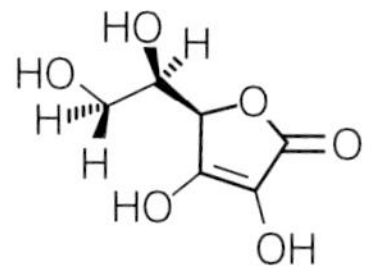

그림 13.10.8 아스코르브산의 분자 구조.

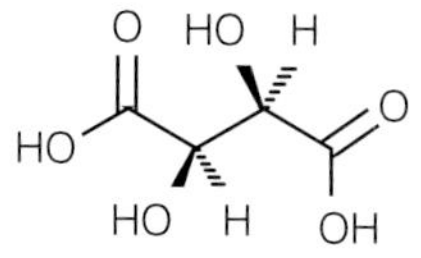

그림 13.10.9 타르타르산의 분자 구조.

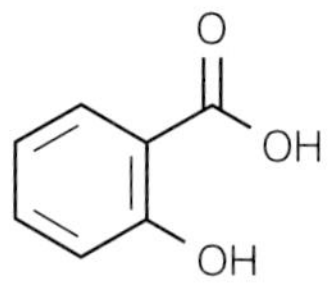

그림 13.10.10 살리실산의 분자 구조.

┤중요한 용어├

카르복시산 카르복시 작용기 알파히드록시산 베타히드록시산

참고문헌

[1] "Current Controls." Australia's National Industrial Chemicals Notification and Assessment Scheme,
http://www.nicnas.gov.au/publications/CAR/PEC/PEC12/PEC12c.pdf

[2] "Hydroxy Acids." YourSkinDoctor.com, Inc.,
http://www.yourskindoctor.com/hydroxy_acids.html

13.11 무알코올 화장품이란 무엇일까?

269

무알코올 제품에 대하여 다루기 전에 잠시 멈추고 여러분이 원하는 화장품이 어떤 것인지 떠올려 보자. 화학자들이 알코올이라고 부르는 것은 흔히 소비자들이 생각하는 알코올과 혼동이 된다. 화학자의 용어를 이해하면 가장 안전하고 이로운 조성을 선택하는 데 도움이 될 것이다.

화학적 원리

미국 식품의약청(FDA)은 소비자들이 흔히 화장품에 나타난 '무알코올'이라는 용어의 의미에 대해 의문을 가지고 있다고 보고하였다. '무알코올'이라는 용어는 특별히 에탄올(에틸알코올 또는 곡정)이라는 물질이 없는 경우에 적용된다.[1] 무알코올 제품은 흔히 많은 알코올을 함유하는 제품들이 나타내는 건조 효과를 피하려는 소비자들이 원하게 된다. 그럼에도 불구하고 보습, 윤활, 피부 연화, 바르기 쉬움, 빠른 건조 등과 같은 화장품의 많은 이로운 특징들은 넓게는 알코올류에 속하는 물질들 때문에 생겨난다.

화학적 구성

알코올은 히드록시기라는 작용기를 함유하는 화학 물질이다. 이 작용기를 −O−H(수소 원자가 산소 원자에 결합되어 있고 산소 원자는 다른 원자, 특히 탄소 원자에 결합된다)로 나타낸다. 무알코올 표시가 있든지 없든지 화장품은 알코올류에 속한 것을 포함하고 있을 수 있다.[2, 3] 알코올은 개인 위생 제품에 매우 유용한 많은 성질들을 제공해 준다. 예를 들어 알코올들은 보습제로 작용하는 중요한 성분인데 이런 것에는 안면 메이크업, 두발제품, 탈취제의 세틸알코올(헥사데칸올, 그림 13.11.1), 피부 컨디셔너의 2-옥틸-1-도데칸올(그림 13.11.2), 헤어컨디셔너의 판테놀(그림 13.11.3), 피부와 두발 컨디셔너의 스테아릴알코올(옥타데칸올, 그림 13.11.4)과 라놀린알코올(33가지 고분자량 알코올의 혼합물)이 있다. 알코올인 α-토코페롤(비타민 E, 그림 13.11.5)은 제품의 변질을 방지하거나 감소시켜 주는 항산화제나 보

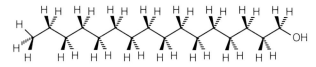

그림 13.11.1 세틸 알코올(헥사데칸올)의 분자 구조.

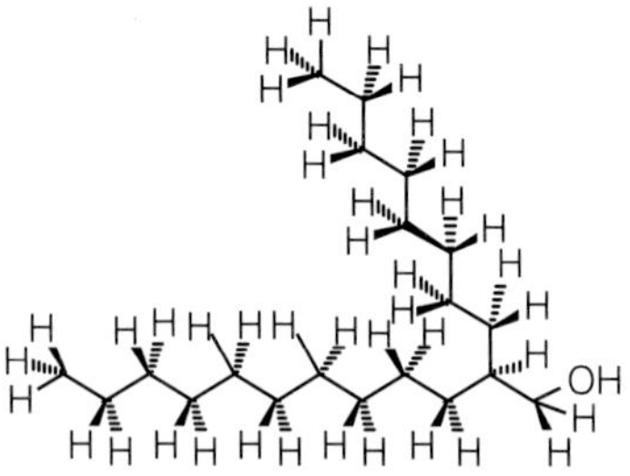

그림 13.11.2 2-옥틸-1-도데칸올의 분자 구조.

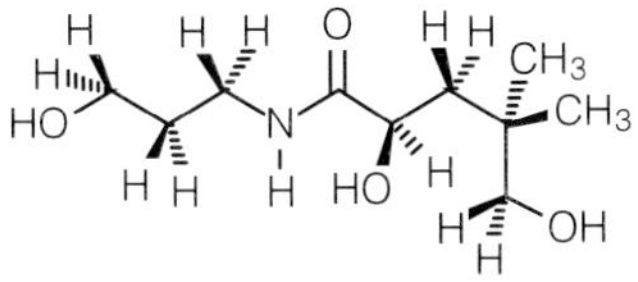

그림 13.11.3 판테놀의 분자 구조.

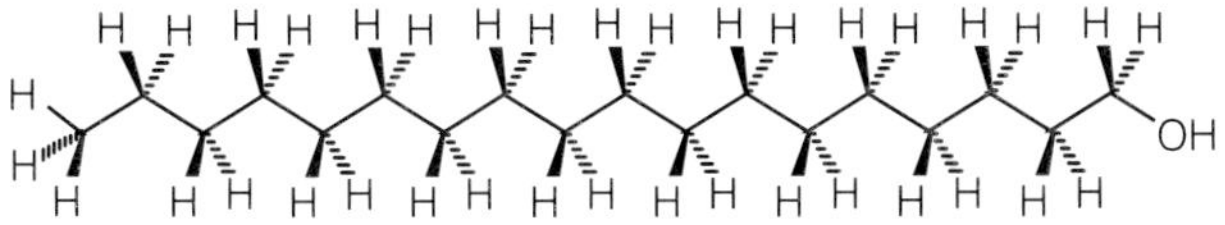

그림 13.11.4 스테아릴알코올(옥타데칸올)의 분자 구조.

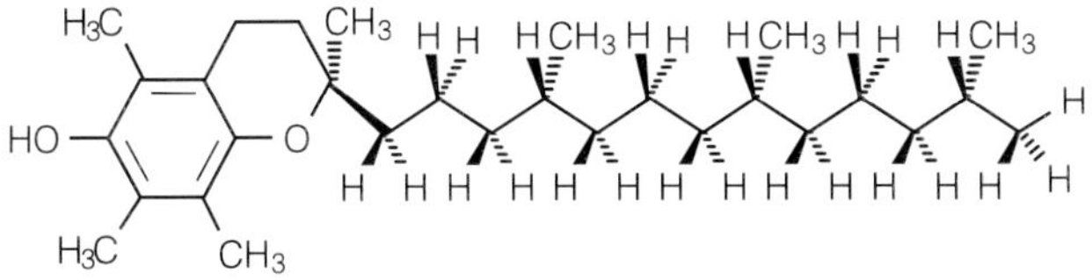

그림 13.11.5 α-토코페롤(비타민 E).

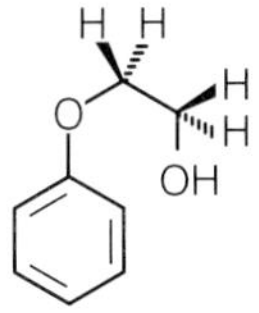

그림 13.11.6 페녹시에탄올의 분자 구조.

존제로 사용된다. 페녹시에탄올(그림 13.11.6)은 합성 장미 기름과 비누에 장미향으로 사용된다. 많은 알코올들은 원하는 점도로 조성을 묽힐 수 있는 용매성을 가지기 때문에 사용된다. 에탄올(그림 13.11.7) 이외에도 이런 목적으로 사용되는 알코올들은 하나 이상의 히드록시기를 가진 물질들이며 여기에는 글리세린(1,2,3-프로판트리올, 그림 13.11.8), 프로필렌글리콜(1,2-프로판디올, 그림 13.11.9), 부틸렌글리콜(1,4-부탄디올, 그림 13.11.10)이 포함된다. 라우르산디에탄올

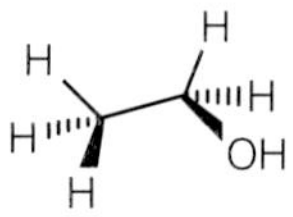

그림 13.11.7　에탄올의 분자 구조.

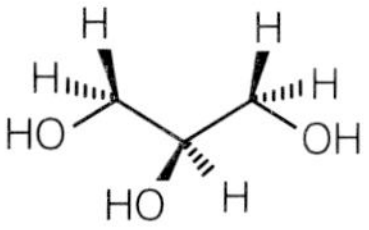

그림 13.11.8　글리세린(1,2,3-프로판트리올)의 분자 구조.

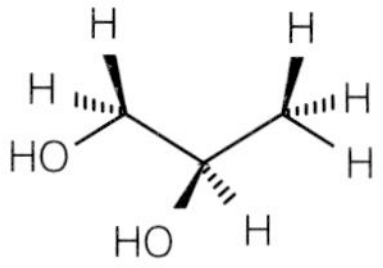

그림 13.11.9　프로필렌글리콜(1,2-프로판디올)의 분자 구조.

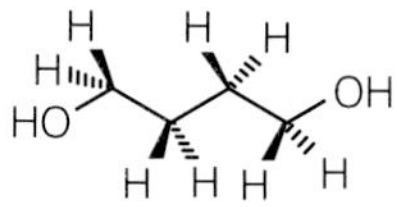

그림 13.11.10　부틸렌글리콜(1,4-부탄디올)의 분자 구조.

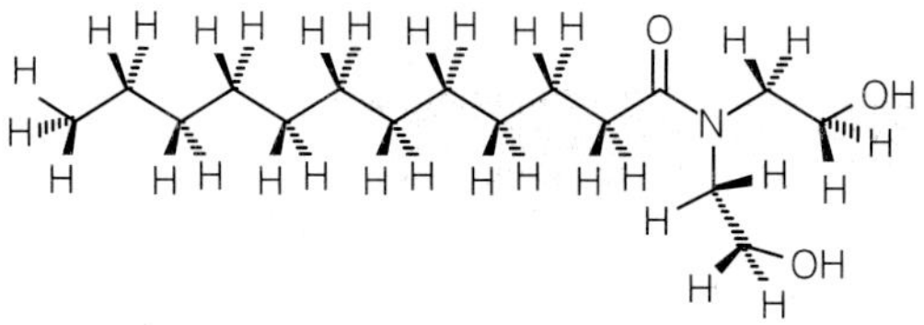

그림 13.11.11　라우르산디에탄올아민(라우르아미드 DEA)의 분자 구조.

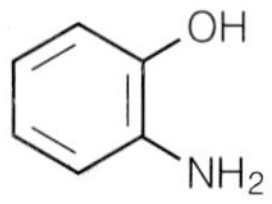

그림 13.11.12　아미노페놀(히드록시아닐린)의 분자 구조.

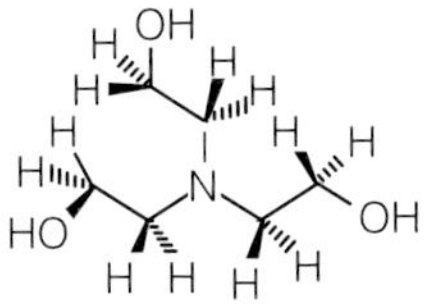

그림 13.11.13 트리에탄올아민의 분자 구조.

아민(라우르아미드 DEA, 그림 13.11.11)은 흔히 그것이 가지는 유화 작용을 하는 성질과 거품을 내는 작용 때문에 사용된다. 많은 지속성 두발 염료 조성에는 아미노페놀(히드록시아닐린, 그림 13.11.12)의 유도체들이 포함되어 있다. 트리에탄올아민(그림 13.11.13)은 투명 비누의 pH 조절제로 사용되는 알코올이다. 화장품 조성에서 알코올의 기능과 이점은 수없이 많다! 화장품 사용자들은 아마도 그들의 제품에 히드록시기가 완전히 없지 않다는 점을 알고서 오히려 안심하게 될 것이다.

273

┤중요한 용어├

알코올   히드록시기

참고문헌

[1] "Alcohol Free." U.S. Food and Drug Administration, Center for Food Safety and Applied Nutrition, Office of Cosmetics Fact Sheet, February 23, 1995, http://vm.cfsan.fda.gov/~dms/cos 227.html

[2] "Hydroalcoholic Skin Care Emulsions." Uniqema, http://www.surfactants.net/ formulary/unigema/pcml4.html

[3] "Chemical Ingredients Found in Cosmetics." U.S. Food and Drug Administration, *FDA Consumer*, May 1994. http://vm.cfsan.fda.gov/~dms/cos- chem.html

13.12　많은 치약과 구강 청정제에서 시원한 느낌이 드는 이유는 무엇일까?

"청결하고 건강한 입과 숨결을 위한 기분 좋은 박하 맛" "깨끗하고, 시원하고, 신선한 맛" 이것은 치약과 구강 청정제의 광고에 많이 나오는 말들이다. 소비자가 이런 제품에서 쉽게 연상하는 신선한 향기와 시원한 느낌의 근원은 무엇일까?

화학적 원리

치약이나 구강 청정제를 사용하면 시원하고 신선한 느낌을 경험한다. 그런 개인 위생 용품의 제조업체들은 상쾌한 맛과 시원한 느낌을 주도록 한 가지 이상의 중요한 성분을 포함시킨다. 이런 성분에는 박하유(페퍼민트), 유럽박하유(스피어민트), 멘톨이 있다. 이런 물질들은 특별한 식물의 매우 농축되고, 휘발성이고, 방향성이 있는 추출물로서 정유(精油, 에센스 오일)라는 부류에 속한다. 이런 중요한 성분을 얻기 위해서는 정확한 성장 단계에서, 특별한 기상 조건에서, 심지어는 하루 중에서도 일정한 때에 식물의 꽃, 줄기, 껍질, 잎들을 수확해야만 한다.[1] 이런 정유의 특별한 성분들은 차가움을 느끼는 신경을 자극하고 고통을 느끼는 신경을 둔하게 만들어 준다. 이런 감각 과정을 화학수용과정이라고 하는데 어떤 화학 물질 자극이 화학수용체에 도달하면 이 특수한 세포들이 직접 또는 간접적으로 그런 물질의 효과를 신경 충격으로 전환한다. 이에 따라서 신체가 반응하여 혈액이 작용된 곳으로 흐름에 따라서 '가열 효과'가 생긴다. 이런 물리적 감각은 '치료' 효과의 인상을 준다. 이것이 박하가 오랜 역사 동안 약품으로 사용되어 온 한 가지 이유다.

화학적 구성

박하유는 박하(*Mentha piperita*)의 신선한 잎을 증기 증류하여 추출한 휘발성 기름이다. 박하유에는 44% 이상의 멘톨이 함유되어 있다. 미국박하유에는 50~78%의 l-멘톨(그림 13.12.1)과 아세트산멘틸(그림 13.12.2) 같은 여러 가지 에스테르의 혼합물이 5~20% 정도 함유되어 있다. 이 정유에는 d-멘톤, l-멘톤(그림 13.12.3), 시네올(그림 13.12.4), d-이소멘톤, d-네오멘톤, 모노테르펜 유도체인 멘토푸

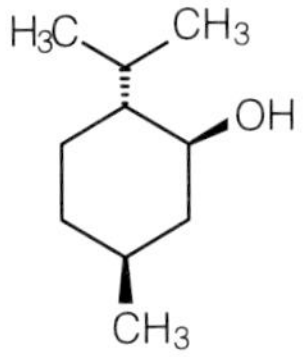

그림 13.12.1 l-멘톨의 분자 구조.

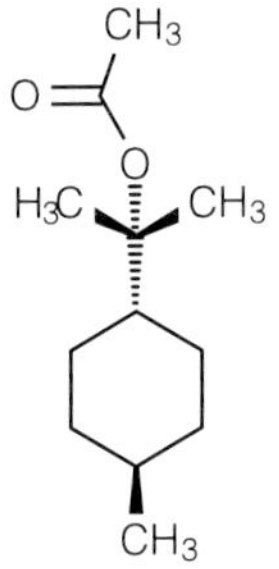

그림 13.12.2 아세트산멘틸의 분자 구조.

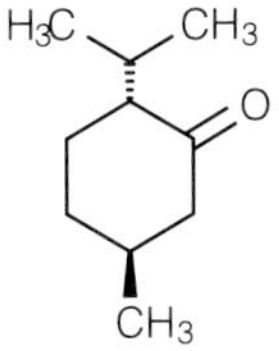

그림 13.12.3 l-멘톤의 분자 구조.

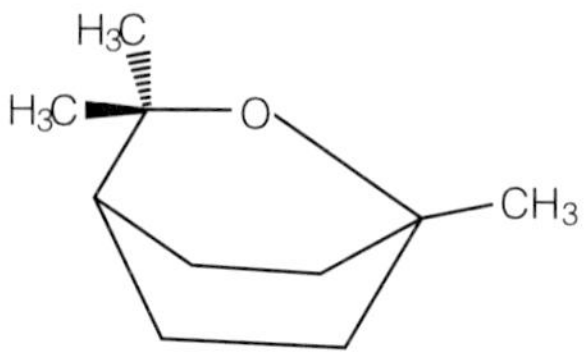

그림 **13.12.4** 시네올의 분자 구조.

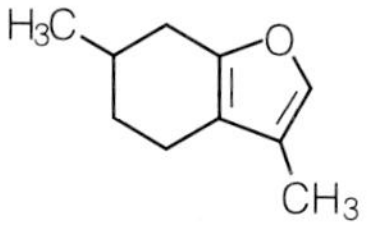

그림 **13.12.5** 모노테르펜 유도체인 멘토푸란의 분자 구조.

란(그림 13.12.5)도 들어 있다.[2] 알코올인 l-멘톨과 에스테르인 아세
트산멘틸이 박하유가 나타내는 자극적이고 청량한 냄새의 원인이 된
다. 잎의 나이에 따라서 존재하는 특별한 성분도 달라진다. 오래된
잎에는 멘톨과 아세트산멘틸이 많이 존재하며 햇빛이 비치는 시간
이 긴 계절에 잘 생성된다. 멘톤(그림 13.12.3)과 풀레곤(그림 13.12.6),
그리고 모노테르펜 유도체인 멘토푸란(그림 13.12.5)은 덜 향기로운
냄새를 가지고 있으며 어린 잎에 더 많이 존재한다. 뒤의 케톤 성분
들은 낮이 짧은 기간에 더 많이 생성된다. 시원한 느낌은 광학 이성
질체(편광면을 왼쪽으로 회전시키는 왼손잡이형)인 l-멘톨과 관련되어
있다. 광학 이성질체는 조성과 결합이 모두 같지만 거울상에 서로

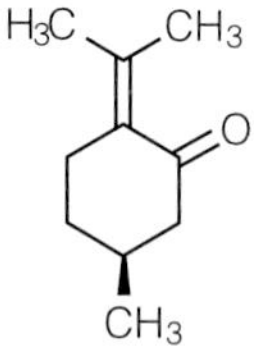

그림 **13.12.6** 풀레곤의 분자 구조.

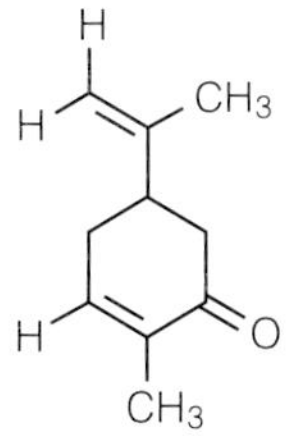

그림 13.12.7 l- 카르본의 분자 구조.

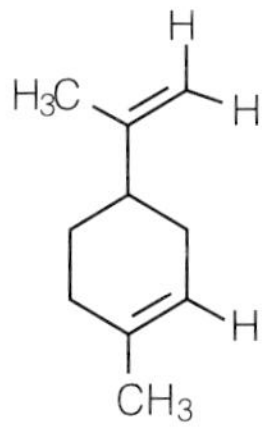

그림 13.12.8 l- 리모넨의 분자 구조.

겹쳐지지 않는 두 가지 구조라는 점을 기억하자. 그것들의 삼차원 구조 때문에 광학 이성질체는 편광된 빛의 면이 그것을 통과하면 그 면을 회전시킨다. 왼손잡이형(l형)은 편광면을 왼쪽으로, 오른손잡이형(d형)은 편광면을 오른쪽으로 회전시킨다.

유럽박하유의 주성분은 l-카르본(l- carvone, 그림 13.12.7)과 l- 리모넨(그림 13.12.8)이다. 유럽박하유는 45~60%의 l-카르본과 6~20%의 알코올류와 주로 l- 리모넨과 시네올(그림 13.12.4)로 구성된 4~20%의 에스테르와 테르펜을 함유한다.[2] 카르본의 광학이성질체인 d-카르본은 애기회향유과 딜(dill, 회향과 비슷한 풀)유에 존재한다. 카르본은 식물에 존재할 때 리모넨과 같이 존재하는 것으로 보인다.

┤중요한 용어├────────────────────────────────
광학 이성질체

참 고 문 헌

[1] "About Aromatherapy: Aromatherapy Guide." Ashbury's Aromatherapy,
http://www.ashburys.com/exp_aroma_guide.html

[2] "Structure/Activity Comparison in the Ability of Some Terpenoid Food
Flavours to Cause Peroxisome Proliferation." "Literature References," Georges
Louis Friedli, September 1992, University of Surrey, School of Biological
Sciences,
http://friedli.com/research/MSc/literature.html

13.13   왜 우리는 싱싱한 생선을 고를 때 냄새를 맡아 볼까?

싱싱한 생선을 고를 때 사람들은 신선도를 시험하기 위하여 냄새
를 맡는다. 생선이 싱싱할수록 '비린내'가 덜 나기 때문이다. 비린내
의 원천은 무엇일까?

화학적 원리

상한 생선의 불쾌한 냄새는 부패에서 일어나는 천연적인 대사 과
정의 결과다. 특히 생선의 살을 분해하는 박테리아의 효소는 생선
근육의 천연 구성 성분 중 하나인 산화트리메틸아민(trimethylamine
oxide, TMAO)을 냄새가 많이 나는 생성물로 분해한다. 바다생선, 조
개, 그리고 일부 민물 생선은 산화트리메틸아민을 함유하고 있는데
아마도 바닷물에서 물의 균형을 유지하는 데 중요한 삼투조절계의
성분일 것이다.[1] 고농도의 산화트리메틸아민은 심해 어류와도 관련
이 있는데 아마도 심해에서 겪는 높은 압력에 대항하여 생선 단백질

의 안정화에 도움을 줄 것이다.[2] 산화트리메틸아민의 분해 생성물에는 트리메틸아민과 디메틸아민이 함유되어 있다. 비린내는 아민류 혼합물의 냄새에 지나지 않는다. 흔히 트리메틸아민의 양은 생선 신선도의 지표로 사용된다.

생선 냄새를 없애려면 베이킹소다 용액, 레몬 주스, 또는 묽은 식초로 씻으면 된다. 왜 그럴까? 이런 물질들은 산으로 작용해서 염기성 물질로 작용하는 아민을 중화시키기 때문이다.

화학적 구성

생선 근육에서 산화트리메틸아민의 대사는 효소에 의하여 촉매되는 산화-환원 반응을 포함하고 있다. 산화트리메틸아민을 트리메틸아민으로 전환하는 효소는 N-산화트리메틸아민 환원효소로 알려져 있다. 이 효소는 니코틴아미드 아데닌 디누클레오티드(NADH)와

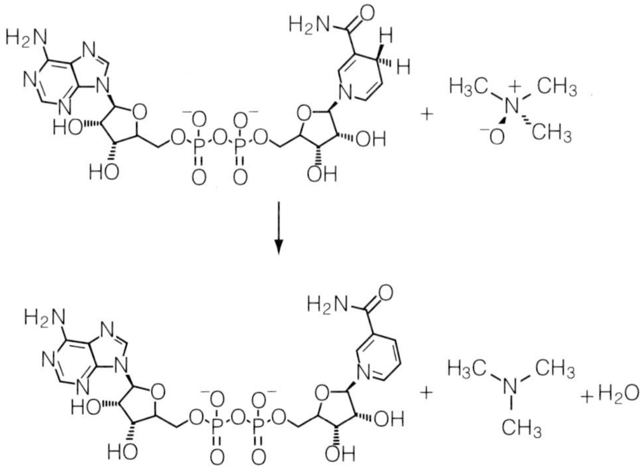

그림 13.13.1 니코틴아미드 아데닌 디누클레오티드(NADH)에 의한 산화트리메틸아민의 환원.

산화트리메틸아민에 작용하여 NAD^+, 트리메틸아민, 물을 생성한
다(그림 13.13.1). 산화트리메틸아민은 산화제로 작용하며 환원제인
NADH가 산화되는 동안에 환원된다.

또 다른 효소인 산화트리메틸아민 알돌라아제는 그림 13.13.2와
같이 산화트리메틸아민을 디메틸아민과 포름알데히드로 전환한다.

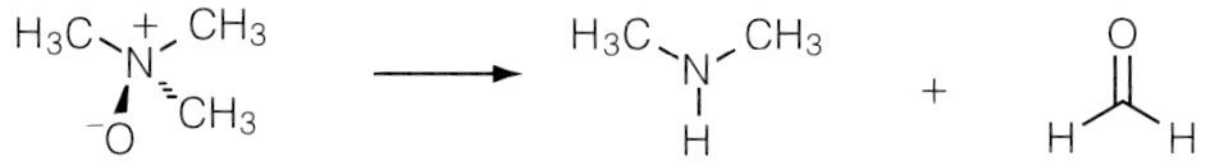

그림 13.13.2 산화트리메틸아민이 디메틸아민과 포름알데히드로 전환되는 다른
환원 경로.

┤ 중요한 용어 ├
아민 산-염기 중화

참 고 문 헌

[1] "Rotten Fish." New York Times on the Web, *Science Health*, May 23, 2000,
http://www.nytimes.com/library/national/science/052300sci-qa.html

[2] "Osmolytes in the Deep." Professor Paul H. Yancey, Whitman University,
http://people.whitman.edu/~yancey/news.html

[3] Ligand Chemical Database, GenomeNet WWW Server, Institute for Chemical
Research, Kyoto University,
http://www.genome.ad.jp/dbget-bin/ www_bget?ligand+1.6.6.9

[4] Ligand Chemical Database, GenomeNet WWW Server, Institute for Chemical
Research, Kyoto University,
http://www.genome.ad.jp/dbget-bin/ www_bget?ligand+4.1.2.32

13.14 홍학은 자연적으로 분홍색일까?

홍학은 불에 타죽어서 재 속에서 부활한다는 불사의 고대 불사조
와 연관되어 있다. '홍학(플라밍고)'이라는 말은 불과 관련이 있으며
라틴 어 어원은 불을 의미하는 플라마, 포르투갈 어로는 플라멩고,
에스파냐 어로는 플라멘코다. 이름처럼 붉은 홍학의 분홍빛 깃털은
어떻게 나타나게 되었을까?

화학적 원리

새의 깃털은 매우 다양한 색깔을 가지고 있다. 붉은홍관조의 붉은
색처럼 어떤 깃털의 색은 깃털에 있는 색소로부터 생긴다. 다른 색
은 깃털 구조의 변형이다. 예를 들어 청색 미국어치의 깃털 표면의
미세 구조는 빛을 반사하는 작은 프리즘으로 작용하여 청색을 나타
낸다. 홍학의 분홍색 깃털에서 발견되는 색소의 원인은 먹이다. 특
히 카로테노이드족의 색을 가진 물질들로서 당근과 비트의 β-카로
틴, 토마토와 분홍 자몽의 리코펜, 연어의 살 또는 새우와 바다가재
의 껍질에 있는 착색제가 여기에 포함된다. 어린 홍학은 흰색이지만
성장한 홍학의 먹이에는 카로테노이드를 함유하는 작은 갑각류, 곤
충, 홍조류가 포함되어 있다. 색을 가진 물질은 소화되고 변형되어
서 홍학의 깃털에 분홍빛이 나게 한다. 분홍색을 유지하려면 카로테
노이드를 함유하는 식품을 계속 먹어야 한다. 이 때문에 포획된 홍
학은 흔히 특별한 식품 첨가물이 없으면 예쁜 색을 잃는다. 새끼들
에게 먹이를 주는 동안 암컷과 수컷 홍학은 털갈이 때 분홍색 대신
에 새로 흰색 깃털이 나올 정도로 분홍색의 카로테노이드인 칸타크
산틴이 고갈된다.[1]

화학적 구성

카로테노이드족의 하나인 아스타크산틴(그림 13.14.1)은 연어, 조개, 새우, 바다가재의 분홍색의 원인이다. 소화된 후 이 화합물은 변형되어서 두 개의 히드록시기가 제거되어서 칸타크산틴(그림 13.14.2)을 생성하며, 이것이 홍학의 분홍색을 나타나게 하는 실제 물질이다.[1] 시클로헥산 용매에 녹인 칸타크산틴은 가시광선 영역 중 주로 진동수 468~472 nm의 녹색 빛을 흡수하며[2] 따라서 이 색소를 가지면 붉은색을 반사한다.

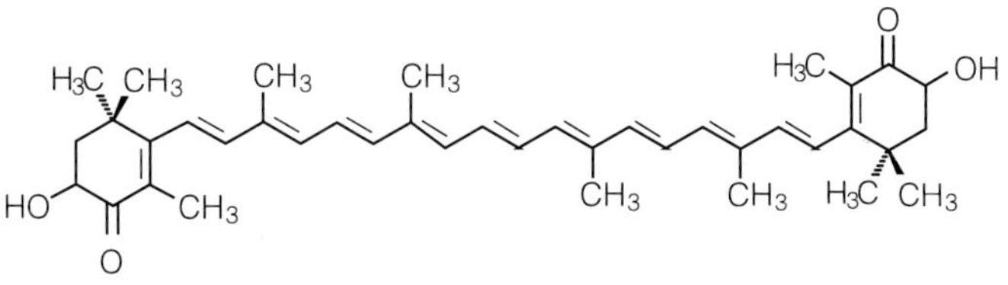

그림 13.14.1 아스타크산틴의 분자 구조.

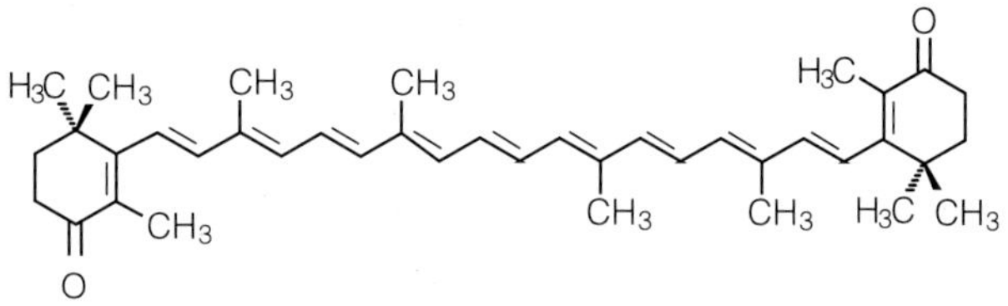

그림 13.14.2 칸타크산틴의 분자 구조.

참고문헌

[1] "Behavior—Ecological and Evolutionary Implications." Biology 213, Introduc-tion to Ecology and Evolutionary Biology, Rice University, http://www.dacnet.rice.edu/courses/bios213/labs/flamingo/

[2] "Food Colorants/Carotenoids: Structure and Solubility." Food, Nutrition, and Health 410, University of British Columbia, http://www.agsci.ubc.ca/courses/fnh/410/colour/3_30.htm

13.15 왜 아이스크림을 오래 보관하면 모래 같은 조직이 생길까?

아이스크림의 부드러움은 소비자들에게는 매우 중요하다. 이것은 아이스크림의 품질 인자가 된다. 아이스크림의 상쾌한 맛을 손상시키는 모래 같은 조직은 무엇일까?

화학적 원리

탄수화물은 19세기 초에 최초로 분석되었으며 그것들이 $C_x(H_2O)_x$의 분자식을 가지기 때문에 문자 그대로 '탄소의 수화물'인 화합물로 설명되었다. 최근에 탄수화물 분자는 일반적으로 분자식이 아니라 그 구조에 기초하여 분류한다. 이 부류에 속하는 화합물에는 셀룰로오스, 녹말, 글리코겐, 그리고 대부분의 당이 있다.

탄수화물은 단당류(가수분해 될 수 없는, 즉 물에서 분해될 수 없는 단순한 탄수화물), 이당류(가수분해되어서 두 개의 단당류를 생성하는 탄수화물), 그리고 수천 개의 단당류가 함께 연결된 훨씬 더 복잡한 다당류로 분류할 수 있다. 우유에 들어 있는 락토오스는 갈락토오스 분자와 글루코오스 분자로 구성된 이당류이다. 용액에서 이런 단당류 단위들은 각각 고리 구조로 존재한다. 각각 서로 다른 공간 구조(원자의 삼차원 배열이 서로 다르다)를 갖는 두 가지 구조가 관찰되며 각 구조는 서로 다른 물리적 성질을 갖는다. 구조 중 한 가지는 더 단맛을 가지며 다른 구조는 용해도가 더 낮다. 아이스크림을 오랫동안 보관하면 혼합물에서 용해도가 더 낮은 구조가 결정화되어서 모래 조직이 된다.

화학적 구성

단당류의 고리 구조는 고리에 대한 히드록시기들 중 하나의 배열이 두 가지가 될 수 있다. 이런 구조를 아노머라고 하며 α와 β로 표시한다. α표시는 탄소 C1에 있는 히드록시기가 고리의 아래쪽에, 탄소 C5의 $-CH_2OH$ 치환기가 고리 위쪽에 있는 구조를 나타내며, β표시는 히드록시기와 $-CH_2OH$ 치환기가 모두 고리의 같은 쪽에 있는 구조를 나타낸다. 탄소 C1을 아노머 탄소라고 한다. α와 β 형태는 서로 평형을 이루며 서로 전환된다. D-글루코오스의 α와 β형을 그림 13.15.1과 13.15.2에 각각 나타냈다.

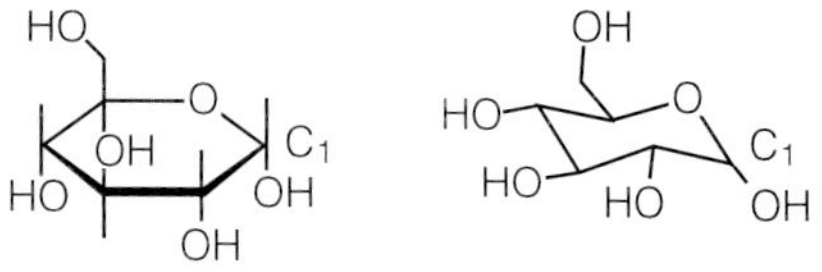

그림 **13.15.1** α-D-글루코오스의 분자 구조.

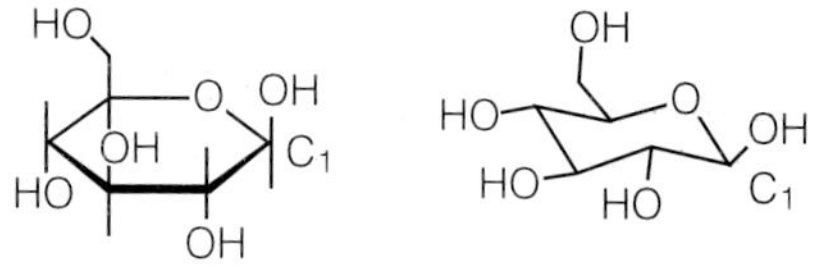

그림 **13.15.2** β-D-글루코오스의 분자 구조.

이당류 락토오스는 β-D-갈락토오스의 아노머 탄소(즉 β-D-갈락토오스의 C1)에 있는 히드록시기와 α 또는 β-D-글루코오스의 C4에 있는 히드록시기 사이의 반응에 의하여 생성된다. 따라서 두 가지 형태의 락토오스가 가능하며 글루코오스 단위의 아노머 탄소에 있는 히드록시기의 배열에 따라서 α-락토오스와 β-락토오스로 구분한다(각각 그림 13.15.3과 13.15.4).

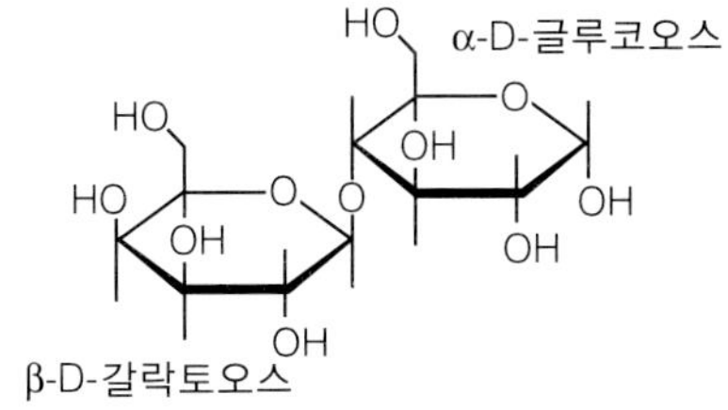

그림 13.15.3 α-락토오스의 분자 구조.

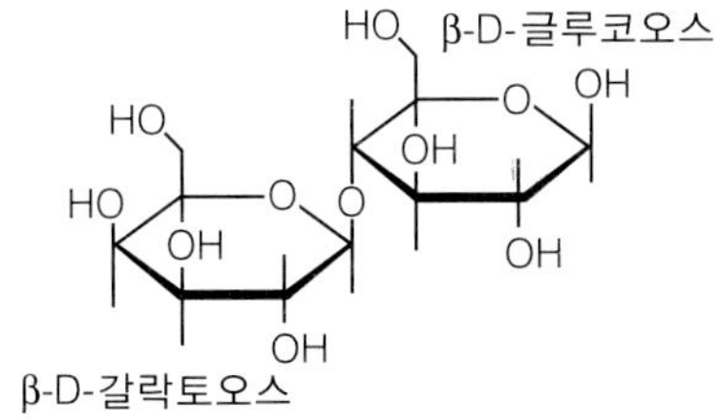

그림 13.15.4 β-락토오스의 분자 구조.

285

단당류 사이의 결합은 글리코시드결합이라고 알려진 에테르결합 −O−이며, 결합이 시작되는 탄소의 번호와 결합이 끝나는 두 번째 단당류의 탄소의 번호로 추가적인 이름을 붙인다. 락토오스의 글리코시드결합은 1,4-글리코시드결합이라고 표시된다.

┤중요한 용어├
에테르　탄수화물

13.16 왜 어떤 올리브유에는 'Extra Virgin'이라고 표시되어 있을까?

요리사와 소비자들은 모두 올리브유에 'extra virgin'이라는 말이 붙으면 전문성과 양질의 느낌을 받는다. 이 말이 정말로 의미하는 것은 무엇일까?

화학적 원리

식물에서 나오는 식용유는 한 가지 식물에서 나오는 순수한 기름이나 혼합된 기름의 형태로 소비된다. 올리브유, 해바라기유, 옥수수유가 앞의 예다. '식용', '요리용', '프라이용', '식탁용' 또는 '샐러드용' 기름은 두 번째 부류의 예다. 올리브유는 그 훌륭한 맛과 향 때문에 미식가와 식도락가들에게 우수한 식물 기름으로 생각되고 있다. 버진 올리브유는 품질을 떨어뜨리지 않는 특별한 기계와 온도 조건에서 물리적으로 추출되어야 한다. 버진 올리브유는 4가지 등급으로 더 분류된다.[1] 등급을 결정하는 인자들 중 하나는 산성도다 (표 13.1).

표 13.1 조성에 의한 버진 올리브유의 분류

Extra virgin	산성도 1% 이하
virgin	산성도 2% 이하
Ordinary virgin	산성도 3% 이하
Lampante virgin	산성도 3.3% 이상, 정제하지 않고서는 소비에 부적당

최고급인 'extra virgin' 올리브유는 중량으로 1% 미만의 산성도를 가져야 한다. 또 'extra virgin'으로 표시하기 위해서는 강한 과일향과 특이한 향과 맛을 가졌는지 국제올리브위원회의 감식심사원단의 판단을 받아야 한다. 저등급의 기름은 산을 중화하거나 불쾌한 냄새를 없애기 위하여 추가 과정을 거치기도 한다.

올리브에서 올리브유를 추출하는 과정의 본질 때문에 기름은 쉽게 오염된다. 'extra virgin 올리브유'라는 고순도 올리브유의 높은 가격 때문에 비양심적인 상인들은 옥수수유, 땅콩유, 콩기름 같은 가격이 싼 기름을 혼합하여 위조하기도 한다. 정확한 기름 구성 성분을 검출하여 올리브유의 순도를 보장하기 위한 여러 가지 분석 기술이 개발되었다.

올리브에 존재하는 기름은 복잡한 분리 과정을 거쳐 추출된다.[2] 잔가지와 줄기를 제거하고 올리브를 세척한 후 갈고 짜내어 풀로 만든다. 그 다음에 올리브 풀을 28°C에서 20~40분간 혼합하여 작은 올리브 방울들이 큰 방울로 뭉치게 만든다. 원심 분리기라는 도구를 이용하여 과육과 씨에서 과일의 물과 기름을 분리한다. 원심 분리기는 회전하는 수평통으로 구성되어 있다. 원심력에 의하여 더 무거운 과육과 씨는 바깥쪽으로 물과 기름은 중심으로 빠져나온다. 물과 기름을 분리하기 위해서는 원심 분리기나 마개가 있는 유리병을 이용한다. 원심 분리기를 이용하면 회전하는 용액에서 더 무거운 물이 기름으로부터 분리된다. 마개가 있는 유리병에서는 중력에 의하여 물과 기름이 분리된다. 더 간단한 분리 과정에서는 올리브 풀과 많은 양의 따뜻한 물을 혼합한다. 그러면 기름이 맨 위에 뜨게 되는데, 그것을 더껑이를 제거하는 도구로 분리해 낸다. 어느 경우든 열매로부터 더 많은 기름을 추출하기 위하여 헥산이나 다른 용매, 염(염화나트륨) 또는 염기성 물질 같은 첨가물을 넣을 수도 있다.

화학적 구성

올리브유의 산성도는 어떻게 변화할까? 기름은 트리글리세리드라는 화합물들의 복잡한 혼합물이다. 트리글리세리드는 알코올인 글리세롤(1,2,3- 프로판올, 그림 13.16.1)과 지방산인 카르복시산 세 분자로부터 형성된 에스테르다. 지방산은 일반적으로 긴 탄화수소 사슬(보통 탄소 원자수가 12~24개 사이의 짝수다)과 카르복시기를 함유한

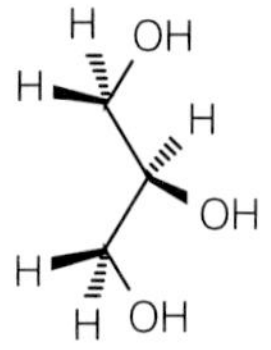

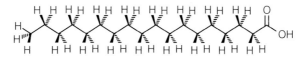

그림 13.16.1 글리세롤(글리세린)의 분자 구조.

그림 13.16.2 스테아르산의 분자 구조.

다. 사슬 길이의 변화와 포화 정도(탄소-탄소 이중결합의 수와 위치) 때문에 많은 지방산이 존재한다. 그림 13.16.2는 전형적인 지방산을 보여 준다. 트리글리세리드의 지방산들은 서로 같거나 다를 수 있다. 단순 트리글리세리드는 세 개의 똑같은 지방산을 가진다. 혼합 글리세리드는 최소한 두 가지의 다른 지방산을 가진다. 그림 13.16.3은 세 개의 똑같은 지방산, 올레산으로 구성된 단순 글리세

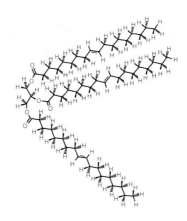

그림 13.16.3 올레산의 트리에스테르에 기반을 둔 트리글리세리드의 분자 구조.

리드의 화학 구조를 보여 준다. 그림 13.16.4는 혼합 글리세리드를
보여 준다. 트리글리세리드는 사람이 식품에서 얻을 수 있는 중요한
연료원이다. 트리글리세리드는 혈액에 존재하고 지방 조직에 저장
되는데 너무 많은 증가는 심장병의 위험 증가와 관련되어 있다. 에
스테르는 특히 어떤 효소가 존재하거나 알칼리 물질과 열을 이용하
면 가수분해 반응을 하여 구성 성분인 알코올과 카르복시산으로 분
해된다. 트리글리세리드는 글리세롤과 구성 성분인 지방산으로 가
수분해된다(그림 13.16.5). 트리글리세리드의 가수분해를 비누화 반
응이라고도 한다. 과일에서 올리브유를 추출하는 과정에서 가수분

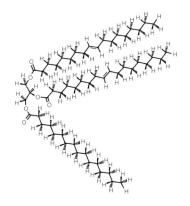

그림 13.16.4 혼합된 지방산인 팔미토디올레인의 분자 구조로서 이것은 올레산
두 분자와 팔미트산 한 분자로 된 트리글리세리드이다.

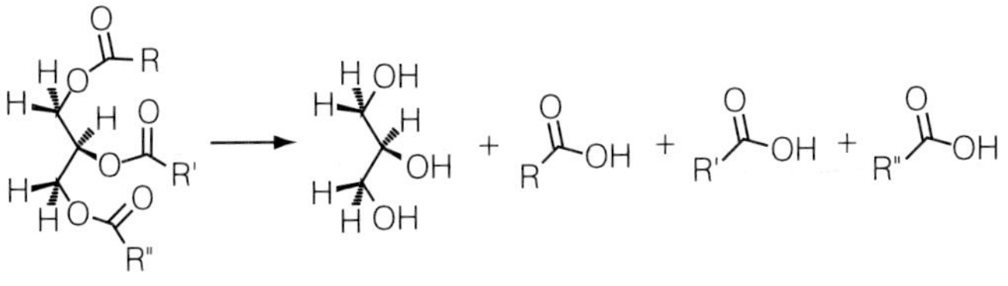

그림 13.16.5 구성 성분인 지방산과 글리세롤을 생성하는 트리글리세리드의 가
수분해 반응(비누화 반응).

해 반응이 일어나서 지방산이 방출되기도 한다. 자유 지방산이 존재하면 산의 함량이 높아지고 기름의 질이 떨어진다.

기름의 조성은 흔히 비누화 반응에서 얻은 여러 산들의 백분율로 나타낸다. 지방산은 포화지방산과 불포화지방산의 두 부류로 나눌 수 있다. 포화지방산은 이웃한 탄소 사이에 모두 단일결합을 가진다. 불포화지방산은 한 개 이상의 탄소-탄소 이중결합을 포함한다. 포화지방산에는 탄소수가 짝수이고 가지를 갖지 않는 직선형 사슬 분자가 흔하다. 불포화지방산은 일반적으로 탄소-탄소 이중결합에 대하여 시스 배열을 가진다. 올리브유는 미리스트산, 팔미트산, 스테아르산 같은 포화지방산과 올레산, 리놀레산, 리놀렌산 같은 불포화지방산을 여러 가지 조성으로 함유하고 있다(표 13.2).

표 13.2 식물유에 흔한 지방산들

관용명/체계명	탄소수	구조식
〈포화지방산〉		
라우르/n-도데칸	12	$CH_3(CH_2)_{10}COOH$
미리스트/n-테트라데칸	14	$CH_3(CH_2)_{12}COOH$
팔미트/n-헥사데칸	16	$CH_3(CH_2)_{14}COOH$
스테아르/n-옥타데칸	18	$CH_3(CH_2)_{16}COOH$
〈불포화지방산〉		
올레/시스-9-옥타데켄	18	$CH_3(CH_2)_7CH=CH(CH_2)_7$ $COOH(cis)$
리놀레/시스, 시스-9,12-옥타데카디엔	18	$CH_3(CH_2)_4CH=CHCH_2CH$ $=CH(CH_2)_7COOH(cis, cis)$
리놀렌/시스, 시스, 시스-9,12,15-옥타데카트리엔	18	$CH_3CH_2CH=CHCH_2CH=$ $CHCH_2CH=CH(CH_2)_7$ $COOH(모두 cis)$
아이코센/시스-11-아이코센	20	$CH_3(CH_2)_7CH=CH(CH_2)_9$ $COOH(cis)$

특히 올리브유는 다른 식물유에 비하여 올레산의 백분율이 높다 (표 13.3).

표 13.3 흔한 식물유의 지방산 조성 백분율[4,5]

식물유	미리스 포화 C-14	팔미트 포화 C-16	스테아르 포화 C-18	올레 단일불포화 C-18	다중 불포화 C-18	기타
코코넛	18	11	2	8	–	61
옥수수	1	10	3	50	34	2
면실	1	23	1	23	48	4
아마인	–	6	3	19	72	–
올리브	–	7	2	85	5	1
야자	1	40	6	43	10	–
야자씨	14	9	1	18	1	57
땅콩	–	8	3	56	26	7
잇꽃	–	4	3	17	76	–
참깨	–	9	4	45	40	2
콩	–	10	2	29	57	2
해바라기	–	6	2	25	66	1
맥아	–	13	4	19	62	2

291

식물유에서 지방산의 조성을 결정하는 한 가지 방법은 고성능 액체크로마토그래피(HPLC) 기술을 이용하는 것이다. 이 기술은 복잡한 혼합물을 분석하는 데 유용하다. 먼저 트리글리세리드 혼합물을 포함하는 식물유를 액체 용매에 녹인다. 액체크로마토그래피는 넓은 표면적을 가지는 고체 입자로 충진된 컬럼을 통과하며 분리될 용질들을 운반하는 액체 '이동상'에 높은 압력을 가한다. 혼합물의 성공적 분석을 위해서는 분리 과정에 참여하는 세 가지 물질들(용질(여기서는 트리글리세리드), 이동상으로 이용되는 용매, '고정상'을 구성하는 컬럼 입자) 사이에 적당한 분자간 힘이 균형을 이루어야 한다. 이 동상이 컬럼을 지나갈 때 트리글리세리드는 다양한 정도로 고정상과 상호 작용을 한다. 일부 트리글리세리드는 컬럼 물질과 강하게 상호 작용을 하여 컬럼에서 머무는 시간이 길어질 것이다. 또 어떤 트리글리세리드는 약한 상호 작용을 보여서 컬럼에서 빠르게 빠져나올 것이다. 특정한 용질이 컬럼을 통과하는 시간을 머무름 시간이라고 한다. 일정한 실험 조건(용매, 컬럼 충진 물질, 온도, 압력 등을 선택)에서 화학 물질은 특징적인 머무름 시간을 가진다. 따라서 머무름 시간을 분석하면 시료의 정성 분석이 가능하다. 자외선-가시광선 흡광법이라는 추가적인 분석 기술을 이용하여 시간을 x 축으로, 특정한 파장에서의 흡광도를 y 축으로 하여 그리는 크로마토그램을 얻을 수 있다. 특정한 식물유는 그 시료의 확인서로 이용될 수 있는 특징적인 크로마토그램을 나타낼 것이다. 크로마토그램의 봉우리의 넓이를 측정하면 시료에 들어 있는 트리글리세리드의 농도를 알 수 있다.

─┤ 중요한 용어 ├─────────────────────

트리글리세리드   에스테르   알코올   카르복시산
가수분해 반응   크로마토그래피

참 고 문 헌

[1] "Tasting Olive Oil." Michael Burr's Olive's Site,
    http://www.senet.com.au /~betaburr/Tasting.html#Trade
[2] "The Olive Oil Source."
    http://www.oliveoilsource.com/mill_and_press_facts.htm#Cleaning

[3] "Olive Oil Definitions." The Olive Oil Source,
http://www.oliveoilsource.com/definitions.htm

[4] "The Quality of Olive Oil Chemistry."
http://www.oliocarli.com/htm/equal2.htm

[5] Carl H. Snyder, *The Extraordinary Chemistry of Ordinary Things*, 2nd ed. (New York: Wiely, 1995).

13.17 설탕으로 만든 인공 감미료 수크랄로스는 어떻게 칼로리를 전혀 갖지 않을까?

복잡한 탄수화물들(많은 개개의 당 분자들로 조성된 다당류)은 소화를 거치면서 단일 분자 단위로 절단되어 흡수되고 혈액에 의하여 세포로 운반된다. 이런 당 분자들은 세포에 에너지를 제공하기 위하여 즉시 대사되거나 장래 에너지가 필요할 때 사용할 수 있도록 간이나 근육 세포에 글리코겐으로 저장된다. 수크랄로스가 설탕으로부터 만들어졌다면 어떻게 이 감미료는 칼로리를 전혀 갖지 않을까?

화학적 원리

미국인들이 하루에 평균 20 찻숟가락 정도의 설탕을 소비한다는 것을 알고 있는지?[1] '무영양' 감미료 산업은 앞으로 몇 년 안에 더 급속하게 성장할 수십억 달러의 산업이라고 전망된다. '이상적' 감미료를 찾기 위해 화학자들은 어떤 노력을 하고 있을까? 소비자들은 좋은 맛, 무독성, 저칼로리 감미료를 찾는다. 감미료 산업에 종사하는 화학자들은 여기에 쉽게 물에 녹으며 열과 빛에 의하여 분해되지 않는 생산품이 가장 중요하다는 추가적 요구사항을 첨가한다. 수크랄로스는 화학 구조 때문에 위의 산성 환경을 통과하면서도 분해되지 않는다. 따라서 수크랄로스는 신체를 통과하는 동안 대사가 되

지 않고 전혀 칼로리를 내지 않으면서 제거된다. 수크랄로스의 안정
한 구조는 또 열안정성과 장기간 보관에도 기여한다. 수크랄로스의
안정성과 불쾌한 뒷맛이 없는 단맛은 수크랄로스가 여러 가지 식품
과 음료에 널리 사용되는 이유다.[2]

화학적 구성

스플렌더(Splenda)라고도 하는 수크랄로스는 사탕수수(설탕)에서
유도되며 다섯 단계의 과정을 거쳐서 존슨앤드존슨의 자회사인 맥
닐특수사업부에서 제조된다.[3,4] 설탕은 글루코오스 한 분자와 프룩
토오스 한 분자로 구성된 이당류이다. 수크랄로스의 제조 과정에서
설탕의 당 분자는 세 군데의 히드록시기(−OH)가 선택적으로 염소
원자로 치환되어 변형된다. 그림 13.17.1에서 별표를 한 부분은 수
크랄로스에서 염소 원자로 치환되는 세 개의 −OH기를 나타낸다.

염소 원자가 추가되면 수크랄로스 분자는 본질적으로 화학적 반
응성이 없어지고 위산에 의하여 구성 성분(글루코오스와 프룩토오스
의 유도체)으로 분해되지 않는다. 다시 말해서 수크랄로스는 대사가
되지 않으며 아무 변화없이 신체를 통과하여 제거되고 전혀 칼로리

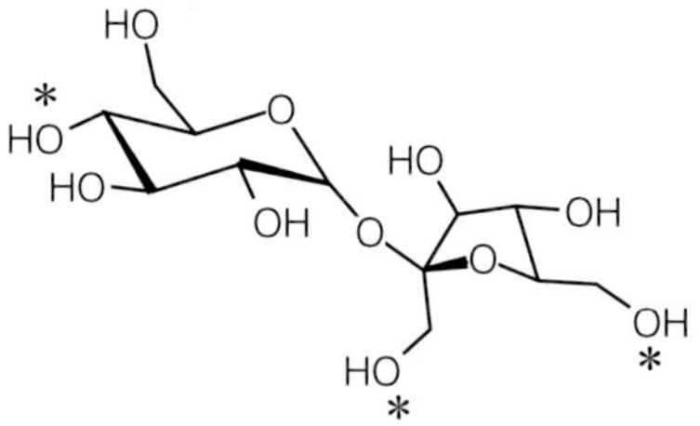

그림 13.17.1 글루코오스와 프룩토오스로 된 이당류인 설탕의 분자 구조. 별표는
합성 감미료에서 염소로 치환되는 히드록시기를 나타낸다.

를 내지 않는다. 산성이 매우 강한 음료를 고온에서 장기간 보관하면 수크랄로스가 일부 분해될 수도 있다. 그런 경우 분해 반응의 생성물은 무엇일까? 에테르결합이 분해되어서 단당류인 4-클로로-4-데옥시갈락토오스와 1,6-디클로로-1,6-디데옥시프룩토오스라는 두 가지 알코올이 생성된다.

┤중요한 용어├

가수분해 반응   히드록시기   에테르   알코올

참 고 문 헌

[1] "Sugar Substitutes: Americans Opt for Sweetness and Lite." John Henkel, FDA Consumer Magazine, November-December 1999,
http://www.fda.gov/ fdac/features/1999/699_sugar.html

[2] "Low-Calories Sweeteners: Sucralose."
http://www.caloriecontrol.org/ sucralos.html

[3] "Food Additives Permitted for Direct Addition to Food for Human Consumption; Sucralose." Federal Register: August 12, 1999 (Vol. 64, No. 155),
http://class.fst.ohio state.edu/fst621/Lectures/neotame.htm

[4] "Sucralose-A High Intensity, Noncaloric Sweetener." PEP Review 90-1-4, Process Economics Program, SRI Consulting,
http://pep.sric.sri.com/ Public/Reports/Phase_90/RW90-1-4/RW90-1-4.html

연관된 항목

7.7   방탄조끼는 어떻게 작용하고, 그 조성은 무엇일까?

12.6   미국 지폐의 앞면에 있는 수직선 모양의 투명한 띠의 목적은 무엇일까?

13.3   법화학자들은 범인을 잡기 위하여 어떻게 눈에 보이는 얼룩을 이용할까?

13.4   왜 버드나무 껍질은 '천연 아스피린'으로 알려졌을까?

13.6   탐지견은 어떻게 마약과 폭발물을 탐지할까?

14
고분자의 화학

14.1 지속성 약품은 어떻게 작용할까?

지속성 약품은 고분자 코팅이 화학적 환경에 특수하게 반응하는 것에 기초를 두고 있다. 이런 약품의 화학적 코팅은 약의 효과적인 조절 작용과 지속적인 투약을 위한 정확한 조건들을 결정해 준다.

화학적 원리

의사들은 환자를 치료하기 위한 다양한 규칙과 치료법을 가지고 있다. 일부 치료에서는 최대 효과를 나타내기 위하여 지속적으로 약품을 투여할 필요가 있다. 환자들은 입원하면 혈관 주사를 통해서 연속적으로 투약을 받을 수 있다. 입으로 복용하는 몇몇 약품도 이와 똑같은 효과를 나타내도록 화학적으로 만들어진다. 입으로 먹는 약은 흔히 약품을 둘러싸고 있는 코팅을 조심스럽게 설계하여 정해진 시간 동안에 신체 내에서 서서히 녹아 나오도록 되어 있다. 예를 들면 충혈완화제인 콘택(Contac)은 여러 가지 두께를 가지는 수용성 고분자 코팅을 한 수많은 작은 입자들로 되어 있다. '12시간 지속성 약품'의 효과는 약품이 녹아나올 때까지 걸리는 시간을 조절하는 코팅의 두께를 조절한 입자들의 정확한 조합에 기초를 두고 있다. 얇은 코팅은 빠르게 녹을 것이고 두꺼운 코팅은 더 느리게(이 경우에는 12시간) 녹을 것이다. '미세캡슐화 기술'을 이용한 지속성은 농업 (예:비료)과 해충 구제(예:6개월 해충 방지제)에도 사용된다.

화학적 구성

FMC 제약은 그러한 지속성 약품을 위한 수용성 코팅으로서 아쿠 아코트 ECD를 설계하였다. 이것은 중량으로 30% 정도의 에틸셀룰 로오스를 수용액에 분산시킨 것이다. 이 고분자는 젤라틴 캡슐 형태 로, pH에 상관없이 복용하는 약품을 지속적으로 방출시키기 위하 여 약품 층의 입자를 코팅하는 데 이용된다. 셀룰로오스는 반복적인 글루코오스 단위를 가지는 천연 고분자다. 셀룰로오스는 글루코오 스 단위체들 사이의 축합반응을 통한 결합으로 만들어지며 이때 물 분자가 방출된다(그림 14.1.1). 에틸셀룰로오스는 글루코오스 고리의 −OH와 −CH$_2$OH 치환기가 −CH$_2$OCH$_2$CH$_3$로 치환되어 있다(그 림 14.1.2).

일부 지속성 제제는 주위의 산성에 반응하도록 설계되어 있다. 약 품의 고분자 코팅은 입으로 먹는 동안은 안정을 유지하다가 목적한 기관에 도달하면 녹도록 만들어져 있다. 위의 산성 환경과는 대조적 으로 더 염기성인 장의 환경은 이런 제법이 작용할 수 있게 해 준다.

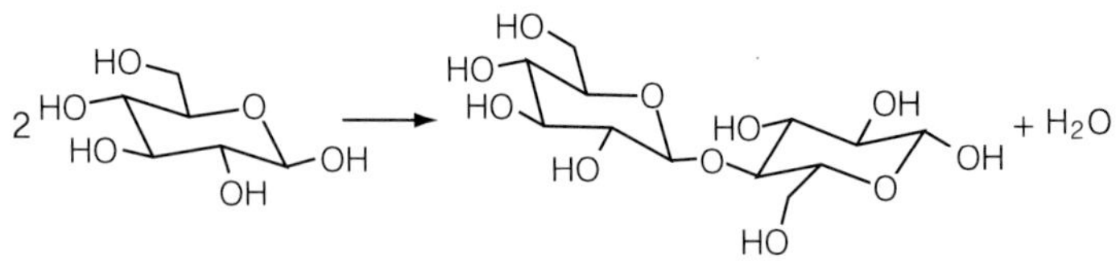

그림 14.1.1 글루코오스 단위체들이 새로 결합될 때마다 물 분자가 방출되는 축 합 반응에 의한 셀룰로오스의 형성.

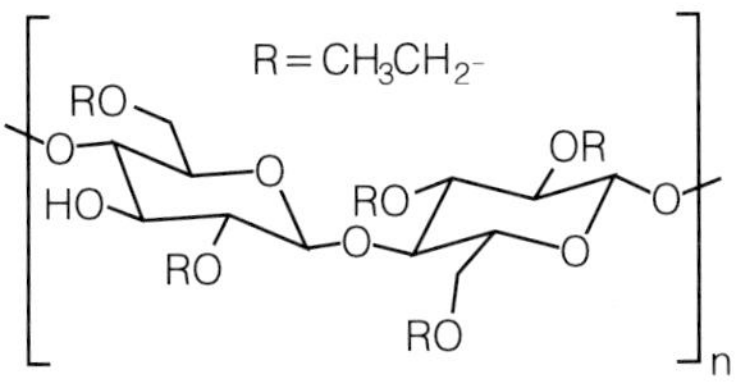

그림 14.1.2 고분자인 에틸셀룰로오스의 반복 단위.

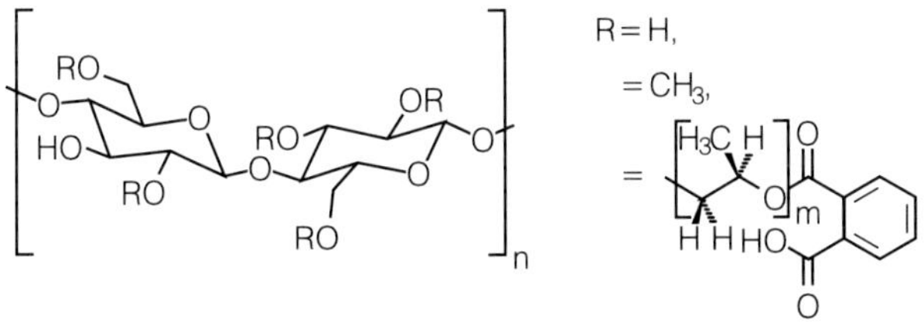

그림 14.1.3 고분자인 프탈산 히드록시프로필 메틸셀룰로오스의 반복 단위.

299

예를 들어 프탈산 히드록시프로필 메틸셀룰로오스(HPMCP, 그림 14.1.3)는 장에서 작용하는 코팅인데 산에 민감한 약품들이 위산에 파괴되지 않도록 설계되었다. 더 염기성인 환경에서는 카르복시기 (–COOH)가 탈양성자화되어서(–COO$^-$를 형성한다) HPMCP가 녹게 되고, 캡슐 안의 약품이 방출된다.[1] 장에서 녹는 코팅 물질은 결장 염증이나 다른 소화관의 이상을 치료하기 위한 지속성 약품을 목표물에 접근시키는 데 특별히 유용하다. 또 장에서 녹는 코팅 물질은 관절염과 류마티스의 통증, 근육통, 관절 통증, 허리 통증의 일시적 해소를 위한 아스피린 정제에도 코팅되고 있다. 코팅은 아스피린 정제가 위에서 녹아서 위에 손상을 주지 않고 위를 통과하여 장에 도달하는 데 도움을 준다.

온도나 습도에 반응하는 고분자 코팅은 피부에 붙이거나 신체 내

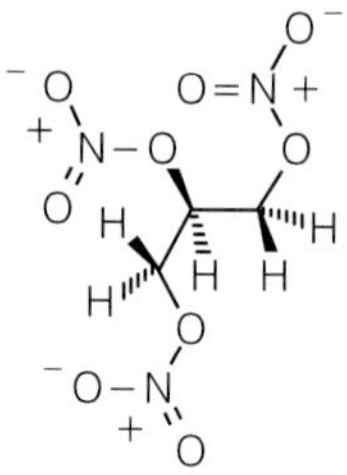

그림 14.1.4 니트로글리세린의 분자 구조.

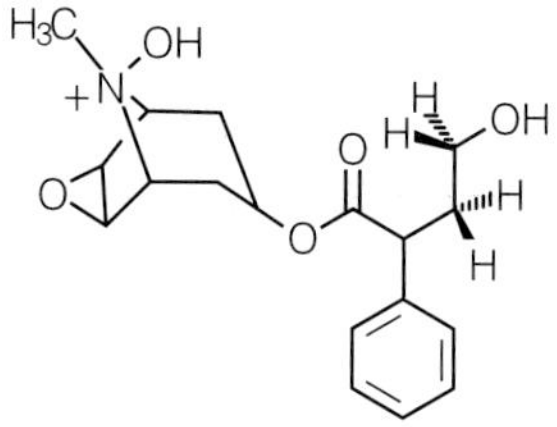

그림 14.1.5 스코플라민의 분자 구조.

부에 이식하여 피부를 통과하게 만들어서 전달하는 약품의 기초가
된다. 인후통을 방지하는 구강용 니트로글리세린(그림 14.1.4) 정제
와 멀미를 방지하는 스코플라민(그림 14.1.5)은 패치의 속도 조절막
에 의하여 속도가 조절되고 피부를 통과하여 혈관 속으로 들어가는
약품의 두 가지 예다. 니트로글리세린이 가수분해되면 반응성 자유
라디칼 일산화질소(NO)가 된다. 일산화질소는 구아닐산 고리화효소
를 활성화시켜서 고리형 구아노신일인산(GMP)을 만든다. 이 고리형
구아노신일인산은 세포의 칼슘 수준을 낮추어 주기 때문에 혈관이
확장되어서 심근의 산소 요구량이 줄어든다.[2] 동맥의 팽창은 심장
으로 흐르는 혈액의 양을 증가시키고 심근의 산소 공급 부족으로 인
한 가슴의 통증을 완화시켜 준다. 고분자 코팅과 기질의 설계를 통
한 광범위한 구조적 조절을 통해 정교한 지속성 약품이 만들어진다.

┌─ 중요한 용어 ├─
│ 고분자 · 미세 캡슐화 · 장성(腸性, 장에서 작용하는)
└─

참 고 문 헌

[1] G. H. W. Sanders, J. Booth, and R. G. Compton, "Quantitative Rate Measurement of the Hydroxide Driven Dissolution of an Enteric Drug Coating Using Atomic Force Microscopy." *Langmuir* **13** (1997), 3080-3083.

[2] J. Ahlner, R. G. G. Andersson, K. Torfgard, and K. L. Axelsson, "Organic Nitrate Esters: Clinical Use and Mechanisms of Actions." *Pharmacol. Rev.* **43** (1991), 351-423.

14.2 긁어서 냄새 맡는 광고지와 무탄소 복사지는 어떻게 작용할까?

(긁어서 냄새 맡는 광고지는 흔히 잡지의 향수, 화장품, 양주 등의 광고에 붙어 있다. 동전이나 손톱으로 긁은 후 냄새를 맡으면 광고하는 상품의 냄새를 직접 맡을 수 있다. 무탄소 복사지는 뒷면에 까만 탄소칠이 되어 있지 않으면서도 신청서 같이 똑같은 서류를 여러 장 작성할 때 맨 위의 종이에만 볼펜 등으로 눌러쓰면 다음 장에 복사되는 종이다. ― 옮긴이)

화학과 미세 캡슐 기술의 절묘한 조합은 믿기 어려운 냄새의 판매력을 이용하는 광고를 가능하게 하고 있다. 이런 혁신은 현대화된 기록지에 의한 사업을 가능하게 해 주고 있다.

화학적 원리

서로 다르게 보이는 이 두 가지 응용물은 공통된 기반을 가지고 있다. 두 가지 모두 압력에 민감한 화학 물질 방출을 이용한다는 것이다. 이런 생산품을 어떻게 설계하였을까? 유리나 고분자 껍질의 아주 작은 구형 캡슐(미세 캡슐 또는 미세구라고 한다)의 내부를 액체로 채워서 종이에 붙인다. 긁어서 냄새를 맡는 광고지에서는 미세 캡슐 안에 원하는 향기를 넣은 물질이 들어 있다. 무탄소 종이에서는 미세 캡슐 안에 액체 잉크나 염료를 넣어서 이것을 종이의 뒷면에 붙여 놓았다. 종이 광고지를 긁으면 미세 캡슐이 터진다. 따라서 그 안에 있던 액체가 증발되어서 향기를 쉽게 맡을 수 있다. 비슷한 방법으로 복사지에 볼펜이나 타자기로 압력을 가하면 안에 들어 있던 무색의 염료가 터져서 종이에 있는 산성 화학 물질과 작용해서 진한 색을 나타내면서 이 잉크를 아래에 있는 종이에 전달하게 된다.

미세 캡슐화 기술이란 고체, 액체 또는 기체 활성 성분을 보호 껍질 안에 넣어서 보호하는 것을 나타내는 말이다. 미세 캡슐 안의 성분을 방출시키는 데는 보통 4가지 기술이 사용된다. 긁어서 냄새를 맡는 광고지와 무탄소 복사지의 경우에는 압력에 의한 미세 캡슐의 기계적 파괴를 이용한다. 서서히 녹는 약품이나 농업 화학 물질의 경우에는 시간에 따라서 서서히 용해되는 수용성 고분자 코팅을 이용한다(그림 14.1). 서서히 방출되는 의약품의 경우에는 미세 캡슐의 막을 통한 활성 성분의 확산을 이용하기도 한다. 온도를 높여서 고체 미세 캡슐 막을 열로 파괴하거나 녹이는 방법도 있다. 예를 들어 포장된 제빵 혼합물(흔히 프리믹스라고 한다)에서 지방으로 둘러싸인 제빵 소다를 방출시키는 데 이용된다.

화학적 구성

압력에 민감한 화학 물질의 방출에 이용되는 고분자나 유리 미세 캡슐은 그 지름이 $1\mu m \sim 1mm$에 이른다.(참고로 사람의 머리카락은 보통 지름이 $80 \sim 100\mu m$ 정도다.)[1] 주사전자현미경으로 입자의 모양

을 살펴본 것이 책 앞부분 컬러 사진 14.2.1이다.[2]

미세 캡슐을 만드는 데는 다양한 기술이 사용된다. 1930년대에 개발된 초기 방법들 중 하나는 코아셀베이트화 또는 상분리라는 것이다. 이 방법은 작은 고체 입자나 순수한 액체나 용액 방울을 균일하고 얇게 고분자로 코팅하는 데 계속적으로 이용되고 있다. 이 방법을 사용하려면 코팅 대상 물질(핵), 코팅을 형성하는 고분자, 적당한 용매(액체로 만들어 주는 것), 코아셀베이트화(상분리) 유도제의 4가지 성분이 필요하다.[3] 수용성 핵물질에 대해서는 시클로헥산 같은 무극성 용매에 녹는 고분자(예: 에틸셀룰로오스)를 선택해야 한다. 물과 섞이지 않는 핵물질에 대해서는 수용성 고분자(예: 젤라틴)가 필요하다. 또 고분자는 핵물질과 화학적으로 공존할 수 있어야 하고 핵표면에 접착성 막을 형성할 수 있어야 한다. 천연적이거나 인공적인 적당한 고분자를 선택하려면 코팅하는 물질에 필요한 세기, 유연성, 비침투성, 안정성도 고려하여야 한다.

코아셀베이트화 과정에서는 먼저 핵물질을 선택한 용매와 고분자의 균일 용액에 녹인다. 물에 녹지 않는 핵을 작은 방울로 만들어 용액에 현탁시키기 위해서는(예: 에멀션) 기계적 젓기가 이용된다. 코아셀베이트화 또는 상분리 현상은 몇 가지 방법으로 유도된다. 온도나 용액의 산성도를 변화시키거나 고분자 용액에 염이나 섞이지 않는 용매, 섞이지 않는 고분자를 첨가한다. 예를 들면 산을 첨가하면 계의 산성도가 조절되어서 상 분리가 유도될 수도 있다. 다시 말해서 용해된 고분자가 서로 다른 양으로 존재하며 서로 섞이지 않는 액체가 만들어진다. 상층액은 고분자 농도가 낮고 코아셀베이트 상은 비교적 높은 고분자 농도를 가진다. 고분자는 코아셀베이트 상이 분산된 방울들의 표면에 잘 흡착되어서 미세 캡슐의 껍질을 형성하는 것을 선택한다. 코아셀베이트로부터 핵에 고분자 유체 막이 일단 침착되면 그 막을 고체로 만들어야 한다. 냉각시키거나 포름알데히드 같은 교차결합제로 추가적인 반응을 일으켜서 미세 캡슐 껍질을 단단하게 만든다. 그 후 미세 캡슐을 침전시키거나 걸러서 분리한 후 씻고 걸러서 건조시킨다.

┤중요한 용어├

미세 캡슐화

참고 문헌

[1] "Which Object is Closest in Length to a Micrometer?" "The Advanced Light Source: A Tool for Solving the Mysteries of Materials." Lawrence Berkeley National Laboratory,
http://www.lbl.gov/MicroWorlds/ALSTool/ micrometer.html

[2] "Scratch-and-Sniff Paper." The Museum of Science, Boston,
http://www.mos.org/sln/sem/scratch.html

[3] "Taste-Masking/Quick Dissolving." Eurand Research and Development,
http://www.eurand.com/wt/tert.php3?page_name=taste_masking

14.3   포스트잇은 어떻게 작용할까?

포스트잇은 사무실, 학교, 집에서 연락을 주고받는 데 널리 사용되는 메모지다. 매우 유용한 이 발명품은 실제로 실패한 실험의 결과였다. 이 편리한 생산품의 기능에는 어떤 화학이 작용할까?

화학적 원리

1980년에 등장한 3M사의 포스트잇 메모지는 사무실 환경을 변혁시켰다. 스스로 붙는 이 임시 메모지는 실제로는 그 불완전성 때문에 발명자인 3M의 화학자 실버(Spencer Silver)가 실패작으로 생각한 접착제였다. 그러나 역시 3M의 연구자였던 프라이(Art Fry)는 그의 찬송가집의 북마크를 위한 용도로 그 접착제가 적당하다는 것을 알아냈다.[1] 잘 떨어지고 옮겨 붙일 수 있는 이 물건의 작동 원리는 메모지 뒷면에 연속적으로 칠을 한 필름 형태가 아니라 작은 미세 캡슐 형태로 풀칠하는 것이다. 평균 입자가 25~45미크론 정도인 미세 캡슐 접착제는 메모지가 새로운 표면에 다시 붙도록 해 주는 불연속적인 층을 형성한다. 전통적인 접착 테이프는 더 작은 크기의 입자(전형적으로 0.1~0.2 미크론)가 칠해져 있어서 달라붙으면 제거하기 어려운 연속적인 층을 형성한다.[2]

화학적 구성

붙였다 뗄 수 있는 메모지의, 압력에 민감한 부착층을 구성하는 끈적거리는 고분자 미세 캡슐이 특허 발명품이다. 그런 물질(U.S. 특허 5714237)[3]은 아크릴산이소옥틸(그림 14.3.1)의 자유 라디칼 중합반응에 의해서 만들어지며 이때 사슬 전이제(도데칸티올, 그림 14.3.2),

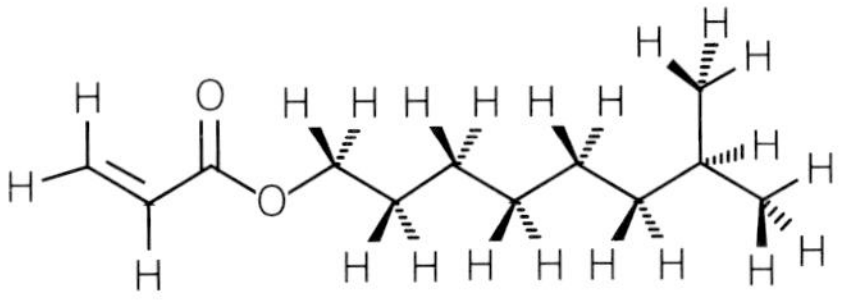

그림 14.3.1 자유 라디칼 중합 반응의 단위체인 아크릴산이소옥틸의 분자 구조.

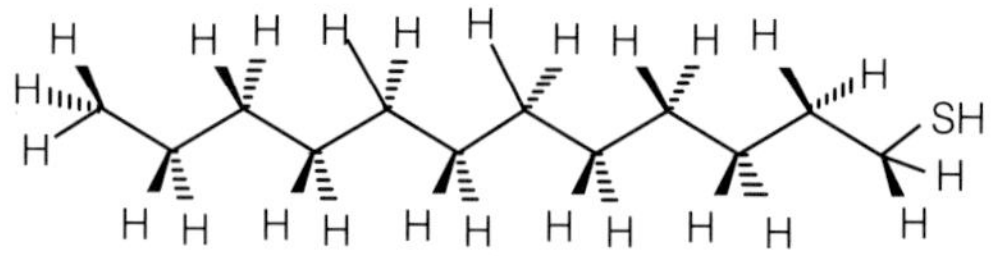

그림 14.3.2 자유 라디칼 중합반응의 사슬 전달제인 도데칸티올의 분자 구조.

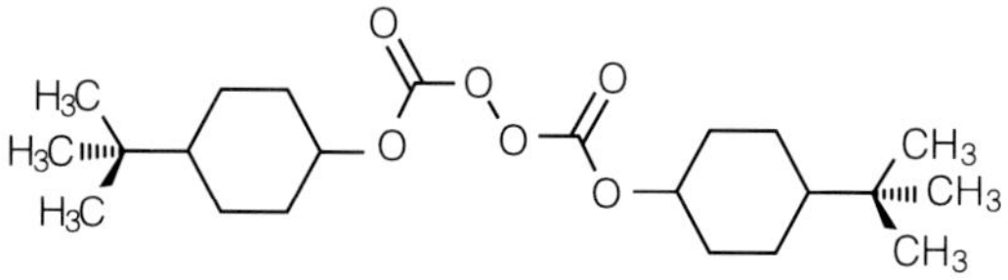

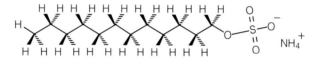

그림 14.3.3 자유 라디칼 중합 반응의 개시제인 비스-(4-tert-부틸시클로헥실)과산화이탄산의 분자 구조.

그림 14.3.4 세탁제인 황산암모늄 라우릴의 분자 구조.

개시제(비스-(tert-부틸시클로헥실)과산화이탄산, 그림 14.3.3), 세탁제
(황산암모늄라우릴, 그림 14.3.4)가 필요하다. 부착성 고분자 조성을 만
든 후 미세 캡슐을 만드는 고체 코팅 혼합물과 혼합한다.

  자유 라디칼 중합 반응은 사슬 성장 중합반응 또는 부가 중합반응
이라고도 한다. 사슬 성장 중합반응을 좀 더 자세히 살펴보자. 그 이
름에서 알 수 있듯이 이런 과정은 성장하는 고분자의 반응성이 있는
끝에 작은 단위체 분자를 연속적으로 부가시켜서 더 큰 고분자로 만
드는 것이다. 개시제의 역할은 단위체를 더 반응성이 큰 형태로 만
들어서 연결 과정을 시작(개시)하게 하는 것이다. 적당한 실험 조건
에서 과산화탄산 개시제는 그 산소-산소 결합이 쉽게 분해되어서
자유 라디칼이라는 불안정한 종이 된다. 라디칼은 쌍을 이루지 못

한 전자를 가지고 있다.

$$C_6H_{11}OC(O)OOC(CH_3)_3 \rightarrow C_6H_{11}OC(O)O \cdot + \cdot OC(CH_3)_3$$

이런 자유 라디칼 중 일부는 분해되어서 이산화탄소를 방출하고 새로운 자유 라디칼이 된다.

$$C_6H_{11}OC(O)O \cdot \rightarrow C_6H_{11}O \cdot + CO_2(g)$$

이런 반응성 종들은 아크릴산(아크릴산이소옥틸)의 이중결합에 부가되어서 반응성이 큰 새로운 종들을 만들어 단위체의 연결 과정을 개시한다. 이 연결 과정은 다음과 같이 나타낼 수 있다.

$$I \cdot + H_2C = CHX \rightarrow \cdot H_2C - CHI \cdot$$

이 새로운 자유 라디칼은 다른 단위체 분자의 이중결합에 부가되어서 고분자 사슬이 성장한다. 중합 과정은 쌍을 이루지 않는 두 개의 자유 라디칼이 결합하여 단일결합을 이루면 끝난다.

$$R - CH_2 - CHX \cdot + \cdot CHX - CH_2\text{-}R$$
$$\rightarrow R - CH_2 - CHX - CHX - CH_2 - R$$

┤ 중요한 용어 ├

단위체   고분자   개시제   자유 라디칼
자유 라디칼 중합(사슬 성장, 부가)   미세캡슐화

참 고 문 헌

[1] "Post-it Notes Become a Best-Selling Office Product." 3M,

http://mustang.coled.umn.edu/inventing/Post3m.html

[2] "Microsphere Technology." Advance Polymers International,
http://www.msphere.com/micros.htm

[3] "Patent Watch." *Chemtech* (April, 1998), 25.

14.4 비산 방지 유리는 무엇일까?

충격에 강하고 잘 안 깨지는 유리에는 어떤 화학이 숨어 있을까?

화학적 원리

충격 강화 유리창에 사용되는 비산 방지 유리는 실제로는 이산화규소로 만든 유리가 아니다. 비산 방지 유리는 열경화성 또는 열가소성(즉 고온에서 주조하기 쉬운) 플라스틱이다. 비산 방지 유리는 비스페놀 A 폴리카르보네이트라고 하는 열경화성 물질로 구성되어 있다. 이 투명하고 유리 같은 고분자는 비스페놀 A 단위체의 반복 단위로 구성되어 있다(그림 14.4.1). 따라서 비스페놀 A 폴리카르보네이트는 골격에 탄소 이외의 원자를 함유하는 이종 사슬 고분자의 일종으로도 생각할 수 있다. 비스페놀 A 폴리카르보네이트는 폴리에스테르라는 커다란 고분자 부류의 일종이다. 폴리에스테르는 에스테르 결합으로 연결된 많은 작은 분자(단위체)들로 구성된 고분자다

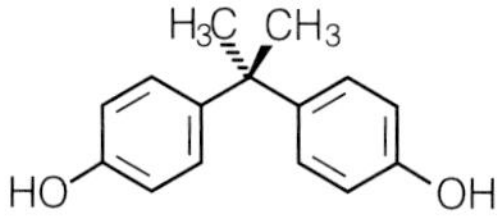

그림 14.4.1 비산방지 유리에 이용되는 열경화성 고분자를 만드는 데 사용되는 단위체인 비스페놀 A.

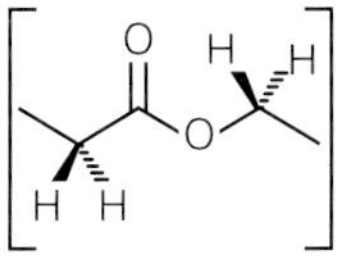

그림 14.4.2 폴리에스테르 고분자에 존재하는 에스테르 결합.

(그림 14.4.2). 제네럴일렉트릭 사에서는 비스페놀 A 폴리카르보네이트를 렉산(Lexan)이라는 이름으로 판매하고 있다.[1] 비슷한 비스페놀 A 폴리카르보네이트 판을 롬앤하스사에서는 투팍(Tuffak)이라는 이름으로 판매하고 있다.[2]

화학적 구성

폴리카르보네이트는 탄산(H_2CO_3)과 두 개의 히드록시기를 함유한 방향족 알코올(페놀의 유도체) 사이가 에스테르 결합으로 결합된 긴 사슬 고분자다.

비스페놀 A 폴리카르보네이트의 합성은 비스페놀 A와 수산화나트륨을 반응시켜서 비스페놀의 나트륨 염을 만드는 것으로 시작된다(그림 14.4.3). 그 후 비스페놀 A의 나트륨 염을 포스겐과 반응시켜서 폴리카르보네이트를 만든다(그림 14.4.4).[3] 마지막 단계에서 포스겐 용매 대신에 이산화탄소를 사용하여 완성하는 다른 합성 방법이

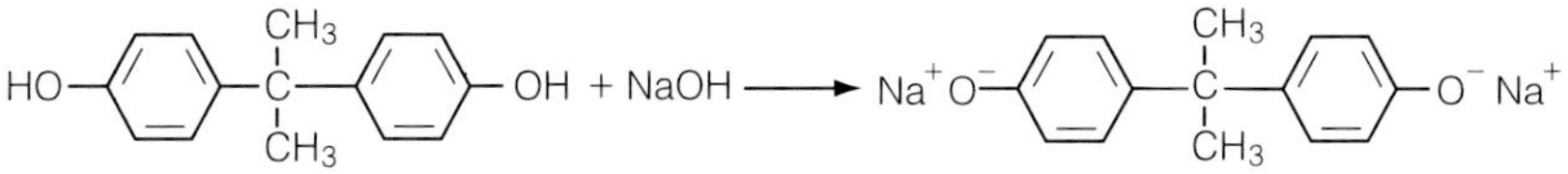

그림 14.4.3 비스페놀 A와 수산화 나트륨이 반응하여 비스페놀 A 나트륨 염을 생성하는 반응.

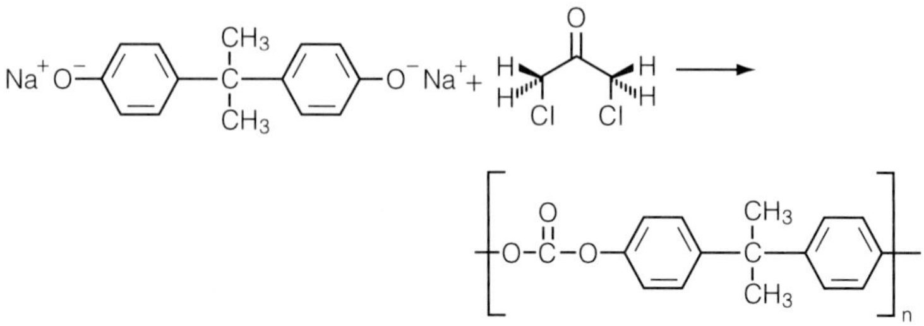

그림 14.4.4 비스페놀 A 나트륨 염과 포스겐이 반응하여 폴리카르보네이트를 생성하는 반응.

연구되고 있다.[4]

비스페놀 A 폴리카르보네이트의 성질은 고분자의 구조와 직결된다. 이 폴리카르보네이트 분자의 굳기는 고분자 사슬에 있는 딱딱한 페닐 고리와 두 개의 메틸 곁사슬에서 생긴다. 이 물질의 투명성은 고분자의 비결정성에서 생긴다. 비스페놀 A 폴리카르보네이트에서는 결정성 구조가 보이지 않는다. 이웃하는 고분자 사슬의 페닐 고리 사이의 분자간 인력이 사슬의 유동성을 줄여주어서 결정 구조를 성장하지 못하게 하기 때문이다.

깨지지 않는 유리에 사용되는 다른 고분자는 폴리(메틸메타아크릴레이트)(PMMA)이다. PMMA는 단위체인 메타아크릴레이트로부터 자유 라디칼 비닐 중합화에 의해서 만들어진 비닐 고분자다(그림 14.4.5).[3] 롬앤하스사는 이 PMMA에 기반을 둔 비산 방지 유리를 플렉시글라스라는 이름으로 판매하고 있다.[5] 임페리얼화학회사는 이 PMMA 제품을 루사이트라는 이름으로 팔고 있다.

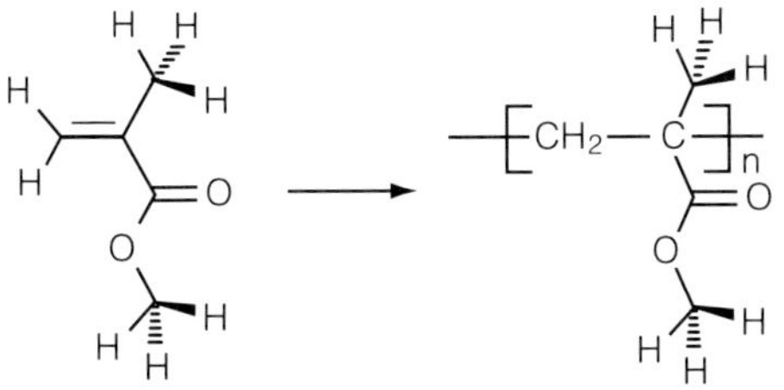

그림 14.4.5 폴리(메틸메타아크릴레이트)(PMMA)을 생성하는 메틸메타아크릴레이트 단위체의 자유 라디칼 비닐 중합 반응.

┤중요한 용어├─────────────────

폴리카르보네이트   폴리에스테르   고분자   단위체
열경화성 고분자   열가소성 수지   이종사슬 고분자

311

참 고 문 헌

[1] "Material Safety Data Sheet, Lexan Resin." Plastixs, LLC,
http://www.plastixs.com/pdfs/msds/41412N.pdf

[2] Material Safety Data Sheet, TUFFAK Polycarbonate Sheet, Atofina Chemicals, Inc.,
http://www.atofinachemicals.com/msds/426.pdf

[3] "Polycarbonates." Department of Polymer Science, University of Southern Mississippi,
http://www.psrc.usm.edu/macrog/pc.htm

[4] "No. 30 Environmentally Benign Synthesis of Aromatic Polycarbonates." Summary of Lectures and Posters,
http://www.gscn.net/event/meeting/ summary.html

[5] "Material Safety Data Sheet Plexiglas Acrylic Sheet." Atofina, Inc.,
http://www.atofinachemicals.com/msds/421.pdf

14.5   왜 순간 접착제는 거의 모든 것의 표면에 달라붙을까?

시장에서 한 접착체가 다음과 같은 광고를 하며 팔리고 있다. "초
강력 접착", "내구성 결합", "신속한 작용", "금속, 고무, 도자기, 플
라스틱, 유리, 목재, 합판, 섬유, 비닐, 인조목, 코르크, 가죽, 나일론
및 다른 유사한 표면들에 작용"[1] 어떻게 한 가지 물질이 이렇게 다
양한 물질의 표면에 접착제로 작용할 수 있을까?

화학적 원리

순간 접착제라고 알려진 접착제 종류는 강력하고 신속하게 접착
되는 합성 유기 고분자로 이루어져 있다. 이런 접착제는 접착을 형
성하는 중합 과정이 물 분자에 노출되기만 하면 일어난다는 특징을
가지고 있다. 대부분의 경우 대기 중의 습기 정도이면 강력한 접착
을 일으키기에 충분하다. 거의 모든 표면에 습기가 얇은 층으로 존재
하기 때문에 순간 접착제는 다양한 표면에 달라붙는다. 결합의 세기
는 습도에 따라서 변화한다. 습도가 높을수록 더 강력하게 붙는다.

화학적 구성

순간 접착제라는 이름으로 팔리는 접착제는 메틸 α-시아노아크
릴레이트 단위체를 함유하고 있다(그림 14.5.1). 그림 14.5.2에 R-로

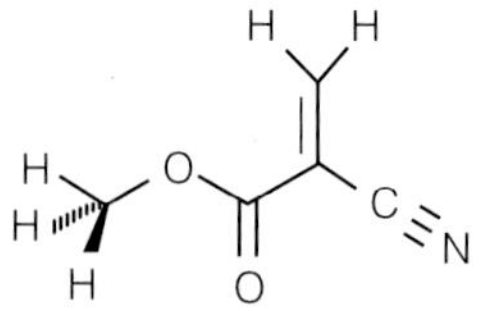

그림 14.5.1 순간 접착제라고 시판되는 접착제에 존재하는 단위체인 메틸 α-시
아노아크릴레이트.

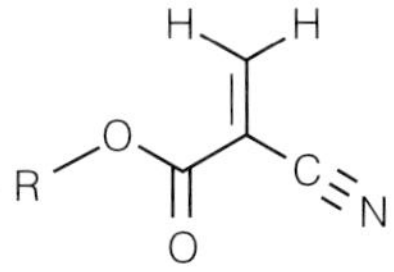

그림 14.5.2 접착제로 시판되는 여러 가지 알킬기($-R$)를 가진 시아노아크릴산 에스테르의 일반적 구조.

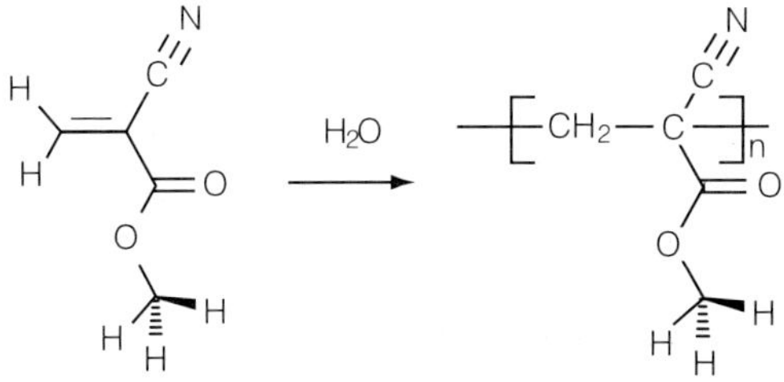

그림 14.5.3 시아노아크릴레이트 고분자를 형성하는 전체적인 중합 과정.

313

표시한 알킬기가 여러 가지인 접착제가 시판되고 있다. $R-$기는 메틸기로부터 에틸, 이소프로필, 알릴, 부틸, 이소부틸, 메톡시에틸, 에톡시기가 시아노아크릴산 에스테르를 형성하기 위하여 다양하게 변화한다.[1-3] 접착제의 성질(시간, 강도, 내구성 등)은 치환기에 따라서 변화한다. 이런 모든 단위체들은 물이 존재하면 중합 반응을 일으킨다. 음이온성 비닐 중합 메커니즘에 따르면 실제로 물은 개시제로서 작용한다.[4] 시아노아크릴레이트 고분자를 생성하는 전체적인 중합 과정은 그림 14.5.3에 도식적으로 나타나 있다.

고분자의 형성과 이어지는 교차결합이 접착제의 효율성에 영향을 미치는 한 가지 요인이지만 접착 표면 사이의 접착 강도도 역시 중요하다. 결합에 영향을 주는 물리적 요인과 화학적 요인을 모두 고려해야 한다. 일반적으로 거칠고 다공성인 표면은 기질을 접착시키는 '고정'에 더 효과적이다. 그러나 표면의 '화학적으로 활성'인 자리들은 수소 결합, 강한 쌍극자-쌍극자 상호 작용 또는 접착성에 기여하는 다른 분자간 인력을 통해서 인력을 증가시킨다.

┤ 중요한 용어 ├

단위체   고분자   접착

참 고 문 헌

[1] Tech Hold Cyanoacrylate.
http://www.techspray.com/2502info.htm

[2] Polycyanoacrylates, Department of Polymer Science, University of Southern Mississippi.
http://www.psrc.usm.edu/macrog/pca.htm

[3] Technical Data Sheet for Gel Set 44 Ethyl Cyanoacrylate,
http://www.holdtite.com/english/technical/tech/ca44.htm

[4] Anionic Vinyl Polymerization, Department of Polymer Science, University of Southern Mississippi.
http://www.psrc.usm.edu/macrog/anionic.htm

14.6 하드 콘택트렌즈와 소프트 콘택트렌즈의 차이점은 무엇일까?

콘택트렌즈를 만드는 고분자 재질에 관한 화학의 발달에 힘입어서 콘택트렌즈 착용자들의 선택의 폭이 넓어졌다.

화학적 원리

사람들은 대부분 탄력성 있고 잘 휘는 성질을 가진 소프트 콘택트렌즈와 딱딱한 성질을 가진 하드 콘택트렌즈에 대하여 잘 알고 있다. 두 렌즈 모두 고분자로 만들어지지만 고분자의 화학적 조성이 틀려서 물리적 성질이 매우 다르다.

하드 콘택트렌즈는 물에 반발성을 가진 고분자로 구성되어 있는데 그 구성 반복 단위(서로 결합되어서 고분자를 형성하는 단위체)가 무극성인 소수성 부분이기 때문이다. 최초의 하드 콘택트렌즈는 1948년에 메틸메타아크릴레이트(MMA)를 중합하여 만든 고분자 폴리(메틸메타아크릴레이트)(PMMA)로 만들어졌다. 이 재질은 내구성, 광학적 투명성, 눈에 편안할 만큼의 상당한 젖는 성질을 가지고 있었다. 오늘날은 하드 콘택트렌즈의 딱딱한 재질을 메틸메타아크릴레이트와 한 가지 이상의 다른 소수성 단위체를 혼합하여 기체 투과성이 더 좋도록 만든다.

최초의 소프트 콘택트렌즈도 처음에는 한 가지 단위체로만 합성된 고분자로 만들었다. 소프트 렌즈의 새로운 유연성은 단위체가 친수성을 더 많이 가지기 때문에 생기며 고분자가 물을 흡수하는 능력이 커져서 렌즈 착용자에게 더 편안함을 준다. 이 단위체는 히드록시에틸메타아크릴레이트(HEMA)라는 메틸메타아크릴레이트의 유도체다. 오늘날에는 여러 가지 친수성 고분자들이 소프트 렌즈에 사용되고 있다. 이런 재질들을 히드로젤(hydrogel)이라고 하는데 물에 녹지 않으면서도 상당히 많은 양의 물을 흡수할 수 있다.

오늘날 유행하는 장기간 착용하는 소프트렌즈는 한 가지 이상의 반복 단위를 가지는 고분자(즉 혼성중합체)로 만든다. 각막 안에는 혈관이 없어서 각막은 대기로부터 직접 투과해 들어오는 산소에 의존한다. 따라서 장기간 렌즈를 착용하기 위해서는 산소 투과성이 커야

315

한다. 과학자들은 히드로겔 고분자의 물 함량이 높을수록 그 고분자
로 만든 렌즈의 산소 투과성이 더 커진다는 것을 알아냈다. 렌즈를
장기간 착용하기 위해서는 고분자 전체 무게에 대하여 70% 가량의
물이 함유되어 있는 것이 이상적이다. 렌즈의 물 함량을 높이기 위
하여 두 가지 기본적인 조성이 이용된다. 한 가지는 HEMA 같은 친
수성 단위체를 친수성이 매우 큰 하전된(이온성) 단위체와 조합하는
것이다. 그 결과 물과 전하를 띤 작용기 사이에 강한 상호 작용이 생
겨서 렌즈의 물 함량이 크게 증가되고 렌즈의 유연성과 편안함도 증
가된다. 다른 방법은 친수성이 매우 큰 두 가지 비이온성 단위체들
을 조합시켜서 렌즈를 설계하는 것이다.

화학적 구성

광학적 투명성과 생체 적합성을 가지는 교차결합된 고분자 물질
이 하드 콘택트렌즈를 만드는 데 이용되었다. 하드 콘택트렌즈에서
흔히 사용되는 단위체들은 물과 수소결합을 형성할 수 없기 때문에
매우 큰 소수성을 가지고 있다. 에스테르인 메틸메타아크릴레이트
(MMA, $CH_2C(CH_3)COOCH_3$, 그림 14.6.1)가 1948년에 사용된 최초의
단위체였다.

1970년대 중반에는 실록산에 기반을 둔 단위체들을 사용하여 기

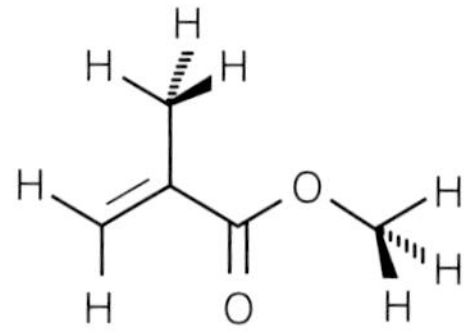

그림 14.6.1 에스테르인 메틸메타아크릴레이트(MMA)의 분자 구조.

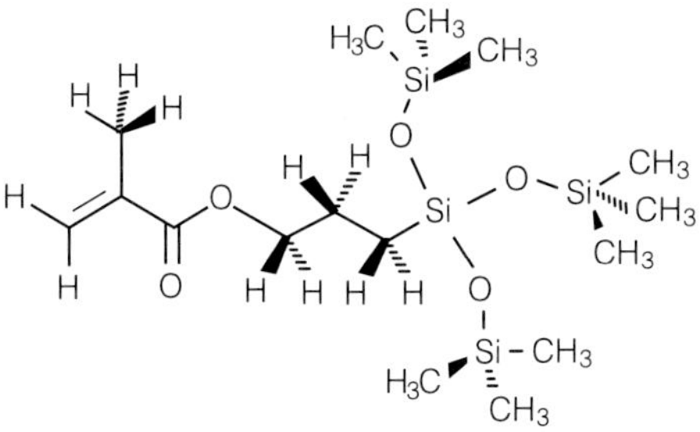

그림 14.6.2 단위체인 메타아크릴옥시프로필트리스(트리메틸실록시실레인, TRIS)의 분자 구조.

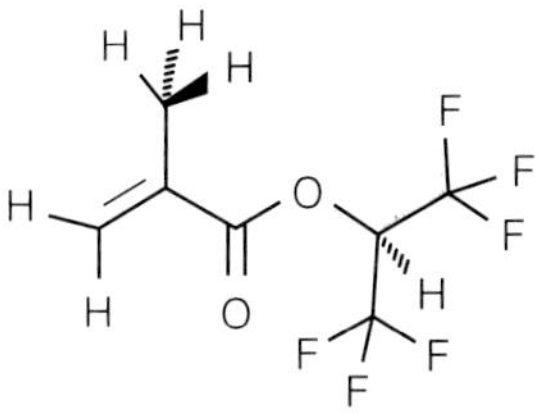

그림 14.6.3 단위체인 헥사플루오로이소프로필메타아크릴레이트(HFIM)의 분자 구조.

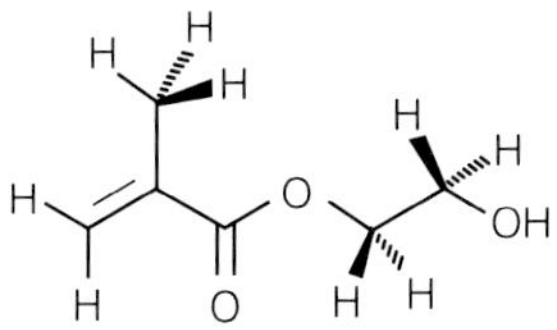

그림 14.6.4 단위체인 2-히드록시에틸메타아크릴레이트(HEMA)의 분자 구조.

체 투과성이 큰 렌즈들이 설계되었다. 예를 들면 메틸메타아크릴레이트와 메타아크릴옥시프로필트리스(트리메틸실록시실란, TRIS, 그림 14.6.2)의 혼성중합체가 1975년에 만들어져서 산소 투과성, 젖는 성질, 긁힘 방지 등의 많은 성질들을 제공해 주었다.[1] 1980년대에는 플루오르에 기반을 둔 단위체를 이용하는 많은 방법들이 사용되었

다. 하드렌즈에 사용되는 MMA, TRIS와 헥사플루오로이소프로필
메타아크릴레이트(HFIM, 그림 14.6.3)의 고분자는 그런 조성들 중 하
나다. 2-히드록시에틸메타아크릴레이트(HEMA, 그림 14.6.4)의 교차
결합된 단위체로 조성된 히드로겔인 폴리(히드록시에틸메타아크릴
레이트)는 최초의 소프트 렌즈 재질이었다.(교차결합은 고분자의 주
사슬들 사이에 결합이 형성되는 것으로 재질의 강도를 증가시킨다.) 히드
록시기의 존재로 물과의 수소결합이 가능해져서 물을 흡수하는 능
력이 증가되었다(전형적으로 무게의 38%).[2] 히드로겔 렌즈에 사용되
는 친수성이 매우 큰 비이온성 단위체들로는 글리세롤메타아크릴레
이트(GM, 2,3-디히드록시프로필메타아크릴레이트, 그림 14.6.5), N-비
닐-2-필로리디논(NVP, 그림 14.6.6)과 N,N-디메틸아크릴아미드
(DMA, 그림 14.6.7)가 있다. 현재 존슨앤드존슨에서 생산하고 있는
애큐뷰(Accuvue) 렌즈는 이온성 단위체를 가지는 히드로겔 고분자(따
라서 물 흡수가 증가된)의 한 예다. 교차 결합된 HEMA(그림 14.6.4)과

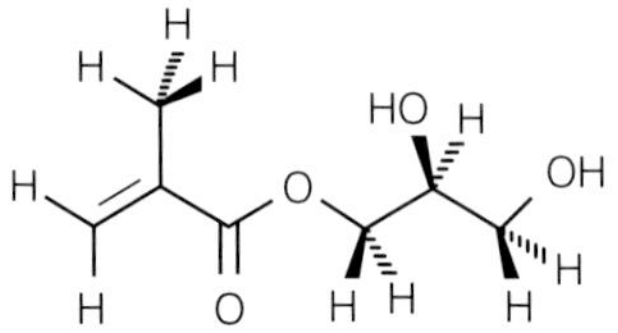

그림 14.6.5 친수성 비이온성 단위인 2,3-디히드록시프로필메타아크릴레이트의
분자 구조.

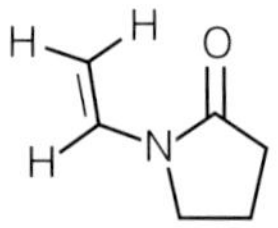

그림 14.6.6 친수성 비이온성 단위체인 N-비닐-2-피롤리디논(NVP)의 분자
구조.

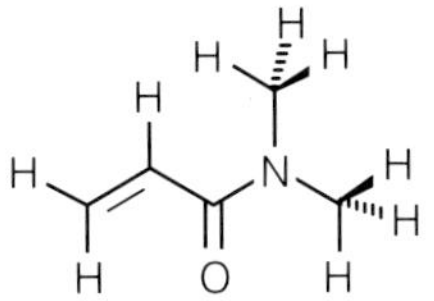

그림 14.6.7 친수성 비이온성 단위체인 N,N－디메틸아크릴아미드(DMA)의 분자 구조.

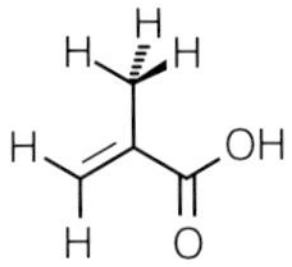

그림 14.6.8 단위체인 메타아크릴레이트(MAA)의 분자 구조..

메타아크릴레이트(MAA, 그림 14.6.8)는 물 함량이 58%에 이른다.[3,4]

┤ 중요한 용어 ├

소수성   친수성   단위체   고분자   혼성중합체

히드로겔   교차결합

참 고 문 헌

[1] "Contact Lens Material." Dr. Jay F. Kunzler and Dr. Joseph A. McGee, Department of Polymer Chemistry, Bausch & Lomb, *Chemistry & Industry* **21** (1995), 615.

[2] "History of Contact Lens." Indiana University School of Optometry, V232 Contact Lens Methods and Procedures, Fall 2001, http://www.opt.indiana.edu/v232/lectures/history/History.ppt

[3] Vision Care, ICN Pharmaceuticals, Inc., http://www.icnvisioncare.com/ allabout.html

[4] Generic Soft Lens Materials, Visiontech Services, http://www.vstk.com/ softLens.htm

연관된 항목

7.6   방수 직물은 어떻게 만들까?

7.7   방탄조끼는 어떻게 작용하고, 그 조성은 무엇일까?

7.8   왜 면수건이 흘린 물을 닦는 데 더 효과적이고 면수건을 말리는
데에는 왜 시간이 오래 걸릴까?

9.5   왜 마루 바닥의 왁스는 암모니아 세척제를 사용하면 쉽게 지워
질까?

12.6   미국 지폐의 앞면에 있는 수직선 모양의 투명한 띠의 목적은 무
엇일까?

13.1   봉합사는 어떻게 녹을까?

15
재료의 화학

15.1 인공 엉덩이의 조성은 무엇일까?

정형외과 기구를 위한 생체 재료의 발달에 힘입어서 엉덩이 대용물이 크게 발달하였다. 효과적인 인공 엉덩이의 설계에서 어떤 화학적 측면들이 고려되어야 할까?

화학적 원리

생체 재료는 신체 자체가 아닌 외부 물질이지만 손상된 장기나 조직을 대치하거나 부분적으로 작용하는 장기나 조직을 증진시키거나 보조하기 위하여 사용되는 합성 물질, 또는 천연 물질이다. 심장혈관, 정형외과, 치과는 생체 재료가 가장 자주 사용되는 분야다.

의학에서는 생체 재료를 부분적인 인공 엉덩이의 관절 대치물에 성공적으로 이용하였다. 관절 대치물로서 인공 엉덩이는 구조적 지지를 해야 할 뿐 아니라 부드럽게 기능해야 한다. 또한 그런 정형 보조물로 사용된 생체 재료는 반응성이 없고, 장시간 기계적, 생물학적으로 안정해야 하며 가까이 있는 다른 조직과 생체 적합성을 가지고 압박을 최소화하기 위하여 결합된 뼈와 비슷한 기계적 강도를 지녀야 한다. 현대의 인공 엉덩이는 이런 특징들을 보장하는 복잡한 장치다.

컵과 구관절로 설계된 인공 엉덩이나 인공 보철물은 줄기(대퇴부 성분)와 반구(볼기뼈절구 성분)의 두 개의 부분으로 구성되어 있다. 대퇴부 뼈에 삽입되는 금속 줄기는 티탄 합금이나 코발트-크롬-몰리브덴 합금으로 되어 있으며 금속이나 세라믹으로 된 공모양의 머리를 가지고 있다. 엉덩이뼈에 고정되는 반구 성분은 금속으로 된 반구형의 껍질이며 대퇴부 머리부분의 베어링으로 작용하는 플라스틱 층을 가지고 있다. 그림 15.1.1은 인공 엉덩이 관절의 두 구조 성분을 보여 주고 있다. 줄기와 소켓은 모두 특수한 에폭시형 접착제로 금속 성분을 뼈에 결합시킨다. 접착제를 사용하지 않는 최신 외과 기술은 인산칼슘에 기반을 둔 다공성 세라믹 코팅을 사용하여 뼈가 다공성 표면으로 성장하는 것을 촉진시킨다. 미래의 엉덩이 보철물

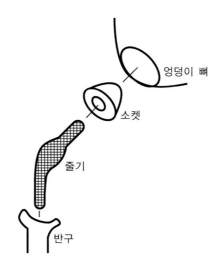

그림 15.1.1 줄기(대퇴부)와 반구(볼기뼈절구)의 두 성분으로 된 인공 엉덩이뼈의 모식도.

은 금속 성분을 뼈의 세기와 더 많이 일치하는 섬유 성분으로 대치하게 될 것이다.

화학적 구성

뼈의 성분은 주로 유기 물질인 콜라겐과 무기 인산칼슘 물질인 수산화인회석($Ca_{10}(PO_4)_6(OH)_2$)의 두 가지로 이루어진다. 무기물-콜라겐의 비가 변화하면 물리적 성질도 달라진다. 콜라겐 성분이 증가하면 유연성이 더 커지며 무기물 성분이 증가하면 부서지기 쉽다. 현재 뼈의 물리적 성질을 완벽하게 모방하는 합성 물질은 존재하지 않는다. 티탄 합금이나 코발트-크롬-몰리브덴 합금 같은 금속은 필요한 세기와 골절 저항성을 갖지만 굳기가 너무 단단하다. 수산화인회석 같은 세라믹은 일반적으로 뼈와 비슷한 단단함과 압축성을 갖지만 골절 저항성이 없다. 폴리메틸메타아크릴레이트와 폴리에틸렌 같은 중합 물질은 잘 부서지지 않고 상당한 골절 저항성을 갖지만 일반적으로 세기가 부족하다. 물리적 성질 이외에도 생체 적합성과 보철물로 사용된 생체 재료의 화학적 분해성도 고려해야 한다. 예를 들면 티탄 같은 금속을 선택하면 생리적 용액(산소, 수소 이온, 염화 이온 등이 녹아 있는 수용액)에서 높은 부식 저항성을 가진다. 티탄은 이산화티탄(TiO_2)의 산화성 표면 보호막을 형성해서 부식 저항성을 가진다. 뼈와 똑같은 성질을 가진 무기물은 아직 고안되지 않았지만 전체 엉덩이 대치물을 위한 생체 재료의 설계는 결국 인간 삶의 수준을 향상시키기 위한 화학적, 물질적 진보를 보여 주는 예다.

323

15.2   액체 금속 골프채의 액체 금속이란 무엇일까?

"경기를 뒤바꿀 혁신적 기술"[1] 이것은 골프 산업에 혁명을 가져 오고 있는 혁신적인 조합 금속을 생산하는 업자의 광고 문구다. 퍼 터, 아이론, 드라이버 같은 골프채의 머리에 들어가는 이 금속은 전 통 골프채보다 골프 경기자들이 타격하는 순간 더 많은 에너지를 주 고 공이 날아가는 궤도가 더 정확해지는 안정된 타격을 하게 해 준 다. 이 특별한 물질에 적용된 화학은 어떤 것일까?

화학적 원리

액체 금속은 니켈, 지르코늄, 티탄, 구리, 베릴륨의 5가지를 결합 해서 만드는 특허를 받은 합금이다. 액체 금속은 패서디나에 있는 캘리포니아 공대의 페커 박사(Atakan Pecker)와 존슨 교수(Willaim A. Johnson)가 1992년 봄에 발명하였다. 캘리포니아에 있는 액체 금속 골프 회사는 이 합금으로 만들어진 골프채를 판매하면서 혁신적인 조합 금속이 타격 순간 골프공에 더 많은 에너지를 전달해 주는 더 강하고, 더 가볍고, 더 탄력성이 있는 물질이라고 주장한다.

화학적 구성

액체 금속은 약 3분의 2의 지르코늄과 니켈, 티탄, 구리 및 베릴륨 을 함유하는 대단위 비결정질 합금이다. 물질 세계에서는 흔히 이런 액체 금속을 '금속 유리' 또는 '유리 금속'이라고 한다. 이런 말의 기원은 이 합금이 용융 상태에서 냉각되면서 갖게 되는 미세 구조에서 유래했다. 전통적 금속과 합금은 원자나 분자가 삼차원적으로 정확하게 배열된 결정 구조를 가진다. 용융된 액체 금속을 급하게 냉각시키면 액체 금속의 금속 원자들은 규칙적 방법으로 배열되지 않고 마구잡이 형태로 배열된다. 비결정 상태는 유리 상태라고도 하는데 유리 물질은 결정성 고체의 엄격한 규칙성이 없기 때문이다. 액체 분자들이 일정한 자리에 고정되어 있지 않은 것처럼 이 합금도 액체의 특성을 가지기 때문에 액체 금속이라고 한다.

이 비결정 구조는 액체 금속의 성능을 향상시킬까? 결정 물질은 실제로는 다결정 구조로 서로 결합되어 있는 많은 작은 결정들로 구성되어 있다. 규칙적인 원자 배열을 갖는 각 단일 결정을 알갱이라고 한다. 알갱이들은 서로 단단하게 쌓여 있지만 알갱이의 모양은 불규칙적이며 결정들이 서로 접촉할 때 알갱이 경계가 생긴다. 전통적 금속의 알갱이 경계는 미세 간극을 가지고 있으며 그곳은 취약점이 될 수 있다. 액체 금속의 비결정 구조는 알갱이가 없으며 합금 구조의 결함을 만들어 줄 알갱이 경계도 없다.

합금의 조성은 특별한 성질을 결정해 준다. 액체 금속은 $1900 \, \mathrm{MN \, m^{-2}}$의 매우 강한 인장 강도를 갖는데, 이것은 티탄이나 스테인리스 강철의 2배다.[1,2] 제조업자들은 또 액체 금속의 높은 탄력성을 주장하는데 전통 금속보다도 변형에 대한 저항성이 2~3배 더 강하다.[1] $6.1 \, \mathrm{g \, cm^{-3}}$의 낮은 밀도를 고려하면(스테인리스 강철보다 낮으며 티탄보다는 높다), 이 합금은 다른 물질보다 강도 대 무게의 비가 매우 높다. 골프채 머리에 사용하는 것은 이 강도 대 무게 비를 완벽하게 이용하는 것이다. 타격하는 순간 공에 더 많은 에너지가 전달된다는 주장은, 타격하는 순간 이 금속이 전통적 물질보다 에너지를 덜 흡

수한 결과로 생긴다. 더 많은 힘이 전달되면 날아가는 거리가 길어

진다. 이 합금은 특별한 진동 흡수 성질도 가지고 있어서 타격에 의

한 충격을 줄여 더 부드럽고 안정된 느낌을 갖게 한다. 이 합금은 또

마모를 감소시키는 중요한 성질인 매우 높은 경도도 가지고 있다.

┤ 중요한 용어 ├

합금 비결정성 결정성 유리

참 고 문 헌

[1] Properties of Liquidmetal Alloy, Liquidmetal Golf,
   http://www.liquidmetal.com/index.cfm?action=tech

[2] Liquidmetal Swings into Action, *Materials World* **6** (1998), 547-548.

15.3 자동 소화 스프링클러는 어떻게 작동할까?

많은 사무 빌딩에는 불을 끄기 위하여 천장에 스프링클러(살수장
치) 시스템을 갖추고 있다. 이것은 어떻게 작동하는 것일까? 불이
나면 생기는 열이 이 물을 뿜는 스프링클러의 작동 열쇠가 된다.

화학적 원리

자동 소화 스프링클러는 압력을 받고 있는 물이 들어 있는 파이프

라인에 삽입되어 있다. 스프링클러는 열에 의하여 개별적으로 작동

된다. 화재의 강도가 점점 세지면 빌딩의 화재에서 생기는 열은 스

프링클러의 헤드를 57~107°C 사이에 도달하게 한다. 스프링클러

의 헤드는 종류에 따라서 57°C 정도의 낮은 온도나 182°C의 높은

온도에서 작동하는 것도 있지만[2] 보통은 74°C에서 작동된다.[1] 작

동 온도에 도달하면 고체 연결체가 녹거나 액체가 채워진 유리구가 깨진다. 고체 연결체가 녹는 것에는 두 조각의 금속이 특수 금속으로 연결되어서 '연결체'를 만들고 있다. 이 연결체는 물이 나오는 관의 마개에 연결되어 있다. 특정한 온도에 도달하여 연결체가 녹으면 수압에 의하여 마개가 튀어나온다. 스프링클러의 헤드가 열리면 물이 방향 전환 장치를 통과하여 화재가 난 곳으로 분사된다.

유리구 스프링클러에서는 깨지기 쉬운 유리구에 들어 있는 액체가 화재의 열에 의하여 팽창된다. 이 유리구도 수도관의 마개를 붙잡고 있다. 특정 온도에 도달하여 유리구 안의 액체가 팽창하여 유리구가 터지면 물이 쏟아진다. 예약된 온도에서 녹는 화학적 알갱이도 사용되고 있다. 녹기 쉬운 합금은 화재 스프링클러의 헤드뿐 아니라 화재 경보기나 전류가 과도하게 흐르면 전류를 차단하는 퓨즈에도 사용되고 있다.

화학적 구성

합금은 특별한 성질과 특정한 용도에 알맞은 성질을 얻기 위하여 결합된 금속의 혼합물이다. 녹기 쉬운 합금은 주석의 녹는점(232°C)보다 더 낮은 녹는점을 갖는 합금들이다. 대부분의 이런 물질들은 주석, 비스무트(녹는점, 275°C), 인듐(157°C), 카드뮴(321°C), 납(327°C)처럼 그 자체가 비교적 낮은 녹는점을 가지는 금속들의 혼합물이다. 표 15.1은 몇 가지 녹기 쉬운 합금들의 조성에 따른 녹는점을 나타내고 있다.[3] 모든 금속들의 조합이 개별적인 금속들보다도 상당히 더 낮은 녹는점을 갖는 합금을 만든다는 것에 주의해서 보기 바란다. 더 상세하고 광범위한 표를 찾아볼 수도 있을 것이다.[4] 참고적

327

으로 말하자면 종이는 232°C까지 가열되면 자발적으로 타기 시작하는데 이 온도는 주석의 녹는점과 같은 온도이다.

표 15.1 여러 가지 조성의 녹기 쉬운 합금의 녹는점.

Bi	Cd	In	Pb	Sn	녹는점(°C)	녹는점(°F)
45	5	19	23	8	47	117
49		21	18	12	58	136
50	10		27	13	70	158
42	9		38	11	70~88	158~190
52			32	16	95	203
55			45		124	255
58				42	138	280
40				60	138~170	280~338

┤중요한 용어├
합금

참 고 문 헌

[1] Reliable Model ZX-QR-INST Pendent Horizontal Sidewall Quick Response Institutional Sprinkler, Reliable Automatic Sprinkler Co., Inc., http://www.reliablesprinkler.com/sprinklr/137c.htm

[2] "Reliable Model F1 and Model F1FR Intermediate Level Sprinklers." Reliable Automatic Sprinkler Co., Inc., http://www.reliablesprinkler.com/ sprinklr/170b.htm

[3] Fusible Alloys, Clad Metal Industries, http://www.cladmetalindustries.com/ Alloys.html

[4] Fusible Alloys with Characteristics, Canfield Technologies, http://www.solders.com/aloyprod.htm

 연관된 항목

5.2   왜 녹슨 구리 물건을 닦을 때 식초가 필요할까?

16
생체 분자의 화학

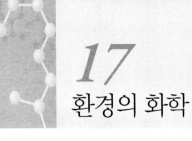

17
환경의 화학

연관된 항목

찾아보기

333

날마다 일어나는
화학스캔들 104

지은이 · Kerry K. Karukstis
　　　　Gerald R. Van Hecke
옮긴이 · 고문주
펴낸이 · 조승식
펴낸곳 · (주) 도서출판 북스힐
등 록 · 제22-457호
주소 · 서울시 강북구 한천로 153길 17
홈페이지 · www.bookshill.com
E-mail · bookshill@bookshill.com
전화 · (02) 994-0071(代)
팩스 · (02) 994-0073

2005년 9월 15일　1판 1쇄 발행
2017년 9월 25일　1판 6쇄 발행

값 12,000원
ISBN　978-89-5526-262-9